"十四五"职业教育国家规划教材

职业教育与技能训练一体化教材

数控车床编程与操作 第三版

刘蔡保　主编

史立峰　主审

化学工业出版社

·北京·

内 容 简 介

本书以突出编程为主导，在分析加工工艺的基础上，重点讲述了企业生产中常见产品类型数控加工的操作方法和编程思路，详细讲解每一例题，以指令＋图例＋实例＋练习的学习方式逐步深入地学习编程指令，通过精心挑选的典型案例，对数控加工工艺的编程和流程做了详细的阐述。为方便学习，对数控车床编程部分配套了教学视频和动画，读者可通过扫描书中二维码观看。另外，为方便教学，配套了电子课件。

本书内容包括数控机床简介、数控车床简介、数控车床编程、数控车床加工工艺、典型零件数控车床加工工艺分析及编程操作、数控车床编程与加工工程应用案例、FANUC数控系统操作、数控车床加工实训等。

本书适合作为高职或中职层次数控加工专业的教材，也适合作为成人教育、企业培训用书，同时还可作为技术人员自学参考用书。

图书在版编目 (CIP) 数据

数控车床编程与操作/刘蔡保主编. —3版. —北京：化学工业出版社，2024.6（2025.4重印）
"十四五"职业教育国家规划教材
ISBN 978-7-122-40750-4

Ⅰ.①数… Ⅱ.①刘… Ⅲ.①数控机床-车床-程序设计-职业教育-教材②数控机床-车床-操作-职业教育-教材 Ⅳ.①TG519.1

中国版本图书馆CIP数据核字（2022）第018698号

责任编辑：韩庆利　　　　　　　　　　装帧设计：张　辉
责任校对：杜杏然

出版发行：化学工业出版社（北京市东城区青年湖南街13号　邮政编码100011）
印　　装：河北鑫兆源印刷有限公司
787mm×1092mm　1/16　印张21½　字数574千字　2025年4月北京第3版第2次印刷

购书咨询：010-64518888　　　　　　　　售后服务：010-64518899
网　　址：http://www.cip.com.cn
凡购买本书，如有缺损质量问题，本社销售中心负责调换。

定　价：55.00元　　　　　　　　　　　　　　　　　　　　　版权所有　违者必究

第三版前言

本书为"十四五"职业教育国家规划教材、"十三五"职业教育国家规划教材，教材深入贯彻党的二十大精神进教材要求，坚持立德树人，弘扬爱国主义精神、工匠精神，注重素质培养。书中注重理论联系实际，精选了大量的典型案例，所有案例都经过实践检验，所给程序的程序段都进行了详细、清晰的注释说明。

本书结构紧凑、特点鲜明。

◆环环相扣的学习过程

针对数控编程的特点，本书提出了"1+1+1+1"的学习方式，即"指令+图例+实例+练习"的过程，逐步深入学习编程加工指令，简明扼要、图文并茂、通俗易懂，用简单的语言、灵活的例题、丰富的习题去轻松学习，变枯燥的过程为有趣的探索。

◆简明扼要的知识提炼

本书以数控车床编程为主，简明直观地讲解了数控加工中的重要知识点，有针对性地描述了数控机床、数控车床的基本结构、工作性能和加工特点，分析了刀具的种类、使用范围，切削液生产注意事项，并结合实例对数控加工工艺的编制和流程、方法做了详细的阐述。

◆循序渐进的课程讲解

数控编程的学习不是一蹴而就的，也不是按照指令生搬硬套的。编者结合多年的教学和实践，推荐本书的学习顺序是：按照数控车床编程学习的领会方式，由浅入深、逐层进化的学习顺序，从简单的直线命令，到复杂的循环指令，对每一个指令详细讲解其功能、特点、注意事项，并有专门的实例分析和练习题目。相信只要按照书中的编写顺序进行编程的学习，定可事半功倍地达到学习的目的。

◆详细深入的实例分析

在学习编程的过程中，每一个指令都有详细的实例分析和编程，需要好好掌握与领会。书中有专门的章节讲解加工实例，通过30个应用实例的讲解，详细了解零件的工艺分析、流程设计、工序安排及编程方法，更好地将学习的内容巩固吸收，对实际加工的过程有一个质的认识和提高。

◆完整系统的跟踪复习

复习是对学习内容的强化与升华，本书讲解的每一个指令，无论是简单的直线、圆弧指令，还是复杂的轮廓循环、椭圆指令，都有丰富的、针对性的练习题进行跟踪复习。学习和复习是紧密联系的，只有在认真学习和深入复习的基础上，才能学为所用。

◆紧密实践的操作指导

书中讲解的实例紧密联系实际加工，并详细讲解了FANUC数控车床系统的操作方法，程序的输入、对刀、校验、图形检测、零件加工的具体步骤和过程，使编程所学直接应用到实际的加工中，达到迅速掌握机床操作的效果。

本次修订，在保持前面版本特点的基础上，进行了如下修改。

1. 对书稿中不足之处进行了补充修改，以使书稿的质量得到进一步提高。
2. 为了增加教材的实用性，与实际工程应用接轨，增加了数控车床编程与加工工程应用案例内容，以便读者更好地理解和应用数控车床编程与加工知识，学以致用。

3. 数控车床操作部分，在原先讲述 FANUC 0i、FANUC 0i Mate-TC 数控车床操作的基础上增加了 FANUC 18iT 和广数 GSK980T 数控车床的操作，以满足不同学习人员的需求。

4. 增加了实训内容，设计了短轴零件加工、螺纹轴零件加工、螺纹轴球头零件加工、球座零件加工、斜锥外圆轴零件加工、圆弧短轴零件加工、双槽球头外圆零件加工、复合锥螺纹轴零件加工、椭圆轴零件加工、复合圆弧螺纹轴零件加工 10 个实训任务，供实际训练使用。

5. 增加了部分视频和实物图片，以帮助读者更好掌握书中内容。

数控车床编程部分配套对应的视频讲解，总时长约 10 小时，读者可扫描书中的二维码进行学习。另外，本书配套了电子课件，对于用本书作为教材的院校和老师，可登录化工教育网站 www.cipedu.com.cn 或 QQ 群 753180967 下载。

本书配套出版《数控车床编程练习指导与提高》，本书习题与练习参考程序在《数控车床编程练习指导与提高》一书中给出了解答。

编　者

目　　录

上篇　数控基本知识

第一章　数控机床简介 …… 1
　第一节　数控机床概述 …… 1
　第二节　数控机床的历史和未来发展趋势 …… 2
　　一、数控（NC）阶段 …… 2
　　二、计算机数控（CNC）阶段 …… 2
　　三、数控未来发展的趋势 …… 2
　第三节　数控机床的基本组成和工作原理 …… 3
　　一、数控机床的基本组成 …… 3
　　二、数控机床的工作原理 …… 4
　第四节　数控机床的特点 …… 4
　第五节　数控机床的安全生产 …… 5
　　一、数控机床安全生产的要求 …… 5
　　二、数控机床生产的岗位责任制 …… 6

第二章　数控车床简介 …… 8
　第一节　数控车床的结构和分类 …… 8
　　一、数控车床的结构 …… 8
　　二、数控车床的分类 …… 8
　第二节　数控车床的特点 …… 10
　　一、按加工对象 …… 10
　　二、按结构和工作特点 …… 11
　第三节　数控车床刀具 …… 11
　　一、数控车床刀具的类型 …… 11
　　二、数控车床常用的刀具结构形式 …… 13
　　三、数控车床刀具材料 …… 14
　第四节　数控刀具的切削用量选择 …… 17
　　一、切削用量的选择原则 …… 17
　　二、切削用量各要素的选择方法 …… 17
　　三、基本切削用量相关值 …… 18
　第五节　切削液 …… 19
　　一、切削液的分类 …… 20
　　二、切削液的作用与性能 …… 20
　　三、切削液的选取 …… 22
　　四、切削液在使用中出现的问题及其对策 …… 23
　第六节　数控车床常用的工装夹具 …… 23
　　一、数控车床加工夹具要求 …… 24
　　二、常用数控车床工装夹具 …… 24

中篇　数控车床编程

第三章　数控车床编程 …… 27
　第一节　数控车床编程的必要知识点 …… 28
　　一、数控车床的坐标系和点 …… 28
　　二、进给率 …… 29
　　三、常用的辅助功能 …… 30
　　四、相关的数学计算 …… 30
　第二节　坐标点的寻找 …… 31
　第三节　快速定位 G00 …… 31
　第四节　直线 G01 …… 32
　第五节　圆弧 G02/03 …… 35
　第六节　复合形状粗车循环 G73 …… 39
　第七节　螺纹切削 G32 …… 45
　第八节　简单螺纹循环 G92 …… 49
　第九节　简单加工工艺的编制 …… 51
　综合训练（一）…… 57
　第十节　外径粗车循环 G71 …… 59
　第十一节　端面粗车循环 G72 …… 61
　第十二节　复合螺纹循环 G76 …… 67
　第十三节　切槽循环 G75 …… 70
　第十四节　镗孔循环 G74 …… 74
　第十五节　锥度螺纹 …… 76
　第十六节　多头螺纹 …… 79
　第十七节　椭圆 …… 82
　第十八节　简单外径循环 G90 …… 85
　第十九节　简单端面循环 G94 …… 86
　第二十节　绝对编程和相对编程 …… 87
　精华提炼与复习 …… 88
　　一、切削路径（走刀路径）…… 88
　　二、编程指令全表 …… 89
　　三、CNC编程注意十大事项 …… 90
　综合训练（二）…… 91

第四章 数控车床加工工艺 ………… 95
第一节 数控车床加工过程 ………… 95
一、数控加工过程概述 ………… 95
二、数控加工及其特点 ………… 96
第二节 数控加工工序的划分原则与内容 … 97
第三节 数控加工工艺的编制 ………… 100
一、工艺文件的编制原则和编制要求 …… 100
二、数控加工走刀路线图 ………… 101
三、数控车削加工刀具卡片 ………… 101
四、数控车削加工工序卡片 ………… 101
五、数控加工程序说明卡片 ………… 102
六、数控车削加工刀具调整图 ………… 102
七、数控加工专用技术文件的编写要求 ………… 102

第五章 典型零件数控车床加工工艺分析及编程操作 ………… 103
一、螺纹特型轴数控车床零件加工工艺分析及编程 ………… 103
二、细长轴类件数控车床零件加工工艺分析及编程 ………… 106
三、特长螺纹轴数控车床零件加工工艺分析及编程 ………… 110
四、复合轴数控车床零件加工工艺分析及编程 ………… 113
五、圆锥销配合件数控车床零件加工工艺分析及编程 ………… 119
六、螺纹手柄数控车床零件加工工艺分析及编程 ………… 125
七、单球手柄数控车床零件加工工艺分析及编程 ………… 128
八、螺纹特型件数控车床零件加工工艺分析及编程 ………… 131
九、球头特种件数控车床零件加工工艺分析及编程 ………… 136
十、弧形轴特种件数控车床零件加工工艺分析及编程 ………… 140
十一、螺纹配合件数控车床零件加工工艺分析及编程 ………… 144
十二、螺纹多槽件数控车床零件加工工艺分析及编程 ………… 148
十三、螺纹宽槽轴数控车床零件加工工艺分析及编程 ………… 153
十四、双头孔轴数控车床零件加工工艺分析及编程 ………… 156
十五、螺纹圆弧轴数控车床零件加工工艺分析及编程 ………… 161
十六、双头特型轴数控车床零件加工工艺分析及编程 ………… 166
十七、长轴类数控车床零件加工工艺分析及编程 ………… 172
十八、球头螺纹件数控车床零件加工工艺分析及编程 ………… 175
十九、螺纹轴类数控车床零件加工工艺分析及编程 ………… 179
二十、球身螺纹轴数控车床零件加工工艺分析及编程 ………… 183
二十一、双头轴类数控车床零件加工工艺分析及编程 ………… 187
二十二、双头多槽螺纹件数控车床零件加工工艺分析及编程 ………… 192
二十三、掉头内外螺纹轴数控车床零件加工工艺分析及编程 ………… 196
二十四、螺纹及孔轴数控车床零件加工工艺分析及编程 ………… 201
二十五、球身螺纹长轴数控车床零件加工工艺分析及编程 ………… 206
二十六、双头孔及弧轴数控车床零件加工工艺分析及编程 ………… 211
二十七、球头螺纹手柄数控车床零件加工工艺分析及编程 ………… 215
二十八、圆弧螺纹轴组合件数控车床零件加工工艺分析及编程 ………… 219
二十九、三件套圆弧组合件数控车床零件加工工艺分析及编程 ………… 226
三十、复合轴组合件数控车床零件加工工艺分析及编程 ………… 235
综合训练 ………… 246

第六章 数控车床编程与加工工程应用案例 ………… 249
工程案例一 角磨机输出轴主轴 ………… 249
工程案例二 金刚石水钻机输出轴 ………… 253
工程案例三 超声波塑料焊接机连接轴 ………… 258
工程案例四 隐蔽式沉降观测点凸起测头 ………… 262
工程案例五 汽车发电机单向轮 ………… 265
工程案例六 和面机和面轴 ………… 269

下篇 数控车床操作

第七章 FANUC 数控系统操作 ………… 273
第一节 FANUC 0i 系列标准数控系统 …… 273

  一、操作界面简介 ……………… 273
  二、FANUC 0i 标准系统的操作 …… 276
  三、零件编程加工的操作步骤 ……… 280
 第二节 FANUC 0i Mate-TC 数控系统
    操作 …………………………… 286
  一、操作界面简介 ……………… 286
  二、零件编程加工的操作步骤 ……… 289
 第三节 FANUC 18iT 系列标准数控系统
    操作 …………………………… 295
  一、操作界面简介 ……………… 295
  二、FANUC 18iT 标准系统的操作 … 298
 第四节 广数 GSK980T 数控机床 …… 301
  一、操作界面简介 ……………… 301

  二、GSK980T 标准系统的操作 ………… 303
第八章 数控车床加工实训 ……………… 312
 实训任务一 短轴零件加工 ……………… 312
 实训任务二 螺纹轴零件加工 …………… 314
 实训任务三 螺纹轴球头零件加工 ……… 316
 实训任务四 球座零件加工 ……………… 318
 实训任务五 斜锥外圆轴零件加工 ……… 320
 实训任务六 圆弧短轴零件加工 ………… 322
 实训任务七 双槽球头外圆零件加工 …… 324
 实训任务八 复合锥螺纹轴零件加工 …… 327
 实训任务九 椭圆轴零件加工 …………… 329
 实训任务十 复合圆弧螺纹轴零件加工 … 331

参考文献 ……………………………………………… 334

上篇　数控基本知识

第一章　数控机床简介

第一节　数控机床概述

普通机床已有两百多年的历史。随着电子技术、计算机技术及自动化、精密机械与测量等技术的发展与综合应用，产生了机电一体化的新型机床——数控机床。数控机床一经使用，就显示出了它独特的优越性和强大的生命力，使原来不能解决的许多问题，找到了科学解决的途径。

数控机床是一种通过数字信息控制机床按给定的运动轨迹，进行自动加工的机电一体化的加工装备。在我国制造业中，数控机床的应用越来越广泛，是一个企业综合实力的体现。数控机床是工业的"工作母机"，发展高档数控机床是加快建设制造强国的客观需要。

凡是用数字化的代码把零件加工过程中的各种操作和步骤以及刀具与工件之间的相对位移量记录在介质上，送入计算机或数控系统，经过译码运算、处理，控制机床的刀具与工件的相对运动，加工出所需的零件，此类机床统称为数控机床。

数字化的代码即人们编制的程序，包括字母和数字构成的指令；各种操作指改变主轴转速、主轴正反转、换刀、切削液的开关等操作，步骤是指上述操作的加工顺序；刀具与工件之间的相对位移量，即刀具运行的轨迹，我们通过对刀实现刀具与工件之间的相对值的设定；介质，程序存放的位置，如 U 盘等；译码运算、处理，将人们编制的程序翻译成数控系统或计算机能够识别的指令，即计算机语言。

第二节　数控机床的历史和未来发展趋势

1946年诞生的世界上第一台电子计算机,表明人类创造了可增强和部分代替脑力劳动的工具。它与人类在农业、工业社会中创造的那些只是增强体力劳动的工具相比,起了质的飞跃,为人类进入信息社会奠定了基础。

6年后,即1952年,计算机技术应用到机床上,在美国诞生了第一台数控机床。从此,传统机床产生了质的变化。半个多世纪以来,数控系统经历了两个阶段和六代的发展。

一、数控（NC）阶段

早期计算机的运算速度低,对当时的科学计算和数据处理影响还不大,但不能适应机床实时控制的要求。人们不得不采用数字逻辑电路"搭"成一台机床专用计算机作为数控系统,被称为硬件连接数控（HARD-WIRED NC）,简称为数控（NC）。随着元器件的发展,这个阶段历经了三代,即1952年的第一代——电子管；1959年的第二代——晶体管；1965年的第三代——小规模集成电路。

二、计算机数控（CNC）阶段

到1970年,小型计算机业已出现并成批生产。于是将它移植过来作为数控系统的核心部件,从此进入了计算机数控（CNC）阶段。到1971年,美国Intel公司在世界上第一次将计算机的两个最核心的部件——运算器和控制器,采用大规模集成电路技术集成在一块芯片上,称之为微处理器（Microprocessor）,又可称为中央处理单元（简称CPU）。

到1974年微处理器被应用于数控系统。这是因为小型计算机功能太强,控制一台机床能力有富余（故当时曾用于控制多台机床,称之为群控）,不如采用微处理器经济合理。而且当时的小型机可靠性也不理想。早期的微处理器速度和功能虽还不够高,但可以通过多处理器结构来解决。由于微处理器是通用计算机的核心部件,故仍称为计算机数控。

到了1990年,PC机（个人计算机,国内习惯称微机）的性能已发展到很高的阶段,可以满足作为数控系统核心部件的要求。数控系统从此进入了基于PC的阶段。

总之,计算机数控阶段也经历了三代。即1970年的第四代——小型计算机,1974年的第五代——微处理器,1990年的第六代——基于PC（国外称为PC-BASED）。

还要指出的是,虽然国外早已称为计算机数控（即CNC）了,而我国仍习惯称数控（NC）。所以日常讲的"数控",实质上已是指"计算机数控"了。

三、数控未来发展的趋势

1. 继续向开放式、基于PC的第六代方向发展

基于PC具有开放性、低成本、高可靠性、软硬件资源丰富等特点,更多的数控系统生产厂家会走上这条道路。至少采用PC机作为它的前端机,来处理人机界面、编程、联网通信等问题,由原有的系统承担数控的任务。PC机所具有的友好的人机界面,将普及所有的数控系统。远程通信、远程诊断和维修将更加普遍。

2. 向高速化和高精度化发展

这是适应机床向高速和高精度方向发展的需要。

3. 向智能化方向发展

随着人工智能在计算机领域的不断渗透和发展,数控系统的智能化程度将不断提高。

(1) 应用自适应控制技术　数控系统能检测到系统运行过程中一些重要信息，并自动调整系统的有关参数，达到改进系统运行状态的目的。

(2) 引入专家系统指导加工　将熟练工人和专家的经验、加工的一般规律和特殊规律存入系统中，以工艺参数数据库为支撑，建立具有人工智能的专家系统。

(3) 引入故障诊断专家系统　具备判断程序加工故障、缺陷的功能。

(4) 智能化数字伺服驱动装置　可以通过自动识别负载而自动调整参数，使驱动系统获得最佳的运行。

第三节　数控机床的基本组成和工作原理

一、数控机床的基本组成

输入/输出装置、数控装置、伺服驱动和反馈装置构成了机床数控系统，如图 1-1 所示。

输入/输出装置进行数控加工或运动控制程序、加工与控制数据、机床参数及坐标轴位置、检测开关的状态等数据的输入输出。

数控装置由输入/输出接口线路、控制器、运算器和存储器等部件组成。将输入装置输入的数据，通过内部逻辑电路和控制软件进行编译运算和

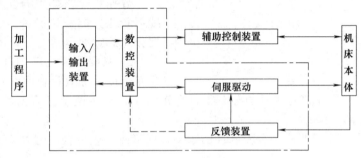

图 1-1　机床数控系统

处理，并输出各种信息和指令，以控制机床的各部分进行规定的动作。

伺服驱动，又叫伺服控制器，由伺服放大器（伺服单元）和执行机构等部分组成。采用交流伺服电动机作为执行机构。

反馈装置（测量装置）的作用是检测数控机床坐标轴的实际位置和移动速度，检测信号被反馈输入到机床的数控装置或伺服驱动中，数控装置或伺服驱动对反馈的实际位置和速度与给定值进行比较，并向机床输出新的位移、速度指令。检测装置的安装、检测信号反馈的位置，决定于数控系统的结构形式。由于先进的伺服都采用了数字化伺服驱动技术（称为数字伺服），伺服驱动和数控装置间一般都采用总线进行连接，反馈信号在大多数场合都与伺服驱动进行连接，并通过总线传送到数控装置。只有在少数场合或采用模拟量控制的伺服驱动（称为模拟伺服）时，反馈装置才需要直接和数控装置进行连接。

数控装置发出一个进给脉冲所对应的机床坐标轴的位移量，称为机床的最小移动量，亦称脉冲当量。根据机床精度的不同，常用的脉冲当量有 0.01mm、0.005mm、0.001mm 等，在高精度数控机床上，可以达到 0.0005mm、0.0001mm、甚至更小。测量装置的位置检测精度也必须与之相适应。

辅助控制装置主要作用是根据数控装置输出主轴的转速、转向和启停指令，刀具的选择和交换指令，冷却、润滑装置的启停指令。工件和机床部件的松开、夹紧工作台转位等辅助指令所提供的信号，以及机床上检测开关的状态等信号，经过必要的编译和逻辑运算，经放大后驱动相应执行的元件，带动机床机械部件、液压气动等辅助装置完成指令规定的动作。

机床本体与传统的机床基本相同，它也是由主传动系统、进给传动系统、床身、工作台

以及辅助运动装置、液压气动系统、润滑系统、冷却装置等部分组成。但为了满足数控的要求，充分发挥机床性能，它在总体布局、外观造型、传动系统结构、刀具系统以及操作性能方面都已发生了很大的变化。

二、数控机床的工作原理

数控机床采用了"微分"原理。

根据加工程序要求的刀具轨迹，将轨迹按机床对应的坐标轴，以最小移动量（脉冲当量）进行微分——插补运算，找出拟合折线脉冲给伺服驱动机床运动（见图1-2中的曲线和斜线轨迹），并计算出各轴需要移动的脉冲数。简单说来，就是以无数的小折线模拟出斜线和曲线。

通过数控装置的插补软件或插补运算器，把要求的轨迹用以"最小移动单位"为单位的等效折线进行拟合，并找出最接近理论轨迹的拟合折线。

数控装置根据拟合折线的轨迹，给相应的坐标轴连续不断地分配进给脉冲，并通过伺服驱动使机床坐标轴按分配的脉冲运动。

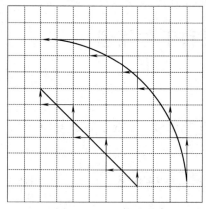

图 1-2　刀具轨迹示意

① 只要数控机床的脉冲当量足够小，所用的拟合折线完全可以等效代替曲线；

② 只要改变坐标轴的脉冲分配方式，即可改变拟合折线的形状，从而达到改变加工轨迹的目的；

③ 只要改变分配脉冲的频率，即可改变坐标轴（刀具）的运动速度。

第四节　数控机床的特点

1. 加工精度高

数控机床加工精度比普通机床高的原因主要有以下几个方面。

① 数控机床的脉冲当量小，位置分辨率高。机床的脉冲当量决定了机床理论上可以达到的定位精度，在数控机床上，脉冲当量一般都达到了0.001mm，高精度数控机床则更小，因此它能实现比普通机床更精确的定位。

② 数控系统具备误差自动补偿功能。在数控机床上，进给传动系统的反向间隙与丝杠的螺距误差等均可由数控系统进行自动补偿，因此，数控机床能在同等条件下，提高零件的加工精度。

③ 数控机床的传动系统与机床结构设计。都具有比普通机床更高的刚度和稳定性，部件的制造、装配精度均比较高，提高了机床本身的精度与稳定性。

④ 数控机床采用了自动加工方式，避免了加工过程中的人为干扰。特别是在加工中心上，通过一次装夹，可以完成多工序的加工，减少了零件的装夹误差。因此，零件的尺寸一致性好，产品合格率高，加工质量稳定。

2. 机床的柔性强

在数控机床上，改变加工零件只需重新编制（更换）程序，就能实现对不同零件的加工，它为多品种、小批量生产加工以及新产品试制提供了极大的便利。同时，由于数控机床通过多轴联动，具备曲线、曲面的加工能力，扩大了机床的适用范围。特别对于普通机床难以加工或无法加工的复杂零件，利用数控机床可以充分发挥功能，提高加工精度和效率。因此，对加工对象变化的适应性好，"柔性"比普通机床强。

3. 自动化程度高，劳动强度低

数控机床对零件的加工是根据事先编好的程序自动完成的。在正常加工过程中，操作者只要进行极为简单的操作，即可完成零件的自动加工，不需要进行繁杂的重复性手工操作，操作者的劳动强度可大为减轻。此外，数控机床一般都具有较好的安全防护、自动排屑、自动冷却和自动润滑装置，使操作者的劳动条件也得到了很大改善。

4. 生产率高

零件加工效率主要决定于零件的实际加工时间和辅助加工时间。数控机床的效率主要通过以下几个方面体现。

① 在数控机床上，由于主轴的转速和进给量都可以任意选择，因此，对于每一道工序的加工，都可选择最合适的切削用量，以提高加工效率。此外，由于数控机床的结构刚性好，一般都允许较大切削用量的强力切削，提高了数控机床的切削效率，节省了实际加工时间。

② 数控机床的移动部件的空行程运动速度大大高于普通机床，它一般都在 15m/min 以上，在高速加工数控机床上，目前已经达到 100m/min 左右，刀具定位时间非常短，空程运动辅助时间比普通机床要小得多。

③ 数控机床更换被加工零件时一般都不需要重新调整，在加工中心上，更是一次装夹，完成多工序加工，节省了零件安装、调整时间。

④ 数控机床加工零件的尺寸一致性好，质量稳定，一般只需要做首件检验，即可以代表批量加工精度，节省了停机检验时间。

⑤ 数控机床可以实现精确、快速定位，它不必像普通机床那样，在加工前对工件进行"划线"，节省了"划线"工时。

5. 良好的经济效益

数控机床虽然设备价格较高，分摊到每个零件的加工费用比普通机床高，但使用数控机床加工，可以通过上述优点体现出整体效益。特别是数控机床的加工精度稳定，减少了废品，降低了生产成本；此外，数控机床还可一机多用，节省厂房面积和投资。因此，使用数控机床，通常都可获得良好的经济效益。

6. 有利于现代化管理

采用数控机床加工，能准确地计算零件加工工时和费用，简化了检验工、夹具的步骤，减少了半成品的管理环节，有利于生产管理的现代化。数控机床使用了数字信息控制，适合数字计算机管理，使它成为计算机辅助设计、制造及管理一体化的基础。

第五节　数控机床的安全生产

一、数控机床安全生产的要求

1. 技术培训

操作工在独立使用设备前，需经过对数控机床应用必要的基本知识和技术理论及操作技能的培训。在熟练技师指导下，实际上机训练，达到一定的熟练程度。技术培训的内容包括数控机床结构性能、数控机床工作原理、传动装置、数控系统技术特性、金属加工技术规范、操作规程、安全操作要领、维护保养事项、安全防护措施、故障处理原则等。

2. 实行定人定机持证操作

参加国家职业资格的考核鉴定，鉴定合格并取得资格证后，方能独立操作所使用数控机床。严禁无证上岗操作。严格实行定人定机和岗位责任制，以确保正确使用数控机床和落实日常维护工作。多人操作的数控机床应实行机长负责制，由机长对使用和维护工作负责。公用数控机床应由企业管理者指定专人负责维护保管。数控机床定人定机名单由使用部门提出，报设备管理部门审批，签发操作证；精、大、稀、关键设备定人定机名单，设备部门审核报企业管理者批准后签发。定人定机名单批准后，不得随意变动。对技术熟练能掌握多种数控机床操作技术的工人，经考试合格可签发操作多种数控机床的操作证。

3. 建立使用数控机床的岗位责任制

数控机床操作工必须严格按"数控机床操作维护规程""四项要求""五项纪律"的规定正确使用与精心维护设备。实行日常点检，认真记录。做到班前正确润滑设备，班中注意运转情况，班后清扫擦拭设备，保持清洁，涂油防锈。在做到"三好"要求下，练好"四会"基本功，搞好日常维护和定期维护工作；配合维修工人检查修理自己操作的设备；保管好设备附件和工具，并参加数控机床维修后的验收工作。认真执行交接班制度和填写好交接班及运行记录。发生设备事故时立即切断电源。保持现场，及时向生产工长和车间机械员（师）报告，听候处理。分析事故时应如实说明经过。对违反操作规程等造成的事故应负直接责任。

4. 建立交接班制度

连续生产和多班制生产的设备必须实行交接班制度。交班人除完成设备日常维护作业外，必须把设备运行情况和发现的问题，详细记录在"交接班簿"上，并主动向接班人介绍清楚，双方当面检查，在"交接班簿"上签字。接班人如发现异常或情况不明，记录不清时，可拒绝接班。如交接不清，设备在接班后发生问题，由接班人负责。企业对在用设备均需设"交接班簿"，不准涂改撕毁。区域维修部（站）和机械员（师）应及时收集分析，掌握交接班执行情况和数控机床技术状态信息。

二、数控机床生产的岗位责任制

表 1-1 详细描述了数控机床生产的岗位责任制。

表 1-1　数控机床生产的岗位责任制

序号	岗位责任制		详 细 说 明
1	三好	管好数控机床	掌握数控机床的数量、质量及其变动情况，合理配置数控机床，严格执行关于设备的移装、调拨、借用、出租、封存、报废、改装及更新的有关管理制度，保证财产的完整齐全，保持其完好和价值。操作工必须管好自己使用的机床，未经上级批准不准他人使用，杜绝无证操作现象
		用好数控机床	正确使用和精心维护好数控机床，生产应依据机床的能力合理安排，不得有超性能使用之类的短期化行为，操作工必须严格遵守操作维护规程，不超负荷使用及采取不文明的操作方法，认真进行日常保养和定期维护，使数控机床保持"整齐、清洁、润滑、安全"的标准
		修好数控机床	车间安排生产时应考虑和预留计划维修时间，防止机床带病运行，操作工要配合维修工修好设备，及时排除故障。要贯彻"预防为主，养为基础"的原则，实行计划预防修理制度，广泛采用新技术、新工艺，保证修理质量，缩短停机时间，降低修理费用，提高数控机床的各项技术经济指标
2	四会	会使用	操作工应先学习数控机床操作规程，熟悉设备结构性能、传动装置，懂得加工工艺和工装工具在数控机床上的正确使用
		会维护	能正确执行数控机床维护和润滑规定，按时清扫，保持设备清洁完好
		会检查	了解设备易损零件部位，知道检查项目、标准和方法，并能按规定进行日常检查
		会排除故障	熟悉设备特点，能鉴别设备正常与异常现象，懂得其零部件拆装注意事项，会做一般故障调整或协同维修人员进行排除

续表

序号	岗位责任制		详 细 说 明
3	四项要求	整齐	工具、工件、附件摆放整齐,设备零部件及安全防护装置齐全,线路管道完整
		清洁	设备内外清洁,无"黄袍",各滑动面、丝杠、齿条、齿轮无油污、无损伤;各部位不漏油、漏水、漏气,铁屑清扫干净
		润滑	按时加油、换油,油质符合要求;油枪、油壶、油杯、油嘴齐全,油毡、油线清洁,油路畅通
		安全	实行定人定机制度,遵守操作维护规程,合理使用,注意观察运行情况,不出安全事故
4	五项纪律		凭操作证使用设备,遵守安全操作维护规程
			经常保持机床整洁,按规定加油,保证合理润滑
			遵守交接班制度
			管好工具、附件,不得遗失
			发现异常立即通知有关人员检查处理

第二章　数控车床简介

数控车床是数字程序控制车床的简称，它集通用性好的万能型车床、加工精度高的精密型车床和加工效率高的专用型车床的特点于一身，是国内使用量最大，覆盖面最广的一种数控机床。要学好数控车床理论和操作，就必须勤学苦练，从平面几何、三角函数、机械制图、普通车床的工艺和操作等方面打好基础。

因此，必须首先具有普通车工工艺学知识，然后才能从掌握人工控制转移到数字控制方面来；另外，若没有学好有关数学、电工学、公差与配合及机械制造等内容，要学好数控原理和程序编制等，也会感到十分困难。熟悉零件工艺要求，正确处理工艺问题。由于数控机床加工的特殊性，要求数控机床加工工人既是操作者，又是程序员，同时具备初级技术人员的某些素质，因此，操作者必须熟悉被加工零件的各项工艺（技术）要求，如加工路线，刀具及其几何参数，切削用量，尺寸及形状位置公差。在熟悉了各项工艺要求，并对出现的问题正确进行处理后，才能减少工作盲目性，保证整个加工工作圆满完成。总之，不断努力，日积月累，便可掌握数控编程与加工技术，更要坚持不懈，不怕困难，培养大国工匠精神，朝着高技能人才目标努力。

第一节　数控车床的结构和分类

一、数控车床的结构

如图 2-1 所示，数控车床与普通车床一样，也是用来加工零件旋转表面的。一般能够自动完成外圆柱面、圆锥面、球面以及螺纹的加工，还能加工一些复杂的回转面，如双曲面等。车床和普通车床的工件安装方式基本相同，为了提高加工效率，数控车床多采用液压、气动和电动卡盘。

数控车床的外形与普通车床相似，即由床身、主轴箱、刀架、进给系统、液压系统、冷却和润滑系统等部分组成。数控车床的进给系统与普通车床有质的区别，传统普通车床有进给箱和交换齿轮架，而数控车床是直接用伺服电机通过滚珠丝杠驱动溜板和刀架实现进给运动的，因而使进给系统的结构大为简化。

二、数控车床的分类

数控车床可分为卧式和立式两大类。卧式车床又有水平导轨和倾斜导轨两种。档次较高的数控卧车一般都采用倾斜导轨。按刀架数量分类，又可分为单刀架数控车床和双刀架数控车，前者是两坐标控制，后者是四坐标控制。双刀架卧车多数采用倾斜导轨。由于数控车床品种繁多，规格不一，可按如下方法进行分类。

第二章 数控车床简介

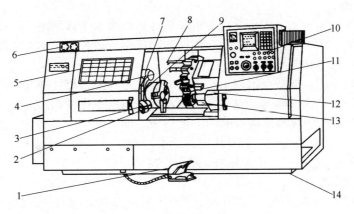

图 2-1 数控车床结构

1—脚踏开关；2—对刀仪；3—主轴卡盘；4—主轴箱；5—机床防护门；
6—压力表；7—对刀仪防护罩；8—防护罩；9—对刀仪转臂；
10—操作面板；11—回转刀架；12—尾座；13—滑板；14—床身

1. 按车床主轴位置分类

（1）立式数控车床　立式数控车床（见图 2-2）简称为数控立车，其车床主轴垂直于水平面，一个直径很大的圆形工作台，用来装夹工件。这类机床主要用于加工径向尺寸大、轴向尺寸相对较小的大型复杂零件。

（2）卧式数控车床　卧式数控车床（见图 2-3）又分为数控水平导轨卧式车床和数控倾斜导轨卧式车床。其倾斜导轨结构可以使车床具有更大的刚性，并易于排除切屑。

图 2-2 立式数控车床

图 2-3 卧式数控车床

2. 按加工零件的基本类型分类

（1）卡盘式数控车床　这类车床没有尾座，适合车削盘类（含短轴类）零件。夹紧方式多为电动或液动控制，卡盘结构多具有可调卡爪或不淬火卡爪（即软卡爪）。

（2）顶尖式数控车床　这类车床配有普通尾座或数控尾座，适合车削较长的零件及直径不太大的盘类零件。

3. 按刀架数量分类

（1）单刀架数控车床　数控车床一般都配置有各种形式的单刀架，如四工位卧动转位刀架或多工位转塔式自动转位刀架。

（2）双刀架数控车床　这类车床的双刀架配置平行分布，也可以是相互垂直分布。

4. 按功能分类

（1）经济型数控车床　采用步进电动机和单片机对普通车床的进给系统进行改造后形成的简易型数控车床，成本较低，但自动化程度和功能都比较差，车削加工精度也不高，适用于要求不高的回转类零件的车削加工。

（2）普通数控车床　根据车削加工要求在结构上进行专门设计并配备通用数控系统而形成的数控车床，数控系统功能强，自动化程度和加工精度也比较高，适用于一般回转类零件的车削加工。这种数控车床可同时控制两个坐标轴，即 X 轴和 Z 轴。

（3）车削加工中心　在普通数控车床的基础上，增加了 C 轴和动力头，更高级的数控车床带有刀库，可控制 X、Z 和 C 三个坐标轴，联动控制轴可以是 (X, Z)、(X, C) 或 (Z, C)。由于增加了 C 轴和铣削动力头，这种数控车床的加工功能大大增强，除可以进行一般车削外可以进行径向和轴向铣削、曲面铣削、中心线不在零件回转中心的孔和径向孔的钻削等加工。

5. 其他分类方法

按数控系统的不同控制方式等指标，数控车床可以分很多种类，如直线控制数控车床、两主轴控制数控车床等；按特殊或专门工艺性能可分为螺纹数控车床、活塞数控车床、曲轴数控车床等多种。

第二节　数控车床的特点

一、按加工对象

与传统车床相比，数控车床比较适合于车削具有以下要求和特点的回转体零件。

1. 精度要求高的零件

由于数控车床的刚性好，制造和对刀精度高，以及能方便和精确地进行人工补偿甚至自动补偿，所以它能够加工尺寸精度要求高的零件。在有些场合可以以车代磨。此外，由于数控车削时刀具运动是通过高精度插补运算和伺服驱动来实现的，再加上机床的刚性好和制造精度高，所以它能加工对直线度、圆度、圆柱度要求高的零件。

2. 表面粗糙度小的回转体零件

数控车床能加工出表面粗糙度小的零件，不但是因为机床的刚性好和制造精度高，还由于它具有恒线速度切削功能。在材质、精车余量和刀具已定的情况下，表面粗糙度取决于进给速度和切削速度。使用数控车床的恒线速度切削功能，就可选用最佳线速度来切削端面，这样切出的粗糙度既小又一致。数控车床还适合于车削各部位表面粗糙度要求不同的零件。粗糙度小的部位可以用减小进给速度的方法来达到，而这在传统车床上是做不到的。

3. 轮廓形状复杂的零件

数控车床具有圆弧插补功能，所以可直接使用圆弧指令来加工圆弧轮廓。数控车床也可加工由任意平面曲线所组成的轮廓回转零件，既能加工可用方程描述的曲线，也能加工列表曲线。如果说车削圆柱零件和圆锥零件既可选用传统车床，也可选用数控车床，那么车削复杂转体零件就只能使用数控车床。

4. 带一些特殊类型螺纹的零件

传统车床所能切削的螺纹相当有限，它只能加工等节距的直、锥面公、英制螺纹，而且一台车床只限定加工若干种节距。数控车床不但能加工任何等节距直、锥面，公、英制和端面螺纹，而且能加工增节距、减节距，以及要求等节距、变节距之间平滑过渡的螺纹。数控车床加工螺纹时主轴转向不必像传统车床那样交替变换，它可以一刀又一刀不停顿地循环，直至完成，所以它车削螺纹的效率很高。数控车床还配有精密螺纹切削功能，再加上一般采用硬质合金成型刀片，以及可以使用较高的转速，所以车削出来的螺纹精度高、表面粗糙度小。可以说，包括丝杠在内的螺纹零件很适合于在数控车床上加工。

5. 淬硬零件

在大型模具加工中，有不少尺寸大而形状复杂的零件。这些零件热处理后的变形量较大，磨削加工有困难，而在数控车床上可以用陶瓷车刀对淬硬后的零件进行车削加工，以车代磨，提高加工效率。

二、按结构和工作特点

（1）采用了全封闭或半封闭防护装置　数控车床采用封闭防护装置可防止由于切屑或切削液飞出给操作者带来的意外伤害。

（2）采用自动排屑装置　数控车床大都采用斜床身结构布局，排屑方便，便于采用自动排屑机。

（3）主轴转速高，工件装夹安全可靠　数控车床大都采用了液压卡盘，夹紧力调整方便可靠，同时也降低了操作工人的劳动强度。

（4）可自动换刀　数控车床都采用了自动回转刀架，在加工过程中可自动换刀，连续完成多道工序的加工。

（5）双伺服电路驱动　由于数控车床刀架的两个方向运动分别由两台伺服电动机驱动，所以它的传动链短。不必使用挂轮、光杠等传动部件，用伺服电动机直接与丝杠连接带动刀架运动。伺服电动机丝杠间也可以用同步皮带副或齿轮副连接。

（6）无级变速　多功能数控车床采用直流或交流主轴控制单元来驱动主轴，按控制指令做无级变速，主轴之间不必用多级齿轮副来进行变速。为扩大变速范围，现在一般还要通过一级齿轮副，以实现分段无级调速，即使这样，床头箱内的结构已比传统车床简单得多。数控车床的另一个结构特点是刚度大，这是为了与控制系统的高精度控制相匹配，以便适应高精度的加工。

（7）数控车床的最后一个结构特点是轻拖动　刀架移动一般采用滚珠丝杠副。滚珠丝杠副是数控车床的关键机械部件之一，滚珠丝杠两端安装的滚动轴承是专用轴承，它的压力角比常用的向心推力球轴承要大得多。这种专用轴承配对安装，是选配的，最好在轴承出厂时就是成对的。

第三节　数控车床刀具

数控车床能兼作粗、精加工。为使粗加工能以较大切削深度、较大进给速度加工，要求粗车刀具的强度高、耐用度好。精车首先是保证加工精度，所以要求刀具的精度高、耐用度好。为减少换刀时间和方便对刀，应尽可能多地采用机夹刀。

数控车床还要求刀片耐用度的一致性好，以便于使用刀具寿命管理功能。在使用刀具寿命管理时，刀片耐用度的设定原则是以该批刀片中耐用度最低的刀片作为依据的。在这种情况下，刀片耐用度的一致性甚至比其平均寿命更重要。

一、数控车床刀具的类型

数控车床的刀具、刀座（套）和刀盘如图 2-4 所示，刀具的类型见表 2-1。

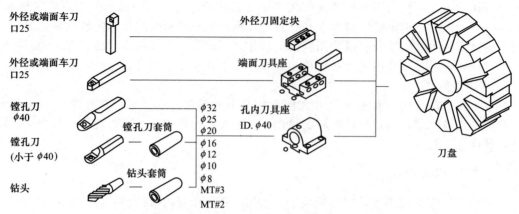

图 2-4 数控车床的刀具、刀座（套）和刀盘

表 2-1 数控车床和车削中心上常用的刀具

序号	刀具名称	简 图	应 用
1	外圆左偏粗车刀		用于后置刀架的数控车床上粗车外圆和端面
2	外圆左偏精车刀		用于后置刀架的数控车床上精车外圆和端面
3	45°车刀		用于工件端面及外圆的粗加工
4	外圆切槽刀		用于车削外圆槽和切断
5	外圆螺纹刀		用于车削外螺纹
6	中心钻		用于加工长轴的中心定位孔，端面钻中心孔
7	镗孔刀		用于镗孔，为加工内圆形状做准备
8	内圆粗车刀		用于工件孔的粗车加工
9	内圆精车刀		用于工件孔的精车加工

续表

序号	刀具名称	简图	应用
10	麻花钻	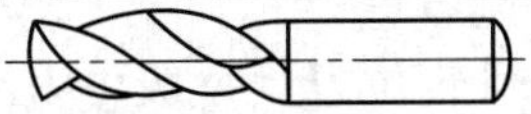	用于钻孔和扩孔加工
11	Z向铣刀		车削中心上铣端面槽和平行于主轴线的孔
12	X向铣刀		车削中心上铣径向孔、平面、直槽及螺旋槽
13	球头铣刀	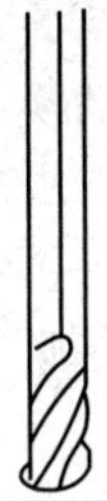	车削中心上铣弧形槽

二、数控车床常用的刀具结构形式

数控车床常用的刀具结构形式见表2-2。数控车床所用刀具材料最多的是各类硬质合金,且大多采用机夹可转位刀片的刀具,因此对机夹可转位刀片的运用是数控机床操作人员必须了解的内容之一。

现代化数控加工技术的发展,进一步促进了机夹可转位刀具及其配套技术向刀具技术现代化迈进。将焊接刀片转变为机夹可转位刀片并与刀具涂层工艺技术相结合,是实现刀具技术革命的重要环节。

表2-2 数控车床常用的刀具结构形式

名称	简图	特点	应用
整体式	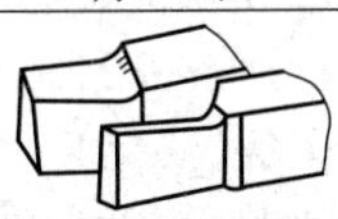	整体高速钢制造,刀口锋利,刚性好	小型车刀和加工非铁金属场合
焊接式	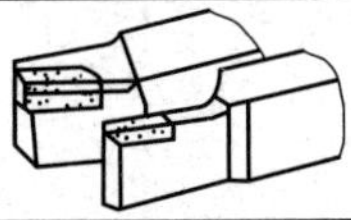	可根据需要刃磨获得刀具几何形状,结构紧凑,制造方便	各类车刀,特别是小型车刀,与经济型数控车床配套
机夹式		避免焊接内应力而引起的刀具寿命下降,刀杆利用率高,刀片可通过刃磨获得所需参数,使用灵活方便	大型车刀、螺纹车刀、切断刀等
可转位式	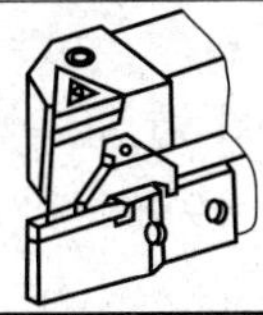	避免了焊接的缺点,刀片转位更换迅速,可使用涂层刀片,生产率高,断屑稳定可靠	广泛使用

目前用于制造可转位刀片的材料种类主要有高速钢、涂层高速钢、硬质合金、涂层硬质合金、陶瓷材料、立方氮化硼和金刚石等。

机夹可转位刀具一般由刀片、刀垫、刀体（或刀杆）及刀片夹紧机构组成。数控车床常用的机夹可转位式车刀结构如图 2-5 所示。

数控切削加工作为自动化机械加工的一种类型，它要求切削加工刀具除了应满足一般机床用刀具应具备的条件外，还应满足自动化加工所必需的下列要求：

① 刀具切削性能稳定；
② 断屑或卷屑可靠；
③ 耐磨性好；
④ 能迅速、精确地调整；
⑤ 能快速自动换刀；
⑥ 尽量采用先进的高效结构；
⑦ 可靠的刀具工作状态监控系统。

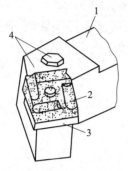

图 2-5　常用机夹可转位式车刀结构
1—刀杆；2—刀片；
3—刀垫；4—夹紧机构

数控切削加工还要适应多品种随机更换加工对象的要求和实现按事先编好的程序自动加工，对刀具还有以下要求。

① 刀具的标准化、系列化和通用化结构体系，必须与数控加工的特点和数控机床的发展相适应。数控加工的刀具系统应是一种模块化、层次式可分级更换组合的结构体系。

② 对于刀具及其工具系统的信息，应建立完整的数据库及其管理系统。将刀具的结构信息包括刀具类型、规格，刀片、刀头、刀夹、刀杆及刀座的构成，工艺数据等给予详尽完整的描述。

③ 应有完善的刀具组装、预调、编码标识与识别系统。

④ 应建立切削数据库，以便合理地利用机床与刀具，获得良好的综合效益。

三、数控车床刀具材料

刀具材料是决定刀具切削性能的根本因素。对于加工质量、加工效率、加工成本以及刀具耐用度都有着重大的影响。要实现高效合理的切削，必须有与之相适应的刀具材料。数控刀具材料是较活跃的材料科技领域。近年来，数控刀具材料基础科研和新产品的成果集中应用在高速、超高速、硬质（含耐热、难加工）、干式、精细、超精细数控加工领域。刀具材料新产品的研发在超硬材料（如金刚石、Al_2O_3、Si_3N_4、基类陶瓷、TiC 基类金属陶瓷、立方氮化硼、表面涂层材料）、W、Co 类涂层和细晶粒（超细晶粒）硬质合金体及含 Co 类粉末冶金高速钢等领域进展速度较快，尤其是超硬刀具材料的应用，导致产生了许多新的切削理念，如高速切削、硬切削、干切削等。

数控刀具的材料主要有高速钢、硬质合金、陶瓷、立方氮化硼和金刚石五类，其性能和应用范围见表 2-3，目前数控机床用得最普遍的刀具是硬质合金刀具。

1. 高速钢（High Speed Steel，HSS）

高速钢是一种含有较多的 W、Cr、V、Mo 等合金元素的高合金工具钢，具有良好的综合性能。与普通合金工具钢相比，它能以较高的切削速度加工金属材料，故称高速钢。俗称锋钢或白钢。高速钢的制造工艺简单，容易刃磨成锋利的切削刃；锻造、热处理变形小，目前在复杂刀具（如麻花钻、丝锥、成形刀具、拉刀、齿轮刀具等）制造中仍占有主要地位。其加工范围包括有色金属、铸铁、碳素钢和合金钢等。

表 2-3 数控刀具材料的性能及应用范围

刀具材料		优点	缺点	典型应用
高速钢		抗冲击能力强,通用性好	切削速度低,耐磨性差	低速、小功率和断续切削
硬质合金		通用性最好,抗冲击能力强	切削速度有限	钢、铸铁、特殊材料和塑料的粗、精加工
涂层硬质合金		通用性很好,抗冲击能力强,中速切削性能好	切削速度限制在中速范围内	除速度比硬质合金高之外,其余与硬质合金一样
金属陶瓷		通用性很好,中速切削性能好	抗冲击性能差,切削速度限制在中速范围	钢、铸铁、不锈钢和铝合金
陶瓷	陶瓷(热/冷压成型)	耐磨性好,中速切削性能好	抗冲击性能差,抗热冲击性能也差	钢和铸铁的精加工。钢的滚压加工
	陶瓷(氮化硅)	抗冲击性好,耐磨性好	非常有限的应用	铸铁的粗、精加工
	陶瓷(晶须强化)	抗冲击性能好,抗热冲击性能好	有限的通用性	可高速粗、精加工硬钢、淬火铸铁和高镍合金
立方氮化硼(CBN)		高热硬性。高强度,高抗热冲击性能	不能切削硬度小于45HRC的材料,应用有限,成本高	切削硬度在 45~70HRC 之间的材料
聚晶金刚石(PCD)		高耐磨性。高速切屑性能好	抗热冲击性能差,切削铁质金属化学稳定性	金属和非金属材料差,应用有限

2. 硬质合金(Cemented Carbide)

硬质合金用高硬度、高熔点的金属碳化物(如 WC、TiC、TaC、NbC 等)粉末和金属黏结剂(如 Co、Ni、Mo 等),经过高压成型,并在 1500℃左右的高温下烧结而成。由于金属碳化物硬度很高,因此其热硬性、耐磨性好,但其抗弯强度和韧性较差。硬质合金刀具具有良好的切削性能,与高速钢刀具相比,加工效率很高,而且刀具的寿命可提高几倍到几十倍,被广泛地用来制作可转位刀片,不仅用来加工一般钢、铸铁和有色金属,而且还用来加工淬硬钢及许多高硬度难加工材料。

3. 陶瓷刀具

陶瓷刀具材料是一种最有前途的高速切削刀具材料,在生产中有广泛的应用前景。陶瓷刀具具有非常高的耐磨性,它比硬质合金有更好的化学稳定性,可在高速条件下切削加工并持续较长时间,比用硬质合金刀具平均提高效率 3~10 倍。它实现以车代磨的高效"硬加工技术"及"干切削技术",提高零件加工表面质量。实现干式切削,对控制环境污染和降低制造成本有广阔的应用前景。

陶瓷是含有金属氧化物或氮化物的无机非金属材料,具有高硬度、高强度、高热硬性、高耐磨性及优良的化学稳定性和低的摩擦系数等特点。陶瓷刀具在切削加工的以下方面,显示出其优越性。

① 可加工传统刀具难以加工或根本不能加工的高硬材料,例如硬度达 65HRC 的各类淬硬钢和硬化铸铁,因而可免除退火加工所消耗的电力;并因此也可提高工件的硬度,延长机器设备的使用寿命。

② 不仅能对高硬度材料进行粗、精加工,也可进行铣削、刨削、断续切削和毛坯拔荒粗车等冲击力很大的加工。

③ 刀具耐用度比传统刀具高几倍甚至几十倍,减少了加工中的换刀次数,保证被加工工件的小锥度和高精度。

④ 可进行高速切削或实现"以车、铣代磨",切削效率比传统刀具高 3~10 倍,达到节约工时、电力、机床数 30%~70%或更高的效果。

新型陶瓷刀具材料具有其他刀具材料无法比拟的优势，其发展空间非常大。通过对陶瓷刀具材料组分、制备工艺与材料设计的研究，可以在保持高硬度、高耐磨性的基础上，极大地提高刀具材料的韧性和抗冲击性能，制备符合现代切削技术使用要求的适宜材料。可以预料，随着各种新型陶瓷刀具材料的使用，必将促进高效机床及高速切削技术的发展，而高效机床及高速切削技术的推广与应用，又进一步推动新型陶瓷刀具材料的使用。

4. CBN（立方氮化硼）刀具

CBN（立方氮化硼）是利用超高压高温技术获得的又一种无机超硬材料，在制造过程中和硬质合金基体结合而成立方氮化硼复合片。

（1）立方氮化硼作为刀具材料的特点

① 硬度和耐磨性很高，其显微硬度为 8000～9000HV，已接近金刚石的硬度；

② 热稳定性好，其耐热性为 1400～1500℃；

③ 化学稳定性好，与铁系材料在 1200～1300℃ 也不易起化学作用；

④ 具有良好的导热性，其热导率大大高于高速钢及硬质合金；

⑤ 较低的摩擦系数，与不同材料的摩擦系数约为 0.1～0.3，比硬质合金摩擦系数（0.4～0.6）小得多。

（2）立方氮化硼刀具应用范围

① 工具钢、模具钢、冷硬铸铁、镍基合金、钴基合金；

② 淬火钢、高温合金钢、高铬铸铁、热喷焊（涂）材料；

③ 适合于加工硬度大于 45HRC 的钢铁类工作，但铸铁类无此限制。

CBN 适用于磨削淬火钢和超耐热合金材料。其硬度仅次于金刚石排名第二，是典型的传统磨料的 4 倍，而耐磨性是典型的传统磨料的 2 倍。

CBN 具有异乎寻常的热传导性，在磨削硬质刀具、压模和合金钢，以及镍和钴基超耐热合金加工后，能优化其表面完整性。经过大量的晶体涂层和表面处理，可以提高晶体刀具把持力和性能特点。这些涂层可以用来提高性能，以及刀具的热传递和润滑质量。

5. PCD（聚晶金刚石）刀具

（1）刀具特点　用 PCD 刀具加工铝制工件具有刀具寿命长、金属切除率高等优点，其缺点是刀具价格昂贵，加工成本高。这一点在机械制造业已形成共识。但近年来 PCD 刀具的发展与应用情况已发生了许多变化。如今的铝材料在性能上已今非昔比，在加工各种新开发的铝合金材料（尤其是高硅含量复合材料）时，为了实现生产率及加工质量的最优化，必须认真选择 PCD 刀具的牌号及几何参数，以适应不同的加工要求。PCD 刀具的另一个变化是加工成本不断降低，在市场竞争压力和刀具制造工艺改进的共同作用下，PCD 刀具的价格已大幅下降。上述变化趋势导致 PCD 刀具在铝材料加工中的应用日益增多，而刀具的适用性则受到不同被加工材料的制约。

（2）正确使用　切削加工铝合金材料时，硬质合金刀具的粗加工切削速度约为 120m/min，而 PCD 刀具即使在粗加工高硅铝合金时其切削速度也可达到约 360m/min。刀具制造商推荐采用细颗粒（或中等颗粒）PCD 牌号加工无硅和低硅铝合金材料。采用粗颗粒 PCD 牌号加工高硅铝合金材料。如铣削加工的工件表面光洁度达不到要求，可采用晶粒尺寸较小的修光刀片对工件表面进行修光加工，以获得满意的表面光洁度。

PCD 刀具的正确应用是获得满意加工效果的前提。虽然刀具失效的具体原因各不相同，但通常是由于使用对象或使用方法不正确所致。用户在订购 PCD 刀具时，应正确把握刀具的适应范围。例如，用 PCD 刀具加工黑色金属工件（如不锈钢）时，由于金刚石极易与钢中的碳元素发生化学反应，将导致 PCD 刀具迅速磨损，因此，加工淬硬钢的正确选择应该是 PCBN（人造立方氮化硼）刀具。

第四节 数控刀具的切削用量选择

一、切削用量的选择原则

切削用量的大小对加工质量、刀具磨损、切削功率和加工成本等均有显著影响。切削加工时，需要根据加工条件选择适当的切削速度（或主轴转速）、进给量（或进给速度）和背吃刀量的数值。切削速度、进给量和背吃刀量，统称为切削用量三要素。数控加工中选择切削用量时，要在保证加工质量和刀具耐用度的前提下，充分发挥机床性能和刀具切削性能，使切削效率最高，加工成本最低。

合理选择切削用量的原则是：

（1）粗加工时切削用量的选择原则　首先选取尽可能大的背吃刀量；其次要根据机床动力和刚性的限制条件等，选取尽可能大的进给量；最后根据刀具耐用度确定最佳切削速度。

（2）精加工时切削用量的选择原则　首先根据粗加工后的余量确定背吃刀量；其次根据已加工表面的粗糙度要求，选取较小的进给量；最后在保证刀具耐用度的前提下，尽可能选取较高的切削速度。

粗加工以提高生产效率为主，但也要考虑经济性和加工成本；而半精加工和精加工时，以保证加工质量为目的，兼顾加工效率、经济性和加工成本。具体数值应根据机床说明，参考切削用量手册，并结合实践经验而定。

二、切削用量各要素的选择方法

1. 背吃刀量的选择

根据工件的加工余量确定。在留下精加工及半精加工的余量后，在机床动力足够、工艺系统刚性好的情况下，粗加工应尽可能将剩下的余量一次切除，以减少进给次数。如果工件余量过大或机床动力不足而不能将粗切余量一次切除时，也应将第一、二次进给的背吃刀量尽可能取得大一些。另外，当冲击负荷较大（如断续切削）或工艺系统刚性较差时，应适当减小背吃刀量。

2. 进给量和进给速度的选择

进给量（或进给速度）是数控车床切削用量中的重要参数，主要根据零件的加工精度和表面粗糙度要求以及刀具和工件材料来选择。粗加工时，对加工表面粗糙度要求不高，进给量（或进给速度）可以选择得大些，以提高生产效率。而半精加工及精加工时，表面粗糙度值要求低，进给量（或进给速度）应选择小些。

最大进给速度受机床刚度和进给系统性能的限制。一般数控机床进给速度是连续变化的，各挡进给速度可在一定范围内进行无级调整，也可在加工过程中通过机床控制面板上的进给速度倍率开关进行人工调整。

在选择进给速度时，还应注意零件加工中的某些特殊因素。比如在轮廓加工中，选择进给量时，应考虑由于惯性或工艺系统的变形而造成轮廓拐角处的"超程"或"欠程"问题。

3. 切削速度的选择

切削速度的选择，主要考虑刀具和工件的材料以及切削加工的经济性。必须保证刀具的经济使用寿命。同时切削负荷不能超过机床的额定功率。在选择切削速度时，还应考虑以下几点：

① 要获得较小的表面粗糙度值时，切削速度应尽量避开积屑瘤的生成速度范围，一般可取较高的切削速度；

② 加工带硬皮工件或断续切削时，为减小冲击和热应力，应选取较低的切削速度；

③ 加工大件、细长件和薄壁工件时，应选用较低的切削速度。

总之，选择切削用量时，除考虑被加工材料、加工要求、刀具材料、生产效率、工艺系统刚性、刀具寿命等因素以外，还应考虑加工过程中的断屑、卷屑要求，因为可转位刀片上不同形式的断屑槽有其各自适用的切削用量。如果选用的切削用量与刀片不适合，断屑就达不到预期的效果，这一点在选择切削用量时必须注意。

三、基本切削用量相关值

基本切削用量相关值见表 2-4～表 2-7。

表 2-4 硬质合金刀具切削用量参考值

工件材料	热处理状态	$a_p=0.3\sim2\text{mm}$ $f=0.08\sim0.3\text{mm/r}$ $v_c/\text{m}\cdot\text{mm}^{-1}$	$a_p=2\sim6\text{mm}$ $f=0.3\sim0.6\text{mm/r}$ $v_c/\text{m}\cdot\text{mm}^{-1}$	$a_p=6\sim10\text{mm}$ $f=0.6\sim1\text{mm/r}$ $v_c/\text{m}\cdot\text{mm}^{-1}$
低碳钢 易切钢	热轧	140～180	100～120	70～90
中碳钢	热轧	130～160	90～110	60～80
	调质	100～130	70～90	50～70
合金结构钢	热轧	100～130	70～90	50～70
	调质	80～110	50～70	40～60
工具钢	退火	90～120	60～80	50～70
灰铸铁	<190HBS	90～120	60～80	50～70
	=190～225HBS	80～110	50～70	40～60
高锰钢 $w_{Mn}13\%$			10～20	
铜及铜合金		300～250	120～180	90～120
铝及铝合金		300～600	200～400	150～200
铸铝合金 $w_{Si}13\%$		100～180	80～150	60～100

注：切削钢及灰铸铁时刀具耐用度为 60min。

表 2-5 数控车床切削用量简表

工件材料	加工方式	背吃刀量 a_p/mm	切削速度 $v_c/\text{m}\cdot\text{mm}^{-1}$	进给量 $f/\text{mm}\cdot\text{r}^{-1}$	刀具材料
碳素钢 $\delta_b>600\text{MPa}$	粗加工	5～7	60～80	0.2～0.4	YT 类
		2～3	80～120	0.2～0.4	
	精加工	0.2～0.3	120～150	0.1～0.2	
	车螺纹		70～100	导程	
	钻中心孔		500～800r/min		W18Cr4V
	钻孔		1～30	0.1～0.2	
	切断 (宽度<5mm)		70～110	0.1～0.2	YT 类
合金钢 $\delta_b=1470\text{MPa}$	粗加工	2～3	50～80	0.2～0.4	YT 类
	精加工	0.1～0.15	60～100	0.1～0.2	
	切断 (宽度<5mm)		40～70	0.1～0.2	
铸铁 200HBS 以下	粗加工	2～3	50～70	0.2～0.4	
	精加工	0.1～0.15	70～100	0.1～0.2	
	切断 (宽度<5mm)		50～70	0.1～0.2	
铝	粗加工	2～3	600～1000	0.2～0.4	YG 类
	精加工	0.2～0.3	800～1200	0.1～0.2	
	切断 (宽度<5mm)		600～1000	0.1～0.2	
黄铜	粗加工	2～4	400～500	0.2～0.4	
	精加工	0.1～0.15	450～600	0.1～0.2	
	切断 (宽度<5mm)		400～500	0.1～0.2	

表 2-6 按表面粗糙度选择进给量的参考值

工件材料	表面粗糙度 $Ra/\mu m$	切削速度范围 $v_c/m \cdot min^{-1}$	刀尖圆弧半径 r_ξ/mm		
			0.5	1.0	2.0
			进给量 $f/mm \cdot r^{-1}$		
铸铁、青铜、铝合金	>5~10	不限	0.25~0.40	0.40~0.50	0.50~0.60
	>2.5~5		0.15~0.25	0.25~0.40	0.40~0.60
	>1.25~2.5		0.10~0.15	0.15~0.20	0.20~0.35
碳钢及合金钢	>5~10	<50	0.30~0.50	0.45~0.60	0.55~0.70
		>50	0.40~0.55	0.55~0.65	0.65~0.70
	>2.5~5	<50	0.18~0.25	0.25~0.30	0.30~0.40
		>50	0.25~0.30	0.30~0.35	0.30~0.50
	>1.25~2.5	<50	0.10	0.11~0.15	0.15~0.22
		50~100	0.11~0.16	0.16~0.25	0.25~0.35
		>100	0.16~0.20	0.20~0.25	0.25~0.35

注：$r_\xi=0.5mm$，12mm×12mm 以下刀杆；
$r_\xi=1.0mm$，30mm×30mm 以下刀杆；
$r_\xi=2.0mm$，30mm×45mm 以下刀杆。

表 2-7 按刀杆尺寸和工件直径选择进给量的参考值

工件材料	车刀刀杆尺寸 $B\times H/mm$	工件直径 d_w/mm	背吃刀量 a_p/mm				
			≤3	>3~5	>5~8	>8~12	>12
			进给量 $f/mm \cdot r^{-1}$				
碳素结构钢合金结构钢及耐热钢	16×25	20	0.3~0.4	—	—	—	—
		40	0.4~0.5	0.3~0.4	—	—	—
		60	0.6~0.9	0.4~0.6	0.3~0.5	—	—
		100	0.6~0.9	0.5~0.7	0.5~0.6	0.4~0.5	—
		400	0.8~1.2	0.7~1.0	0.6~0.8	0.5~0.6	—
	20×30 25×25	20	0.3~0.4	—	—	—	—
		40	0.4~0.5	0.3~0.4	—	—	—
		60	0.5~0.7	0.5~0.7	0.4~0.6	—	—
		100	0.8~1.0	0.7~0.9	0.5~0.7	0.4~0.7	—
		400	1.2~1.4	1.0~1.2	0.8~1.0	0.6~0.9	0.4~0.6
铸铁及钢合金	16×25	40	0.4~0.5	—	—	—	—
		60	0.6~0.8	0.5~0.8	0.4~0.7	—	—
		100	0.9~1.3	0.8~1.2	0.7~1.0	0.5~0.7	—
		400	1.0~1.4	1.0~1.2	0.8~1.0	0.6~0.8	—
	20×30 25×25	40	0.4~0.5	—	—	—	—
		60	0.5~0.9	0.5~0.8	0.4~0.7	—	—
		100	0.9~1.3	0.8~1.2	0.7~1.0	0.5~0.8	—
		400	1.2~1.8	1.2~1.6	1.0~1.3	0.9~1.1	0.7~0.9

注：1. 加工断续表面及有冲击的工件时，表内进给量应乘系数 $k=0.75\sim0.85$。
2. 在小批量加工时，表内进给量应乘系数 $k=1.1$。
3. 加工耐热钢及其合金时，进给量不大于 1mm/r。
4. 加工淬硬钢时，进给量应减小，当钢的硬度为 44~56HRC 时乘系数 $k=0.8$；当钢的硬度为 57~62HRC 时乘系数 $k=0.5$。

第五节 切 削 液

在金属切削过程中，为提高切削效率，提高工件的精度和降低工件表面粗糙度，延长刀具使用寿命,达到最佳的经济效果,就必须减少刀具与工件、刀具与切屑之间摩擦,及时带走切削区内因材料变形而产生的热量。要达到这些目的,一方面是通过开发高硬度耐高温的刀具材料和改进刀具的几何形状来实现,如随着碳素钢、高速钢硬质合金及陶瓷等刀具材料的相继问世以及使用转位刀具等,使金属切削的加工率得到迅速提高;另一方面是采用性能优良的切削液往往可以明显提高切削效率,降低工件表面粗糙度,延长刀具使用寿命,取得良好的经济效益。

一、切削液的分类

目前,切削液的品种繁多,作用各异,但归纳起来分为两大类,即油基切削液和水基切削液。

(1) 油基切削液 油基切削液即切削油,它主要用于低速重切削加工和难加工材料的切削加工。目前使用的切削油有以下几种。

① 矿物油。常用作为切削液的矿物油有全损耗系统用油、轻柴油和煤油等。它们具有良好的润滑性和一定的防锈性,但生物降解性差。

② 动植物油。常用作为切削液的动植物油有鲸鱼油、蓖麻油、棉籽油、菜籽油和豆油。它们具有优良的润滑性和生物降解性,但易氧化变质。

③ 普通复合切削液。它是在矿物油中加入油性剂调配而成,它比单用矿物油性能好。

④ 极压切削油。它是在矿物油中加入含硫、磷、氯、硼等极压添加剂、油溶性防锈剂和油性剂等调配而成的复合油。

(2) 水基切削液 水基切削液分为三大类,即乳化液、合成切削液和半合成切削液。

① 乳化液。它由乳化油与水配置而成。乳化油主要是由矿物油(含量为50%~80%)、乳化剂、防锈剂、油性剂、极压剂和防腐剂等组成。稀释液不透明,呈乳白色。但由于其工作稳定性差,使用周期短,溶液不透明,很难观察工作时的切削状况,故使用量逐年减少。

② 合成切削液。它的浓缩液不含矿物油,由水溶性防锈剂、油性剂、极压剂、表面活性剂和消泡剂等组成。稀释液呈透明状或半透明状。主要优点是:使用寿命长;优良的冷却和清洗性能,适合高速切削;溶液透明,具有良好的可见性,特别适合数控机床、加工中心等现代加工设备上使用。但合成切削液容易洗刷掉机床滑动部件上的润滑油,造成滑动不灵活,润滑性能相对差些。

③ 半合成切削液。也称微乳化切削液。它的浓缩液由少量矿物油(含量为5%~30%)、油性剂、极压剂、防锈剂、表面活性剂和防腐剂等组成。稀释液油滴直径小于$1\mu m$,稀释液呈透明状或半透明状。它具备乳化液和合成切削液的优点,又弥补了两者的不足,是切削液发展的趋势。

二、切削液的作用与性能

1. 冷却作用

冷却作用是依靠切削液的对流换热和汽化把切削热从固体(刀具、工件和切屑)中带走,降低切削区的温度,减少工件变形,保持刀具硬度和尺寸。

切削液的冷却作用取决于它的热参数值,特别是比热容和热导率。此外,液体的流动条件和热交换系数也起重要作用,热交换系数可以通过改变表面活性材料和汽化热大小来提高。水具有较高的比热容和大的热导率,所以水基的切削性能要比油基切削液好。

改变液体的流动条件,如提高流速和加大流量可以有效地提高切削液的冷却效果,特别对于冷却效果差的油基切削液,加大切削液的供液压力和加大流量,可有效提高冷却性能。

在钻深孔和高速滚齿加工中就采用这个办法。采用喷雾冷却,使液体易于汽化,也可明显提高冷却效果。在切削加工中,不同的冷却润滑材料的冷却效果见图2-6。

2. 润滑作用

在切削加工中,刀具与切屑、刀具与工件表面之间产生摩擦,切削液就是减轻这种摩擦的润滑剂。

刀具方面,由于刀具在切削过程中带有后角,它与被加工材料接触部分比前刀面少,接触压力也低,因此,后刀面的摩擦润滑状态接近于边界润滑状态,一般使用吸附性强的物质,如油性剂和抗剪强度降低的极压剂,能有效地减少摩擦。前刀面的状况与后刀面不同,剪切区变形的切屑在受到刀具推挤的情况下被迫挤出,其接触压力大,切屑也因塑性变形而达到高温,在供给切削液后,切屑也因受到骤冷而收缩,使前刀面上的刀与切屑接触长度及切屑

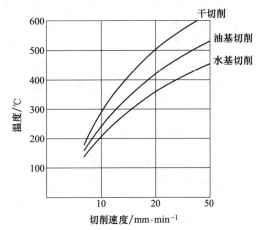

图 2-6 不同的冷却润滑材料的冷却效果

与刀具间的金属接触面积减少,同时还使平均剪切应力降低,这样就导致了剪切角的增大和切削力的减少,从而使工件材料的切削加工性能得到改善。

切削液的润滑作用,一般油基切削液比水基切削液优越,含油性、极压添加剂的油基切削液效果更好。油性添加剂一般是带有机化合物,如高级脂肪酸、高级醇、动植物油脂等。油基添加剂通过极性基吸附在金属的表面上形成一层润滑膜,减少刀具与工件、刀具与切屑之间的摩擦,从而达到减少切削阻力,延长刀具寿命,降低工件表面粗糙度的目的。油性添加剂的作用只限于温度较低的状况,当温度超过200℃,油性剂的吸附层受到破坏而失去润滑作用,所以一般低速、精密切削使用含有油性添加剂的切削液,而在高速、重切削的场合,应使用含有极压添加剂的切削液。

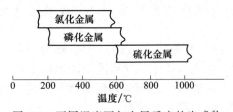

图 2-7 不同温度下与金属反应的生成物

极压添加剂是一些含有硫、磷、氯元素的化合物,这些化合物在高温下与金属起反应,生成硫化金属、磷化金属、氯化金属等具有低切削强度的物质(见图2-7),从而降低了切削阻力,减少了刀具与工件、刀具与切屑的摩擦,使切削过程易于进行。含有极压添加剂的切削液还可以抑制积屑瘤的生成,降低工件表面粗糙度。

3. 清洗作用

在金属切削过程中,切削、铁粉、磨屑、油污等物易黏附在工件表面和刀具、砂轮上,影响切削效果,同时使工件和机床变脏,不易清洗,所以切削液必须有良好的清洗作用,对于油基切削液,黏度越低,清洗能力越强,特别是含有柴油、煤油等轻组分的切削液,渗透和清洗性能就更好。含有表面活性剂的水基切削液,清洗效果较好,表面活性剂一方面能吸附各种粒子、油泥,并在工件表面形成一层吸附膜,阻止粒子和油泥黏附在工件、刀具和砂轮上,另一方面能渗入到粒子和油污黏附的界面上把粒子和油污从界面上分离,随切削液带走,从而起到清洗作用。切削液的清洗作用还应表现在对切屑、磨屑、铁粉、油污等有良好的分离和沉降作用。循环使用的切削液在回流到冷却槽后能迅速使切屑、铁粉、磨屑、微粒等沉降于容器的底部,油污等物悬浮于液面上,这样便可保证切削液反复使用后仍能保持清洁,保证加工质量和延长使用周期。

4. 防锈作用

在切削加工过程中，工件如果与水和切削液分解或氧化变质所产生的腐蚀介质接触，如与硫、二氧化硫、氯离子、酸、硫化氢、碱等接触就会受到腐蚀，机床与切削液接触的部位也会因此而产生腐蚀，在工件加工后或工序间存放期间，如果切削液没有一定的防锈能力，工件会受到空气中的水分及腐蚀介质的侵蚀而产生化学腐蚀和电化学腐蚀，造成工件生锈，因此，要求切削液必须具有较好的防锈性能，这是切削液最基本的性能之一。切削油一般都具备一定有防锈能力。对于水基切削液，要求 pH=9.5，有利于提高切削液对黑色金属的防锈作用，延长切削液的使用周期。

三、切削液的选取

1. 金属切削液的选取原则

① 切削液应无刺激性气味，不含对人体有害的添加剂，确保使用者的安全。

② 切削液应满足设备润滑、防护管理的要求，即切削液应不腐蚀机床的金属部件，不损伤机床密封件和油漆，不会在机床导轨上残留硬的胶状沉淀物，确保使用设备的安全和正常工作。

③ 切削液应保证工件工序间的防锈作用，不锈蚀工件。加工铜合金时，不应选用含硫的切削液。加工铝合金时应选用 pH 值为中性的切削液。

④ 切削液应具有优良的润滑性能和清洗性能。选择最大无卡咬负荷 P_B 值高、表面张力小的切削液，并经切削试验评定。

⑤ 切削液应具有较长的使用寿命。

⑥ 切削液应尽量适应多种加工方式和多种工件材料。

⑦ 切削液应低污染，并有废液处理方法。

⑧ 切削液应价格适宜，配制方便。

2. 根据刀具材料选择切削液

① 刀具钢刀具。其耐热温度在 200～300℃，只能适用于一般材料的切削，在高温下会失去硬度。由于这种刀具耐热性能差，要求冷却液的冷却效果要好，一般采用乳化液为宜。

② 高速钢刀具。这种材料是以铬、镍、钨、钼、钒（有的还含有铝）为基础的高级合金钢，它们的耐热性明显比刀具钢高，允许的最高温度可达 600℃。与其他耐高温的金属和陶瓷材料相比，高速钢有一系列优点，特别是它有较高的坚韧，适用于几何形状复杂的工件和连续切削加工，而且高速钢具有良好的可加工性和价格上容易被接受。

使用高速钢刀具进行低速和中速切削时，建议采用油基切削液或乳化液。在高速切削时，由于发热量大，以采用水基切削液为宜。若使用油基切削液会产生较多油雾，污染环境，而且容易造成工件烧伤，加工质量下降，刀具磨损增大。

③ 硬质合金刀具。它的硬度大大超过高速钢，最高允许工作温度可达 1000℃，具有优良的耐磨性能，在加工钢铁材料时，可减少切屑间的黏结现象。

一般选用含有抗磨添加剂的油基切削液为宜。在使用冷却液进行切削时，要注意均匀地冷却刀具，在开始切削之前，最好预先用切削液冷却刀具。对于高速切削，要用大流量切削液喷淋切削区，以免造成刀具受热不均匀而产生崩刃，亦可减少由于温度过高产生蒸发而形成的油烟污染。

④ 陶瓷刀具。采用氧化铝、金属和碳化物在高温下烧结而成，这种材料的高温耐磨性比硬质合金还要好，一般采用干切削，但考虑到均匀的冷却和避免温度过高，也常使用水基切削液。

⑤ 金刚石刀具。具有极高的硬度,一般适用于强力切削。为避免温度过高,也像陶瓷材料一样,通常采用水基切削液。

四、切削液在使用中出现的问题及其对策

切削液在使用中经常出现变质发臭、腐蚀、产生泡沫、使操作者皮肤过敏等问题,表2-8 中结合工作中的实际经验,列出了切削液在使用中出现的问题及其对策。

表 2-8 切削液在使用中出现的问题及其对策

问题	产 生 原 因	解 决 方 法
变质发臭	配制过程中有细菌侵入,如配制切削液的水中有细菌 空气中的细菌进入切削液 工件工序间的转运造成切削液的感染 操作者的不良习惯,如乱丢脏东西 机床及车间的清洁度差	使用高质量、稳定性好的切削液。用纯水配制浓缩液,不但配制容易,而且可改善切削液的润滑性,且减少被切屑带走的量,并能防止细菌侵蚀。使用时,要控制切削液中浓缩液的比率不能过低,否则易使细菌生长 由于机床所用油中含有细菌,所以要尽可能减少机床漏出的油混入切削液 切削液的 pH 值在 8.3~9.2 时,细菌难以生存,所以应及时加入新的切削液,提高 pH 值。保持切削液的清洁,不要使切削液与污油、食物、烟草等污物接触 经常使用杀菌剂,保持车间和机床的清洁 设备如果没有过滤装置,应定期撇除浮油,清除污物
腐蚀	切削液中浓缩液所占的比例偏低 切削液的 pH 值过高或过低。例如 pH>9.2 时,对铝有腐蚀作用 不相似的金属材料接触 用纸或木头垫放工件 零部件叠放 切削液中细菌的数量超标 工作环境的湿度太高	用纯水配制切削液,并且切削液的比例应按所用切削液说明书中的推荐值使用 在需要的情况下,要使用防锈液 控制细菌的数量,避免细菌的产生 检查湿度,注意控制工作环境的湿度在合适的范围内 要避免切削液受到污染 要避免不相似的材料接触,如铝和钢、铸铁(含镁)和铜等
产生泡沫	切削液的液面太低 切削液的流速太快,气泡没有时间溢出,越积越多,导致大量泡沫产生 水槽设计中直角太多,或切削液的喷嘴角度太直	在集中冷却系统中,管路分级串联,离冷却箱近的管路压力应低一些。保证切削液的液面不要太低,及时检查液面高度,及时添加切削液 控制切削液流速不要太快 在设计水槽时,应注意水槽直角不要太多 在使用切削液时应注意切削液喷嘴角度不要太直
使操作者皮肤过敏	pH 值太高 切削液的成分 不溶的金属及机床使用的油料 浓缩液使用配比过高 切削液表面的保护性悬浮层,如气味封闭层、防泡沫层。 杀菌剂及不干净的切削液	操作者应涂保护油,穿工作服,戴手套,应注意避免皮肤与切削液直接接触 切削液中浓缩液比例一定要按照切削液的推荐值使用 使用杀菌剂要按说明书中的剂量使用

总之,在正常生产中使用切削液,如果能注意以上问题,可以避免不必要的经济损失,有效地提高生产效率。

第六节 数控车床常用的工装夹具

选择零件安装方式时,要合理选择定位基准和夹紧方案,主要注意以下两点:一是,力求设计、工艺与编程计算的基准统一,这样有利于提高编程时数值计算的简便性和精确性;二是,在数控机床上加工零件时,为了保证加工精度,必须先使工件在机床上占据一个正确

的位置，即定位，然后将其夹紧。这种定位与夹紧的过程称为工件的装夹。另外，夹具设计要尽量保证减少装夹次数，尽可能在一次装夹后加工出全部待加工面。

一、数控车床加工夹具要求

数控车床夹具必须具有适应性，要适应数控车床的高精度、高效率、多方向同时加工、数字程序控制及单件小批生产的特点。随着数控车床的发展，对数控车床夹具也有了以下的新要求。表2-9详细描述了数控车床加工夹具要求。

表2-9 数控车床加工夹具要求

序号	要求	工艺文件的编制原则
1	标	推行标准化、系列化和通用化
2	专	发展组合夹具和拼装夹具，降低生产成本
3	精	提高装夹精度，为数控车削做好保证
4	牢	夹紧后应保证工件在加工过程中的位置不发生变化。夹具在机床上安装要准确可靠，以保证工件在正确的位置上加工
5	正	夹紧后应不破坏工件的正确定位
6	快	操作方便，安全省力，夹紧迅速，装卸工件要迅速方便，以减少机床的停机时间。提高夹具的自动化水平
7	简	结构简单紧凑，有足够的刚性和强度且便于制造

二、常用数控车床工装夹具

在数控车床上车削工件时，要根据工件结构特点和工件加工要求，确定合理装夹方式，选用相应的夹具。如轴类零件的定位方式通常是一端外圆固定，即用三爪自定心卡盘、四爪单动卡盘或弹簧套固定工件的外圆表面，但此定位方式对工件的悬伸长度有一定的限制。工件的悬伸长度过长，在切削过程中会产生较大的变形，严重时将无法切削。切削长度过长的工件可以采用一夹一顶或两顶尖装夹。

通用夹具是指已经标准化，无须调整或稍加调整就可用于装夹不同工件的夹具。数控车床或数控卧式车削加工中心常用装夹方案和通用工装夹具有以下几种。

1. 三爪自定心卡盘

三爪自定心卡盘如图2-8所示，是数控车床最常用的夹具，它限制了工件四个自由度。它的特点是可以自定心，夹持工件时一般不需要找正，装夹速度较快，但夹紧力较小，定心精度不高。适于装夹中小型圆柱形、正三边或正六边形工件，不适合同轴度要求高的工件的二次装夹。三爪自定心卡盘常见的有机械式和液压式两种。数控车床上经常采用液压卡盘，液压卡盘特别适合于批量生产。

2. 四爪单动卡盘

四爪单动卡盘装夹是数控车床最常见的装夹方式。它有四个独立运动的卡爪，因此装夹工件时每次都必须仔细校正工件位置，使工件的旋转轴线与车床主轴的旋转轴线重合。用四爪单动卡盘装夹时，夹紧力较大，装夹精度较高，不受卡爪磨损的影响，但夹持工件时需要找正，如图2-9所示。适于装夹偏心距较小、形状不规则或大型的工件等。

3. 软爪

由于三爪自定心卡盘定心精度不高，当加工同轴度要求高的工件二次装夹时，常常使用软爪，如图2-10所示。软爪是一种可以加工的卡爪，在使用前配合被加工工件的特点特别制造。

4. 中心孔定位顶尖

(1) 两顶尖 对于较长的或必须经过多次装夹才能完成加工的轴类工件，如长轴、长丝杠、光杠等细长轴类零件车削，或工序较多，在车削后还要铣削或磨削的工件，为了保证每次装夹时的安装精度，可用两顶尖装夹工件。如图 2-11 所示，其前顶尖为普通顶尖，装在主轴孔内，并随主轴一起转动，后顶尖为活顶尖装在尾架套筒内。工件利用中心孔被顶在前后顶尖之间，并通过鸡心夹头带动旋转。这种方式，不需找正，装夹精度高，适用于多工序加工或精加工。

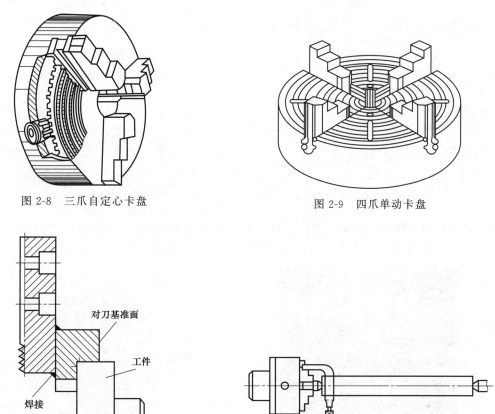

图 2-8　三爪自定心卡盘　　　　　　　图 2-9　四爪单动卡盘

图 2-10　软爪　　　　　　　　　　　图 2-11　两顶尖装夹

（2）拨动顶尖　有内、外拨动顶尖和端面拨动顶尖两种。内、外拨动顶尖是通过带齿的锥面嵌入工件拨动工件旋转的，端面拨动顶尖是利用端面的拨爪带动工件旋转的，适合装夹直径在 $\phi50mm \sim \phi150mm$ 的工件，如图 2-12 所示为拨动顶尖示意图。

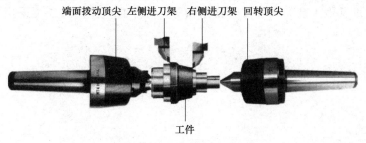

图 2-12　拨动顶尖示意图

（3）一夹一顶　车削较重较长的轴体零件时要用一端夹持，另一端用后顶尖顶住的方式安装工件，这样可使工件更为稳固，从而能选用较大的切削用量进行加工。为了防止工件因切削力作用而产生轴向窜动，必须在卡盘内装一限位支承，或用工件的台阶作限位，如图

2-13 所示。此装夹方法比较安全，能承受较大的轴向切削力，故应用很广泛。

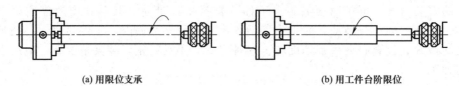

(a) 用限位支承　　　　　　　　　　(b) 用工件台阶限位

图 2-13　一夹一顶安装工件

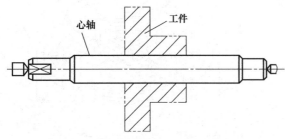

图 2-14　心轴安装工件的示意图

5. 心轴与弹簧卡头

以孔为定位基准，用心轴装夹来加工外表面。以外圆为定位基准，采用弹簧卡头装夹来加工内表面。用心轴或弹簧卡头装夹工件的定位精度高，装夹工件方便、快捷，适于装夹内外表面的位置精度要求较高的套类零件。图 2-14 为心轴安装工件的示意图。

6. 花盘、弯板

当在非回转体零件上加工圆柱面时，由于车削效率较高，经常用花盘、弯板进行工件装夹。图 2-15 所示为车间中花盘的实际操作，图 2-16 所示为花盘的结构组成。

图 2-15　车间中花盘的实际操作

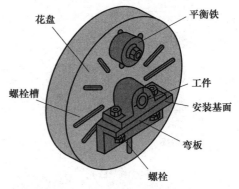

图 2-16　花盘的结构组成

7. 其他工装夹具

数控车削加工中有时会遇到一些形状复杂和不规则的零件，不能用三爪或四爪卡盘等夹具装夹，需要借助其他工装夹具装夹，如角铁等，对于批量生产，还要采用专用夹具或组合夹具装夹。

中篇　数控车床编程

第三章　数控车床编程

数控车床编程是数控加工零件的一个重要步骤，程序的优劣决定了加工质量，熟练掌握数控编程的指令与方法，灵活运用。数控加工程序是数控机床自动加工零件的工作指令，所以，要在数控机床上加工零件，首先要进行程序编制，在对加工零件进行工艺分析的基础上，确定加工零件的安装位置与刀具的相对运动的尺寸参数、零件加工的工艺路线或加工顺序、工艺参数以及辅助操作等加工信息，用标准的文字、数字、符号组成的数控代码，按规定的方法和格式编写成加工程序单，并将程序单的信息通过控制介质或 MDI 方式输入到数控装置，来控制机床进行自动加工。因此，从零件图样到编制零件加工程序和制作控制介质的全过程，称之为加工程序编制。

编程者（程序员或数控车床操作者）根据零件图样和工艺文件的要求，编制出可在数控机床上运行以完成规定加工任务的一系列指令的过程。具体来说，数控编程是由分析零件图样和工艺要求开始到程序检验合格为止的全部过程。

如图 3-1 所示，一般数控编程步骤如下。

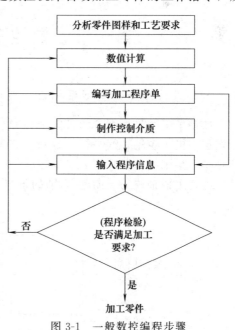

图 3-1　一般数控编程步骤

1. 分析零件图样和工艺要求

分析零件图样和工艺要求的目的是确定加工方法，制订加工计划，以及确认与生产组织有关的问题，此步骤的内容包括：

① 确定该零件应安排在哪类或哪台车床上进行加工；
② 采用何种装夹具或何种装卡位方法；
③ 确定采用何种刀具或采用多少把刀进行加工；
④ 确定加工路线，即选择对刀点、程序起点（又称加工起点，加工起点常与对刀点重合）、走刀路线、程序终点（程序终点常与程序起点重合）；
⑤ 确定背吃刀量、进给速度、主轴转速等切削参数；
⑥ 确定加工过程中是否需要提供切削液、是否需要换刀、何时换刀等。

2. 数值计算

根据零件图样几何尺寸，计算零件轮廓数据，或根据零件图样和走刀路线，计算刀具中心（或刀尖）运行轨迹数据。数值计算的最终目的是获得编程所需要的所有相关位置坐标数据。

3. 编写加工程序单

在完成上述两个步骤之后，即可根据已确定的加工方案及数值计算获得的数据，按照数控系统要求的程序格式和代码格式编写加工程序等。

4. 制作控制介质，输入程序信息

程序单完成后，编程者或机床操作者可以通过数控车床的操作面板，在 EDIT 方式下直接将程序信息键入数控系统程序存储器中；也可以把程序单的程序存放在计算机或其他介质上，再根据需要传输到数控系统中。

5. 程序检验

编制好的程序，在正式用于生产加工前，必须进行程序运行检查，有时还需做零件试加工检查。根据检查结果，对程序进行修改和调整—检查—修改—再检查—再修改……这样往往要经过多次反复，直到获得完全满足加工要求的程序为止。

第一节　数控车床编程的必要知识点

一、数控车床的坐标系和点

数控车床的坐标系分为机床坐标和工件坐标系（编程坐标系）两种。无论哪种坐标系，都规定与机床主轴轴线平行的方向为 Z 轴方向。刀具远离工件的方向为 Z 轴正方向，即从卡盘中心至尾座顶尖中心的方向为正方向，X 轴位于水平面内，且垂直于主轴轴线方向，刀具远离主轴轴线的方向为 X 轴的正方向。如图 3-2 所示。

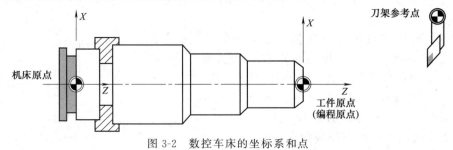

图 3-2　数控车床的坐标系和点

(1) 机床坐标系（MCS）

① 机床原点。机床原点为机床上的一个固定点。数控车床的机床原点一般定义为主轴旋转中心线与卡盘后端面的交点，如图 3-2 标示的机床原点。

② 机床坐标系。以机床原点为坐标系原点，建立一个 Z 轴与 X 轴的直角坐标系，则此坐标系就称为机床坐标系。机床坐标系是机床固有的坐标系，它在出厂前已经调整好，一般不允许随意变动，机床坐标系既是制造和调整机床的基础，也是设置工件坐标系的基础。

(2) 工件坐标系（编程坐标系）（WCS）

① 工件原点（编程原点）。工件图样给出以后，首先应找出图样上的设计基准点。其他各项尺寸均是以此点为基准进行标注的，该基准点称为工件原点或编程的程序原点，即编程原点。

② 工件坐标系。以工件原点为坐标原点建立一个 Z 轴与 X 轴的直角坐标系，称为工件坐标系。工件坐标系是编程时使用的坐标系，又称编程坐标系。数控编程时应该首先确定工件坐标系和工件原点。

工件坐标系的原点为人为任意设定的，它是在工件装夹完毕后，通过对刀确定的。工件原点设定的原则是既要使各尺寸标注较为直观，又要便于编程。合理选择工件原点（编程原点）的位置，对于编制程序非常重要。通常工件原点选择在工件左端面、右端面或卡爪的前端面中心处。将工件安装在卡盘上，则机床坐标系与工件坐标系一般是不重合的。工件坐标系的 Z 轴一般与主轴轴线重合，X 轴随工件原点位置不同而异。各轴正方向与机床坐标系相同。

在车床上工件原点的选择如图 3-2 所示，Z 轴应选择在工件的旋转中心即主轴轴线上，而 X 轴一般选择在工件的左端面或右端面上。

(3) 刀架参考点　刀架参考点是刀架上的一个固定点。当刀架上没有安装刀具时，机床坐标系显示的是刀架参考点的坐标位置。而加工时是用刀尖加工，不是用刀架参考点，因此必须通过对刀方式确定刀尖在机床坐标系中的位置。

机床通电之后，不论刀架位于什么位置，此时显示器上显示的 Z 与 X 的坐标值均为零。当完成回参考点的操作后，则马上显示此时刀架中心（对刀参考点）在机床坐标系中的坐标值，就相当于在数控系统内部建立一个以机床原点为坐标原点的机床坐标系。

二、进给率

用 F 表示刀具中心运动时的进给率。由地址码 F 和后面若干位数字构成。这个数字的单位取决于每个系统所采用的进给率的指定方法。具体内容见所用机床编程说明书。

注意以下事项。

① 进给率的单位是直线进给率（mm/min），还是旋转进给率（mm/r），取决于每个系统所采用的进给速度的指定方法。直线进给率与旋转进给率的含义如图 3-3 所示。

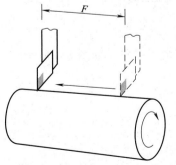
(a) 直线进给率(每分钟进给量,如F100、F80)

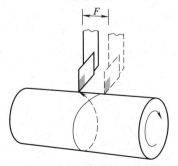
(b) 旋转进给率(每转进给量,如F0.1、F0.3)

图 3-3　进给率

② 当编写程序时，第一次遇到直线（G01）或圆弧（G02/G03）插补指令时，必须编写进给率 F，如果没有编写 F 功能，CNC 采用 F0。当工作在快速定位（G00）方式时，机床将以通过机床参数设定的快速进给率移动，与编写的 F 指令无关。

③ F 功能为模态指令，实际进率可以通过 CNC 操作面板上的进给倍率旋钮，在 0～120% 之间控制。

三、常用的辅助功能

辅助功能也叫 M 功能或 M 代码，它是控制机床或系统开关功能的一种命令，有些指令在车床操作面板上都有相对应的按钮。常用的辅助功能编程代码见表 3-1。

表 3-1 常用的辅助功能编程代码

功能	含义	用途
M00	程序停止	实际上是一个暂停指令。当执行有 M00 指令的程序段后，主轴的转动、进给、切削液都将停止。它与单程序段停止相同。模态信息全部被保存，以便进行某一手动操作，如换刀、测量工件的尺寸等。重新启动程序后，继续执行后面的程序
M01	选择停止	与 M00 的功能基本相似，只有在按下"选择停止"后，M01 才有效，否则机床继续执行后面的程序段；按"启动"键，继续执行后面的程序
M02	程序结束	该指令编在程序的最后一条，表示执行完程序内所有指令后，主轴停止、进给停止、切削液关闭，机床处于等待复位状态
M03	主轴正转	用于主轴顺时针方向转动
M04	主轴反转	用于主轴逆时针方向转动
M05	主轴停止转动	用于主轴停止转动
M07	冷却液开（液体状）	用于切削液开
M08	冷却液开（雾状）	用于切削液开，高压喷射雾状冷却液
M09	冷却液关	用于切消液关
M30	程序结束	使用 M30 时，除表示执行 M02 的内容之外，还返回到程序的第一条语句，准备下一个工件的加工

四、相关的数学计算

（1）勾股定理　在直角三角形中，斜边的平方等于两条直角边的平方和，如图 3-4 所示。

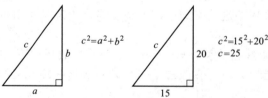

图 3-4　勾股定理示意及实例

（2）三角函数　相关数值由计算器或三角函数表得出，如图 3-5 所示。

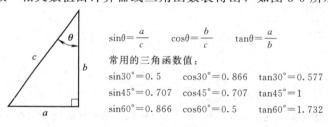

图 3-5　三角函数示意及常用值

(3) 相似三角形 两三角形相似，它们相对应的边的比值相等，如图 3-6 所示。

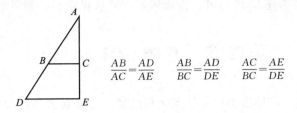

图 3-6 相似三角形示意

第二节 坐标点的寻找

数控编程的根本就是点的连接，即坐标点的寻找，因此，拿到图纸后，必须将图形中的所有点找出，并求出其坐标。

由于数控车床加工的工件为回转体零件，所以在求 X 方向的坐标值时必须按照直径值去求，如图 3-7 所示。

坐标点的寻找

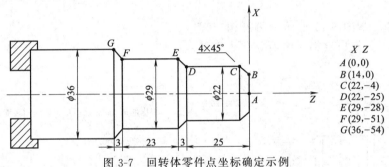

图 3-7 回转体零件点坐标确定示例

注：对于比较难计算的坐标点，也可采用 CAD 制图，用标注的方式求出坐标值。

第三节 快速定位 G00

（1）功能 快速定位（见图 3-8），用于不接触工件的走刀和远离工件走刀时，速度可以达到 15m/min。

（2）格式

G00 X__ Z__

X、Z 表示走刀的终点坐标，如图 3-9 所示。

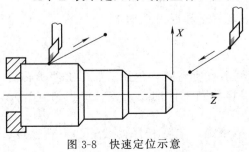

图 3-8 快速定位示意

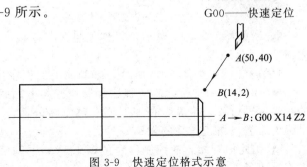

G00——快速定位

图 3-9 快速定位格式示意

★ G00 走刀不车削工件，即平常所说的走空刀，对减少加工过程中的空运行时间有很大作用。

★ G00 指令不需指定进给速度 F 的值，由机床系统默认设定，一般可达到 15m/min。

第四节　直线 G01

（1）功能　车削工件时，刀具按照指定的坐标和速度，以任意斜率由起始点移动到终点位置做直线运动，如图 3-10 所示。

（2）格式

G01 X__ Z__ F__

其中，X、Z 是终点（目标点）的坐标，F 是进给速度，即走刀速度，为模态码。

★ 模态码，只要在程序中设定一次，一直有效，直到下次改变，如格式中的 F。

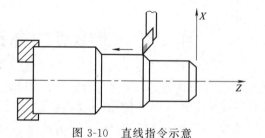

图 3-10　直线指令示意

G01——直线格式

（3）实例

【例题 3-1】　如图 3-11 所示，编制相应程序。

根据图形，首先找出加工中所需要走刀的点：

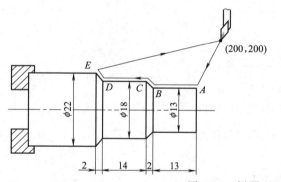

图 3-11　例题 3-1 图

根据图形，首先找出加工中所需要走刀的点：

起刀点 (200,200)

A (13,0)
B (13,-13)
C (18,-15)
D (18,-29)
E (22,-31)

G01——直线实例

由确定的坐标点编制程序如下：

G01 X13 Z0 F100　　　起刀点→A，由起刀点到接触工件，走刀速度 100mm/min
G01 X13 Z-13　　　　A→B，加工直径 13 的部分
G01 X18 Z-15　　　　B→C，走斜线
G01 X18 Z-29　　　　C→D，加工直径 18 的部分
G01 X22 Z-31　　　　D→E，走斜线
G00 X200 Z200　　　　E→起刀点，快速退刀

直线完整格式车削验证

【练习】　如图 3-12 所示，将程序写在题目右边（起刀点和退刀点均为 X150、Z150）。

【例题 3-2】　如图 3-13 所示，编制完整的程序。

★ 如图 3-13 中所绘制的程序编制路径与上面的例子有所不同，包括了加工工件所必需的车端面的过程，也就是在加工工件时先将外圆车刀移动到工件的正上方，加工到 (0,0) 坐标的位置，再走工件的轮廓。

★ 由此题开始，在编制程序的时候就要书写完整格式，包括程序的段号、主轴速度、走刀速度等，如图 3-14 所示。

此例题中，是基本的加工最终轮廓的描述，暂时不考虑多次切削，即认为一刀切到位；但是作为完整的格式，程序的开始、车端面、结束必须完整书写，这也是对以后编写程序的基本要求。

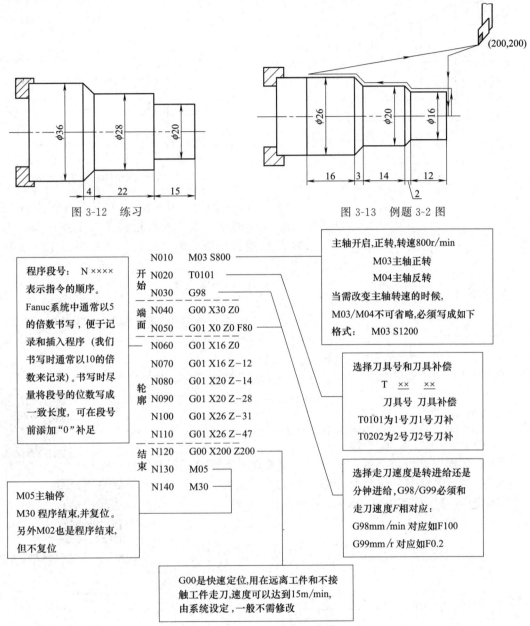

图 3-12 练习

图 3-13 例题 3-2 图

图 3-14 例题 3-2 的程序及说明

【练习】 认真读图 3-15 中的零件，编写完整的程序。

（4）倒角切入 当工件的前端为倒角时（仅当前端），做完端面后，应按照倒角的延长线切入，而不是直接由倒角点拐入，这样可以有效保护刀具，避免碰伤刀尖，也可以保证整个工件表面光洁程度（粗糙度）的一致性。详细走刀路径如图 3-16 所示。

在做倒角时从倒角的延长线（A' 点）出发，直接到达倒角的尾部（B 点），不需对图中的 A 点进行编程描述。

【例题 3-3】 如图 3-17 所示，求出倒角延长线的点的坐标。

G01——倒角切入

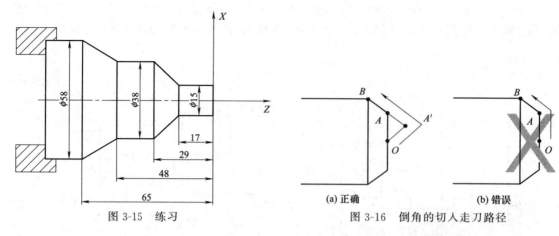

图 3-15 练习   图 3-16 倒角的切入走刀路径

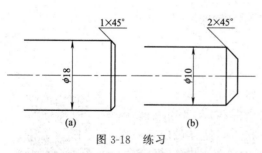

图 3-17 例题 3-3 图

前端为 3×45°的倒角，我们向 Z 的正方向延长 4mm，可以得出如图 3-17 的延长点。此时延长点的 Z 值已知；下面求延长点的 X 值根据相似三角形的比例关系可以求出线段 a 的长度。

$$\frac{3}{3} = \frac{3+4}{a} \quad a = 7$$

由于 a 求出的是半径值，而坐标按照直径值描写，所以延长点的 X 坐标应为：$22-2a=22-14=8$，得出延长点的坐标为：(8,4)。

那么程序的编制的顺序应该为：

G00 X25 Z0　　　　　刀具走到工件正上方
G01 X0 Z0 F80　　　　车端面
G01 X8 Z4　　　　　　定位到倒角的延长点
G01 X22 Z-3　　　　　直接车削到倒角尾部

因为 Z 向延长取值不同，所得出来延长点的坐标也不尽相同。

【练习】 求出图 3-18 中倒角延长线的点的坐标。

【例题 3-4】 如图 3-19 所示，编制完整的程序。

G01——倒角切入实例

倒角切入车削验证 (200,200)

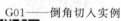

图 3-18 练习

图 3-19 例题 3-4 图

N010	M03 S800	主轴正转，800r/min
N020	T0101	换 1 号外圆车刀
N030	G98	指定走刀按照 mm/min 进给
N040	G00 X55 Z0	快速定位至工件端面上方
N050	G01 X0 Z0 F100	做端面，走刀速度 100mm/min

续表

N060	G00 X15 Z3	定位至倒角的延长线处
N070	G01 X25 Z-2 F100	直接做倒角,车削至工件 φ25 的右端
N080	G01 X25 Z-30	车削工件 φ25 的部分
N090	G01 X36 Z-30	车削至 φ36 处
N100	G01 X40 Z-32	斜向车削倒角
N110	G01 X40 Z-80	车削至工件 φ40 的右端
N120	G01 X46 Z-80	车削至 φ46 处
N130	G01 X50 Z-82	斜向车削倒角
N140	G01 X50 Z-108	车削至工件 φ50 的右端
N150	G00 X200 Z200	快速退刀
N160	M05	主轴停
N170	M30	程序结束

在做倒角的延长线的时候,只针对最右侧起点处的倒角,在工件中间的倒角按照轮廓路径描述即可。

【练习】 如图 3-20 所示,按照题目的要求,写出完整的程序。

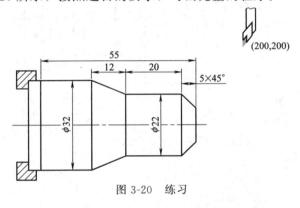

图 3-20 练习

第五节 圆弧 G02/03

(1) 功能 圆弧指令命令刀具在指定的平面内按给定的速度 F 做圆弧运动,车削出圆弧轮廓。圆弧分为顺时针圆弧和逆时针圆弧,与走刀方向、刀架位置有关(因此建议绘制全图,观察零件图的上半部分),如图 3-21 所示。

(2) 格式

G02 X__ Z__ R__ F__ 顺时针圆弧
G03 X__ Z__ R__ F__ 逆时针圆弧

X、Z 为圆弧终点坐标,R 为圆弧半径,F 是进给速度。

(3) 圆弧顺逆的判断 圆弧指令分为顺时针指令(G02)和逆时针指令(G03),圆弧的顺逆和刀架的前置后置有关,参见图 3-22 判断。

G02/G03——圆弧格式

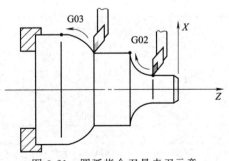

图 3-21 圆弧指令刀具走刀示意

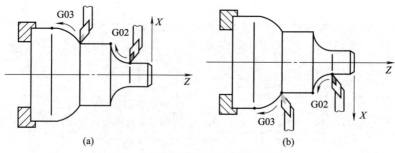

图 3-22 圆弧的顺逆和刀架的关系

如图 3-23 所示,用简单的组坐标方式表示。

如图 3-24 所示,在程序中圆弧指令的写法。

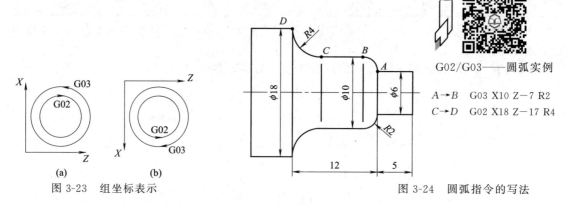

图 3-23 组坐标表示

图 3-24 圆弧指令的写法

G02/G03——圆弧实例

A→B　G03 X10 Z－7 R2
C→D　G02 X18 Z－17 R4

【例题 3-5】 如图 3-25 所示,编写出完整的程序。

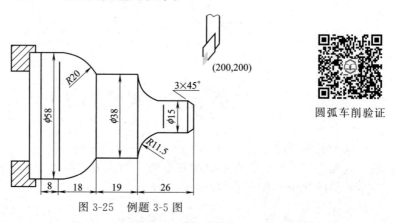

图 3-25 例题 3-5 图

圆弧车削验证

N010	M03 S800	主轴正转,800r/min
N020	T0101	换 1 号外圆车刀
N030	G98	指定走刀按照 mm/min 进给
N040	G00 X62 Z0	快速定位至工件端面上方
N050	G01 X0 Z0 F100	做端面,走刀速度 100mm/min
N060	G00 X5 Z2	快速定位至倒角的延长线处
N070	G01 X15 Z－3 F100	直接做倒角,车削至工件 ϕ15 的右端
N080	G01 X15 Z－14.5	车削工件 ϕ15 的部分
N090	G02 X38 Z－26 R11.5	车削 R11.5 的圆弧

N100	G01 X38 Z−45	车削工件 φ38 的部分
N110	G03 X58 Z−63 R20	车削 R20 的圆弧
N120	G01 X58 Z−71	车削工件 φ58 的部分
N130	G00 X200 Z200	快速退刀
N140	M05	主轴停
N150	M30	程序结束

【练习】 如图 3-26 所示,按照题目的要求,写出完整的程序。

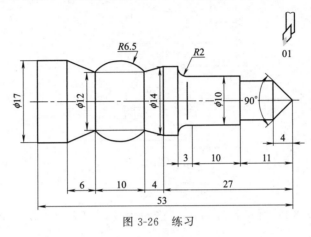

图 3-26 练习

(4) 前端为球形的圆弧编程 如图 3-27 所示,当零件的前端是个球形时,则必须按照圆弧切入。

分析:

零件的前端是个球形时,应该按照相切的圆弧做圆弧的过渡切入,如图 3-27 中从 A′圆弧过渡到 A,再做连续圆弧加工零件。这样可以有效地防止加工过程中零件头部出现残留。

如图 3-28 所示,计算相切圆弧的起点。

G02/G03——
圆弧切入

相切圆弧的点不是一个固定的点,根据每个人的取点不同而不同。原点在 A 点,在这里我们取一个比较方便的点,即做一个 R2 的圆,取其左下的 1/4,可以得出 A′的坐标,因为 X 坐标写必须是直径,这里 X 的值一般为 Z 值的 2 倍,图 3-28 中 A′(−4,2)。

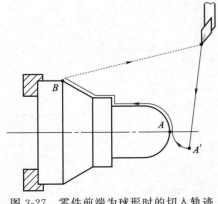

图 3-27 零件前端为球形时的切入轨迹

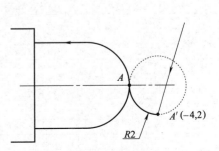

图 3-28 计算相切圆弧的起点

如果 R3 的圆相切,取点可为 (-6,3),以此类推。

程序段为:G00 X-4 Z2　　到 A′点
　　　　　G02 X0 Z0 R2　 到 A 点

【练习】 如图 3-29 所示,求出 A′的坐标,并写出相应的程序段(加工到 B 点)。

①

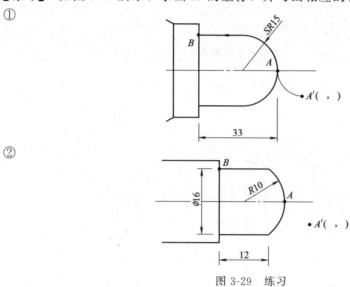

②

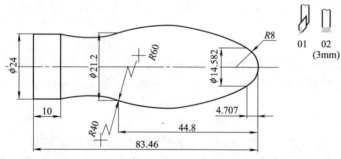

图 3-29 练习

【例题 3-6】 如图 3-30 所示,编写出完整的程序,起刀点(200,400),换刀点(200,200),最后割断。

图 3-30 例题 3-6 图

G02/G03——圆弧切入实例

球头编程车削验证

N010	M03 S800	主轴正转,800r/min
N020	T0101	换 1 号外圆车刀
N030	G98	指定走刀按照 mm/min 进给
N040	G00 X-4 Z2	快速定位至相切圆弧的起点
N050	G02 X0 Z0 R2 F100	R2 圆弧切入,速度 100mm/min
N060	G03 X14.582 Z-4.707 R8	加工 R8 的圆弧
N070	G03 X21.2 Z-44.8 R60	加工 R60 的圆弧
N080	G02 X24 Z-73.46 R40	加工 R40 的圆弧
N090	G01 X24 Z-83.46	车削至 φ24 处
N100	G00 X200 Z200	快速移动至换刀点
N110	T0202	换 2 号切槽刀
N120	G00 X28 Z-86.46	快速定位在切断处
N130	G01 X0 Z-86.46 F20	切断
N140	G00 X200 Z400	快速退刀至起刀点
N150	M05	主轴停
N160	M30	程序结束

【练习】 如图 3-31 所示，按照题目的要求，写出完整的程序。

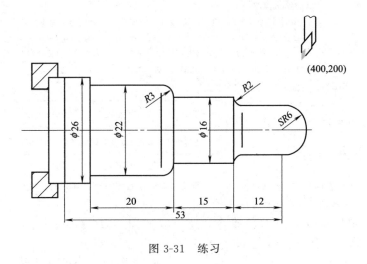

图 3-31 练习

第六节 复合形状粗车循环 G73

在之前我们编制的程序只用了一刀便加工到位，即只考虑零件的最后的成形轮廓。而在实际情况下，对于零件的加工一般采取的是多次车削，先粗车后精车的过程，粗车循环后再精车一次达到加工要求。从这节起，所编制的程序均可用于实际操作和加工中。

（1）功能 复合形状粗车循环又称为粗车轮廓循环、平行轮廓切削循环。车削时按照轮廓加工的最终路径形状，进行反复循环加工。如图 3-32 给出走刀路径和描述路径。

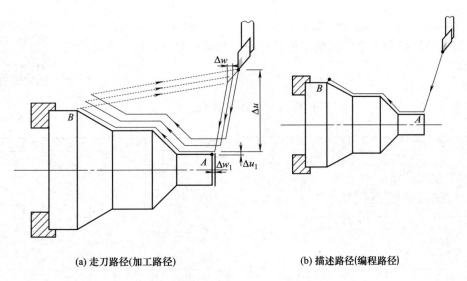

(a) 走刀路径(加工路径)　　(b) 描述路径(编程路径)

图 3-32 走刀路径和描述路径

(2) 格式

```
G00 X__ Z__ → 循环起点
G73 U Δu W Δw R Δr
         ↓
      Z向的每次吃刀量,mm
G73 P__ Q__ U Δu1 W Δw1 F f
    ↓    ↓    ↓     ↓    ↓
  程序开始 程序结束 X向精车 Z向精车 进给速度(此处指定F值,循环内的F值无效)
   段号   段号   余量,mm 余量,mm
```

- X向的总吃刀量,半径值,mm。
  Δu理论定义为X向总退刀量,实际上X向总退刀量相当于总吃刀量,也可理解为总的吃刀量。计算方法：Δu=(X起点 − X最小点)÷2
  X起点为循环起点,X最小点为加工过程中的最小直径值,即描述路径的最低点(最低点不可为负数)。实际使用时总吃刀量可适量减小,对应之后的循环次数也可相应减少。
- 循环次数。由于总吃刀量已知,我们估算一个每次的吃刀量,总吃刀量/每次吃刀量=循环次数,取一个整数,这样做的优点在于,系统保证每次的切削量相等。

G73——复合形状粗车循环格式

★ 循环起点定位不仅可用 G00 指令，还可以使用 G01、G02、G03 等，这里用 G00 只是格式说明。并且用 G00 指令可以实现快速定位。

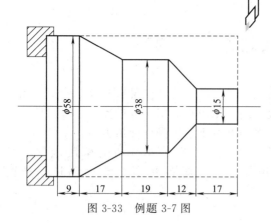

图 3-33 例题 3-7 图

★ 循环指令均可自动退刀，不需指定。注意自动退刀要避免产生刀具干涉。

★ 该指令可以切削凹陷形的零件。

★ 循环起点要大于毛坯外径，即定位在工件的外部。

★ 粗车循环后用精车循环 G70 指令进行精加工，将粗车循环剩余的精车余量切削完毕。格式如下：

```
G00 X__ Z__ → 循环起点
G70 P__ Q__ F f → 进给速度
    ↓    ↓
 程序开始段号 程序结束段号
```

★ 精车时要提高主轴转速，降低进给速度，以达到提高表面精度的要求。

★ 精车循环指令常常借用粗车循环指令中的循环起点，因此不必指定循环起点。

(3) 基本工件

【例题 3-7】 如图 3-33 所示，编写出完整的循环程序，毛坯为 φ58 的铝件，起刀点 (200,200)。

G73——复合形状粗车循环实例1

	N010	M03 S800	主轴正转,800r/min
开始	N020	T0101	换1号外圆车刀
	N030	G98	指定走刀按照 mm/min 进给
端面	N040	G00 X60 Z0	快速定位至工件端面上方
	N050	G01 X0 Z0 F100	车端面,走刀速度 100mm/min
粗车	N060	G00 X60 Z2	快速定位循环起点
	N070	G73 U22.5 W3 R8	X向切削总量为22.5mm,循环8次(可优化为 U19 R4)
	N080	G73 P90 Q140 U0.2 W0.2 F100	循环程序段 90～140
轮廓	N090	G00 X15 Z1	让1mm,可快速定位
	N100	G01 X15 Z−17	车削工件 φ15 的部分
	N110	G01 X38 Z−29	斜向车削至 φ38 的右端
	N120	G01 X38 Z−48	车削至工件 φ38 的部分
	N130	G01 X58 Z−65	斜向车削至 φ58 的右端
	N140	G01 X58 Z−74	车削至工件 φ58 的部分

续表

精车	N150	M03 S1200	提高主轴转速,1200r/min
	N160	G70 P90 Q140 F40	精车
结束	N170	G00 X200 Z200	快速退刀
	N180	M05	主轴停
	N190	M30	程序结束

编写完成一段程序后,如例题所示,将程序分段检查,清楚地查看各段程序的作用。

仔细观察程序后,发现循环内第一步(N090)未用 G01 走刀,采用了 G00,即:

N090 G01 X15 Z0   G00 X15 Z1
N100 G01 X15 Z-17 →   G01 X15 Z-17

G00 的走刀速度远高于 G01,只要不接触工件,就可以使用 G00 走刀,可以大大地提高工作效率。

【练习一】 如图 3-34 所示,编写出完整的程序,毛坯为 $\phi28$ 的铝件,退刀点(200,200),最后割断。

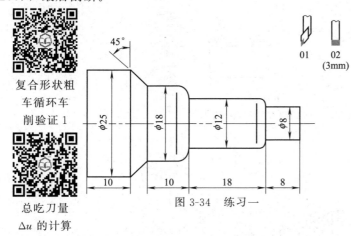

图 3-34 练习一

【练习二】 如图 3-35 所示,编写出完整的程序,毛坯为 $\phi19$ 的铝件,起刀点(200,200),最后割断。

【练习三】 如图 3-36 所示,编写出完整的程序,毛坯为 $\phi25$ 的铝件,起刀点(200,200),最后割断。

(4)中间带有凹陷部分的工件 对于中间带有凹陷部分的工件,必须判断凹陷部分的最低点是否就是加工的最低点,如图 3-37 中所示,总吃刀量的算法各有不同。

(5)头部有倒角的工件 当工件头部为倒角,同时又是工件轮廓的最低点,总吃刀量的最低点一般为倒角延长线的终点如图 3-38 所示。具体算法参见前述。

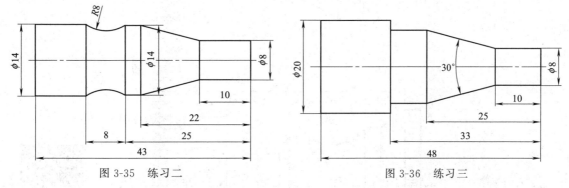

图 3-35 练习二   图 3-36 练习三

【例题 3-8】 如图 3-39 所示,编写出完整的程序,毛坯为铝件,起刀点(200,400),不需切断。

分析:

① 首先确定题目中的循环起点,取(43,3)。再由图 3-39 得知,倒角处即为工件轮廓的最低点,根据自己设定的延长线,计算出延长点的坐标(14,1)。得出 $\Delta u = (43-14) \div 2 = 14.5$,可分 5 次循环切削。

② 工件 $\phi18$ 的长度标注为(8),表示有效长度,并非实际长度(即允许的范围),需根

据其他条件计算出其实际长度，本题用三角函数计算出 $\phi 18$ 的左侧的 Z 坐标。

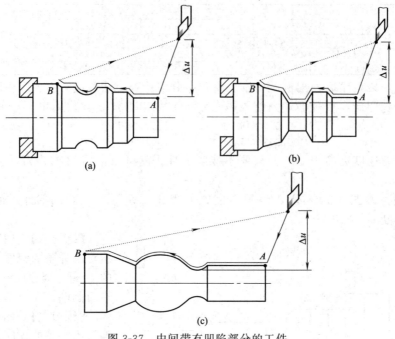

图 3-37 中间带有凹陷部分的工件

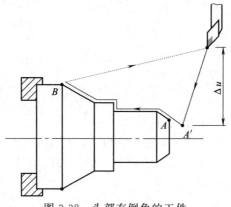

图 3-38 头部有倒角的工件

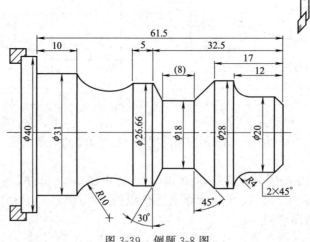

图 3-39 例题 3-8 图

复合形状粗车
循环车削验证 2

	N010	M03 S800	主轴正转,800r/min
开始	N020	T0101	换1号外圆车刀
	N030	G98	指定走刀按照 mm/min 进给
端面	N040	G00 X43 Z0	快速定位至工件端面上方
	N050	G01 X0 Z0 F100	做端面,走刀速度100mm/min
	N060	G00 X43 Z3	快速定位循环起点
粗车	N070	G73 U14.5 W3 R5	X向切削总量为14.5mm,循环5次(可优化为U8 R3)
	N080	G73 P90 Q200 U0.2 W0.2 F100	循环程序段90~200
	N090	G00 X14 Z1	快速定位至倒角的延长点
	N100	G01 X20 Z-2	车削倒角
	N110	G01 X20 Z-8	车削φ20的部分
	N120	G02 X28 Z-12 R4	车削R4的顺时针圆弧
	N130	G01 X28 Z-17	车削φ28的部分
轮廓	N140	G01 X18 Z-22	斜向车削至φ18的右端
	N150	G01 X18 Z-30	车削至φ18的部分(Z值四舍五入)
	N160	G01 X26.66 Z-32.5	斜向车削至φ26.66的右端
	N170	G01 X26.66 Z-37.5	车削φ26.66的部分
	N180	G02 X31 Z-51.5 R10	车削R10的顺时针圆弧
	N190	G01 X31 Z-61.5	车削φ31的部分
	N200	G01 X41 Z-61.5	车削尾部
精车	N210	M03 S1200	提高主轴转速,1200r/min
	N220	G70 P90 Q200 F40	精车
	N230	G00 X200 Z400	快速退刀
结束	N240	M05	主轴停
	N250	M30	程序结束

【练习一】 如图 3-40 所示,编写零件的加工程序,φ18 的铝合金棒料。

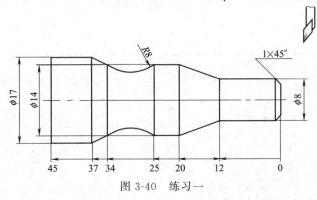

图 3-40 练习一

【练习二】 如图 3-41 所示,编写零件的加工程序,φ28 的铝合金棒料。

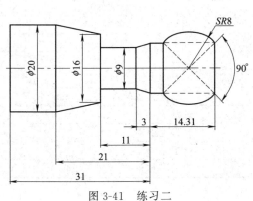

图 3-41 练习二

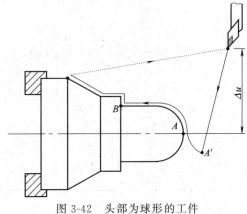

图 3-42 头部为球形的工件

(6) 头部为球形的工件 如图 3-42 所示,对于头部为球形的工件,虽然加工路径 A' 点为最小点,但由于工件的大小,即直径值不能为负数,在这里取 X0 为工件最小点,例如循环起点为(20,2),那么 $\Delta u = 10$,刚好总吃刀量为循环起点 X 值的一半。

G73——复合形状
粗车循环实例 2

【例题 3-9】 如图 3-43 所示,编写出完整的程序,毛坯为 $\phi 28$ 的铝件,起刀点(200,200),不需切断。

分析:

首先确定题目中的循环起点,取(30,3)。再由图中得知,工件轮廓的最低点为(0,0),计算出 $\Delta u = (30-0) \div 2 = 15$,可分 5 次循环切削,编制程序如下

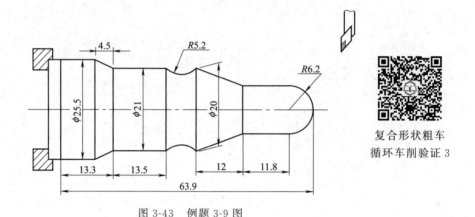

图 3-43 例题 3-9 图

开始	N010	M03 S800	主轴正转,800r/min
	N020	T0101	换 1 号外圆车刀
	N030	G98	指定走刀按照 mm/min 进给
粗车	N040	G00 X30 Z3	快速定位循环起点
	N050	G73 U15 W3 R5	X 向切削总量为 15mm,循环 5 次
	N060	G73 P70 Q150 U0.2 W0.2 F100	循环程序段 70~150
轮廓	N070	G00 X-4 Z2	快速定位至相切圆弧的起点
	N080	G02 X0 Z0 R2	相切圆弧切入
	N090	G03 X12.4 Z-6.2 R6.2	车削 R6.2 的逆时针圆弧
	N100	G01 X12.4 Z-18	车削 $\phi 12.4$ 的外圆
	N110	G01 X20 Z-30	车削至 $\phi 20$ 的部分
	N120	G02 X21 Z-37.1 R5.2	车削 R5.2 的顺时针圆弧
	N130	G01 X21 Z-50.6	车削 $\phi 21$ 的外圆
	N140	G01 X25.5 Z-55.1	车削至 $\phi 25.5$ 的外圆
	N150	G01 X25.5 Z-63.9	车削 $\phi 25.5$ 的外圆
精车	N160	M03 S1200	提高主轴转速,1200r/min
	N170	G70 P70 Q150 F40	精车
结束	N180	G00 X200 Z200	快速退刀
	N190	M05	主轴停
	N200	M30	程序结束

【练习一】 如图 3-44 所示，编写零件的加工程序，φ18 的铝合金棒料（未注倒角 C1）。

【练习二】 如图 3-45 所示，编写零件的加工程序，毛坯为 45 钢。

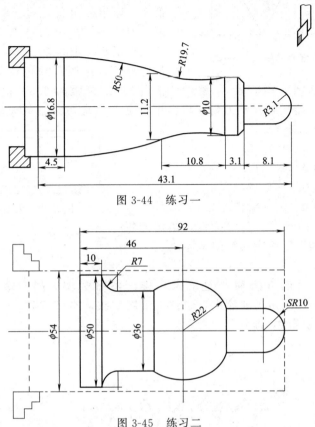

图 3-44 练习一

图 3-45 练习二

第七节 螺纹切削 G32

1. 螺纹的牙深的计算和吃刀量的给定

牙深的计算：数控车床由于是高精度加工设备，在计算螺纹相关数据时区别于普通车床，计算参数为 1.107（并非普通车床中的 1.3 或 1.299），即牙深的计算公式为：

$$h = \frac{螺距 \times 1.107}{2}$$

牙深为半径值，故在计算时除以 2。

每次吃刀量的给定如图 3-46 所示。走刀，即加工螺纹的过程按照逐步递减的方法加工到位。

注：此处如果不考虑机床的加工误差，可按国家标准的螺纹参数表来选取数值，本书螺纹全部按照 1.107 计算。

下面我们举例先看螺纹的牙深和每次吃刀计算。

(1) 指定螺距的螺纹（见图 3-47） 螺距为 2，则 $h = (2 \times 1.107)/2 = 1.107$，给定每次吃刀量，写出相对应 X 每次切深的坐标值。（注意：牙深为半径值，而 X 坐标值为直径值。）

G32——螺纹车削基础

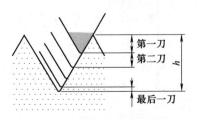

图 3-46 每次吃刀量的给定

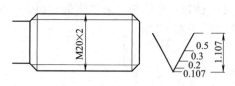

图 3-47 指定螺距的螺纹

第 1 刀，半径切 0.5→X 19
第 2 刀，半径切 0.3→X 18.4
第 3 刀，半径切 0.2→X 18
第 4 刀，半径切 0.107→X 17.786

（2）未指定螺距的螺纹（见图 3-48） 对于未指定螺距的螺纹，按照普通螺纹的粗牙（第一系列）去计算螺距值（参见螺纹参数表）。题中 M20 的螺纹螺距为 2.5，得出牙深 $h=(2.5×1.107)/2=1.384$，给定的每次吃刀量，写出相对应 X 每次切深的坐标值。

第 1 刀，半径切 0.5→X 19
第 2 刀，半径切 0.3→X 18.4
第 3 刀，半径切 0.3→X 17.8
第 4 刀，半径切 0.2→X 17.4
第 5 刀，半径切 0.084→X 17.232

图 3-48 未指定螺距的螺纹

【练习】 如图 3-49 所示，计算牙深，给定的每次吃刀量，写出相对应 X 每次切深的坐标值。

2. 螺纹切削 G32

G32 指令车削螺纹的方法和普通车床一样，采用多次车削、逐步递减的方式，如图 3-50 所示。该指令可用来车削等距直螺纹、锥度螺纹，本节暂时只介绍直螺纹的编程方法。（暂时只讲述单线螺纹，即导程＝螺距）

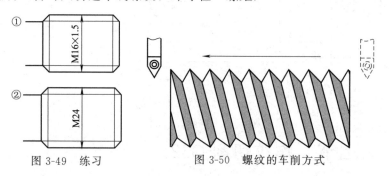

图 3-49 练习　　图 3-50 螺纹的车削方式　　G32——螺纹车削格式

格式

G32 X＿ Z＿ F＿

X、Z 螺纹终点坐标，F 是螺距。

★ 该指令不需指定进给速度，进给速度和主轴转速由系统自动配给，保证螺纹加工到位。

★ 见图 3-51，在螺纹加工过程中，直线部分是螺纹加工部分，用 G32 指令；虚线部分是退刀和定位部分，用 G00/G01 指令；图中标示的每个坐标点必须经过。

【练习】 写出图 3-52 中螺纹部分的程序螺距为 2，则 $h=(2×1.107)/2=1.107$，给定

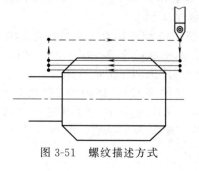

图 3-51 螺纹描述方式

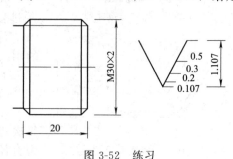

图 3-52 练习

每次吃刀量,写出相对应 X 每次切深的坐标值。注意:牙深为半径值,X 坐标为直径值。

第 1 刀,半径切 0.5→X 29

第 2 刀,半径切 0.3→X 28.4

第 3 刀,半径切 0.2→X 28

第 4 刀,半径切 0.107→X 27.786

G00 X29 Z3	定位	G00 X33 Z-23	退刀及定位	G00 X27.786 Z3	
G32 X29 Z-23 F2	第 1 刀	G00 X33 Z3		G32 X27.786 Z-23F2	第 4 刀
G00 X33 Z-23	退刀及定位	G00 X28 Z3		G00 X33 Z-23	退刀
G00 X33 Z3		G32 X28 Z-23 F2	第 3 刀	G00 X200 Z200	
G00 X28.4 Z3		G00 X33 Z-23	退刀及定位		
G32 X28.4 Z-23 F2	第 2 刀	G00 X33 Z3			

【例题 3-10】 如图 3-53 所示,编写出完整的程序,毛坯为的铝件,退刀点和换刀点 (200,200),最后割断。

G32——螺纹车削实例

螺纹车削验证

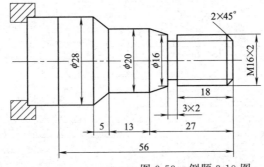

图 3-53 例题 3-10 图

	N010	M03 S800	主轴正转,800r/min
开始	N020	T0101	换 1 号外圆车刀
	N030	G98	指定走刀按照 mm/min 进给
端面	N040	G00 X35 Z0	快速定位至工件端面上方
	N050	G01 X0 Z0 F100	做端面,走刀速度 100mm/min
粗车	N060	G00 X35 Z3	快速定位循环起点
	N070	G73 U9.5 W3 R4	X 向切削总量为 9.5mm,循环 4 次(可优化为 U4 R3)
	N080	G73 P90 Q140 U0.2 W0.2 F100	循环程序段 90~140
轮廓	N090	G00 X16 Z1	快速定位至轮廓右端 1mm 处
	N100	G01 X16 Z-21	车削 φ16 的外圆
	N110	G01 X20 Z-27	斜向车削至 φ20 的右端
	N120	G01 X20 Z-40	车削 φ20 的外圆
	N130	G01 X28 Z-45	斜向车削至 φ28 的右端
	N140	G01 X28 Z-56	车削 φ28 的外圆
精车	N150	M03 S1200	提高主轴转速,1200r/min
	N160	G70 P90 Q140 F40	精车
倒角	N170	M03 S800	主轴正转,800r/min
	N180	G00 X10 Z1	快速定位至倒角延长线处
	N190	G01 X16 Z-2 F80	车削倒角
	N200	G00 X200 Z200	快速退刀

续表

	N210	T0202	换 02 号切槽刀
切槽	N220	G00 X20 Z−21	快速定位至槽上方
	N230	G01 X12 Z−21 F20	切槽,速度 20mm/min
	N240	G04 P1000	暂停 1s,清槽底,保证形状
	N250	G01 X20 Z−21 F40	提刀
	N260	G00 X200 Z200	快速退刀
螺纹	N270	T0303	换螺纹刀
	N280	G00 X15 Z3	定位至第 1 次切深处
	N290	G32 X15 Z−19.5 F2	第 1 刀攻螺纹
	N300	G00 X19 Z−19.5	提刀
	N310	G00 X19 Z3	定位至螺纹正上方
	N320	G00 X14.4 Z3	定位至第 2 次切深处
	N330	G32 X14.4 Z−19.5 F2	第 2 刀攻螺纹
	N340	G00 X19 Z−19.5	提刀
	N350	G00 X19 Z3	定位至螺纹正上方
	N360	G00 X14 Z3	定位至第 3 次切深处
	N370	G32 X14 Z−19.5 F2	第 3 刀攻螺纹
	N380	G00 X19 Z−19.5	提刀
	N390	G00 X19 Z3	定位至螺纹正上方
	N400	G00 X13.786 Z3	定位至第 4 次切深处
	N410	G32 X13.786 Z−19.5 F2	第 4 刀攻螺纹
	N420	G00 X19 Z−19.5	提刀
	N430	G00 X200 Z200	快速退刀
切断	N440	T0202	换切断刀,即切槽刀
	N450	M03 S800	主轴正转,800r/min
	N460	G00 X35 Z−59	快速定位至切断处
	N470	G01 X0 Z−59 F20	切断
	N480	G00 X200 Z200	快速退刀
结束	N490	M05	主轴停
	N500	M30	程序结束

★ 由于 G32 和 G01 一样是基本指令,每一次的切削、退刀、定位都要描述,程序显得烦琐冗长,但必不可少。

★ 螺纹的倒角在这里不像前面介绍的在循环里面描述,而是单独描述,螺纹的倒角只是为了攻螺纹的时候方便旋入,不做工艺一致性方面的要求,只要切削量允许,便可直接加工,单独切削倒角可以节省加工的时间。

【练习】 如图 3-54 所示,编写出完整的程序,毛坯为 φ35mm 的铝件,起刀点(200,200)。

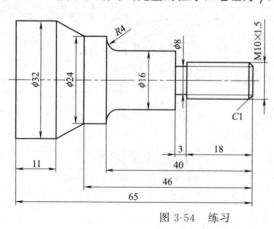

图 3-54 练习

第八节 简单螺纹循环 G92

G92——简单螺纹循环格式

G92 指令和 G32 一样都是车削螺纹，所不同的是，G92 是简单循环，只需指定每次螺纹加工的循环起点和螺纹终点坐标。该指令可用来车削等距直螺纹、锥度螺纹，本节暂时只介绍直螺纹的编程方法。

格式
G00 X__ Z__ →螺纹加工循环起点
G92 X__ Z__ R__ F__
X、Z 螺纹终点坐标；

R 是锥度，直螺纹时可不写；

F 是螺距。

★ 该指令不需指定进给速度，进给速度和主轴转速由系统自动给定，保证螺纹加工到位。

★ 由图 3-55 中得知，虚线部分不用描述，该指令只需要描述循环起点和每次螺纹加工终点。

★ 由于每次的循环起点可设为一个点，所以起点只需要指定一次，模态有效。

【练习一】 写出图 3-56 中螺纹部分的程序：

螺距为 2，则 $h=(2\times 1.107)/2=1.107$，给定每次吃刀量，写出相对应 X 每次切深的坐标值。注意：牙深为半径值，X 坐标为直径值。

第 1 刀，半径切 0.5 → X 29

第 2 刀，半径切 0.3 → X 28.4

第 3 刀，半径切 0.2 → X 28

第 4 刀，半径切 0.107 → X 27.786

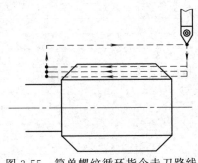

图 3-55 简单螺纹循环指令走刀路线

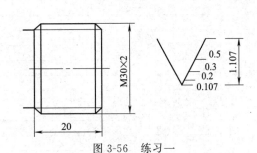

图 3-56 练习一

程序编写为
G00 X33 Z3
G92 X29 Z-23 F2
G92 X28.4 Z-23 F2   G92、X、Z、F 均是模态码，指定一次，一直有效
G92 X28 Z-23 F2   程序可简化为
G92 X27.786 Z-23 F2

G00 X33 Z3
G92 X29 Z-23 F2
X28.4
X28
X27.786

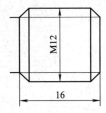

图 3-57 练习二

【练习二】 如图 3-57 所示，写出如下一段螺纹的 G92 程序。

【例题 3-11】 如图 3-58 所示，编写出完整的程序，毛坯为 ϕ30mm 的铝件，退刀点和换刀刀点（200,200），最后割断。

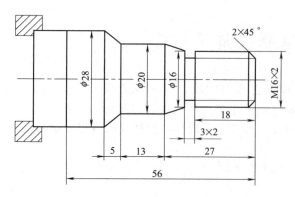

图 3-58 例题 3-11 图

G92——简单螺纹循环实例

简单螺纹循环车削验证

开始	N010	M03 S800	主轴正转，800r/min
	N020	T0101	换 1 号外圆车刀
	N030	G98	指定走刀按照 mm/min 进给
端面	N040	G00 X35 Z0	快速定位至工件端面上方
	N050	G01 X0 Z0 F100	做端面，走刀速度 100mm/min
粗车	N060	G00 X35 Z3	快速定位循环起点
	N070	G73 U9.5 W3 R4	X 向切削总量为 9.5mm，循环 4 次（可优化为 U4 R3）
	N080	G73 P90 Q140 U0.2 W0.2 F100	循环程序段 90~140
轮廓	N090	G00 X16 Z1	快速定位至轮廓右端 1mm 处
	N100	G01 X16 Z-21	车削 φ16 的部分
	N110	G01 X20 Z-27	斜向车削至 φ20 的右端
	N120	G01 X20 Z-40	车削 φ20 的部分
	N130	G01 X28 Z-45	斜向车削至 φ28 的右端
	N140	G01 X28 Z-56	车削 φ28 的部分
精车	N150	M03 S1200	提高主轴转速，1200r/min
	N160	G70 P90 Q140 F40	精车
倒角	N170	M03 S800	主轴正转，800r/min
	N180	G00 X10 Z1	快速定位至倒角延长线处
	N190	G01 X16 Z-2 F100	车削倒角
	N200	G00 X200 Z200	快速退刀
切槽	N210	T0202	换 02 号切槽刀
	N220	G00 X20 Z-21	快速定位至槽上方
	N230	G01 X12 Z-21 F20	切槽，速度 20mm/min
	N240	G04 P1000	暂停 1s，清槽底，保证形状
	N250	G01 X20 Z-21 F40	提刀
	N260	G00 X200 Z200	快速退刀
螺纹	N270	T0303	换螺纹刀
	N280	G00 X18 Z3	定位至螺纹循环起点
	N290	G92 X15 Z-19.5 F2	第 1 刀攻螺纹终点
	N300	X14.4	第 2 刀攻螺纹终点
	N310	X14	第 3 刀攻螺纹终点
	N320	X13.786	第 4 刀攻螺纹终点
	N330	G00 X200 Z200	快速退刀
切断	N340	T0202	换切断刀，即切槽刀
	N350	M03 S800	主轴正转，800r/min
	N360	G00 X35 Z-59	快速定位至切断处
	N370	G01 X0 Z-59 F20	切断
	N380	G00 X200 Z200	快速退刀
结束	N390	M05	主轴停
	N400	M30	程序结束

【练习一】 如图 3-59 所示，编写出完整的程序，毛坯为 φ35 的铝件，起刀点（200,200）。

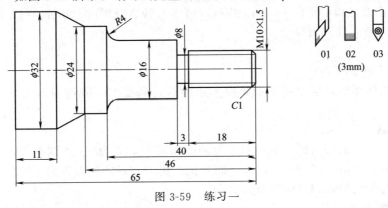

图 3-59　练习一

【练习二】 如图 3-60 所示，编写出完整的程序，毛坯为 φ25 的铝件，起刀点（200,200）。

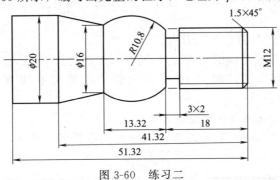

图 3-60　练习二

第九节　简单加工工艺的编制

此处涉及的只是简单的加工工序的编制，举例说明在编写程序的同时必须写出的加工工序，详细过程将在下一章介绍。从此节开始，编写程序必须写出完整的加工工序和程序。按照范例的格式书写以后遇见的所有程序。

≫ 范例一

如图 3-61 所示工件，写出完整的加工工序和程序，毛坯为 φ50mm×200mm 棒材，材料为 45 钢，数控车削端面、外圆，最后割断。

1. 根据零件图样要求、毛坯情况，确定工艺方案及加工路线

（1）对短轴类零件，轴心线为工艺基准，用三爪自定心卡盘夹持 φ45mm 外圆，使工件伸出卡盘 140mm，一次装夹完成粗精加工。

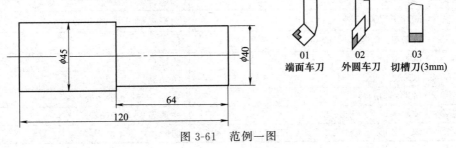

图 3-61　范例一图

(2) 工步顺序：
① 粗车端面及 φ40mm 和 φ45mm 外圆，精车余量 X 方向 0.2mm，Z 方向 0.2mm；
② 精车 φ40mm 外圆到尺寸；
③ 割断。

2. 选择机床设备

根据零件图样要求，选用经济型数控车床即可达到要求。故选用 Fanuc 0i 型系列数控卧式车床。

3. 选择刀具

根据加工要求，选用两把刀具，T01 为端面车刀，T02 为 35°外圆车刀，T03 为切槽刀（割断刀），刀宽为 3mm（左刀尖对刀）。同时把三把刀在自动换刀刀架上安装好，且都对好刀，把它们的刀偏值输入相应的刀具参数中。

4. 确定切削用量

切削用量的具体数值应根据该机床性能、相关的手册并结合实际经验确定，详见加工程序。

5. 确定工件坐标系、对刀点和换刀点

确定以工件右端面与轴心线的交点 O 为工件原点，建立 XOZ 工件坐标系。

采用手动试切对刀方法，把点 O 作为对刀点。换刀点设置在工件坐标系 X100、Z100 处。

6. 编写程序（以 Fanuc 0i-TB 数控车床为例）

按该机床规定的指令代码和程序段格式，把加工零件的全部工艺过程编写成程序清单。该工件的加工程序如下：

开始	N010	M03 S800	主轴正转,800r/min
	N020	T0101	换 1 号端面车刀
	N030	G98	指定走刀按照 mm/min 进给
端面	N040	G00 X52 Z0	快速定位至工件端面上方
	N050	G01 X0 Z0 F100	劈端面,走刀速度 100mm/min
	N060	G00 X100 Z100	退刀,准备换刀
粗车	N070	T0202	换 02 号外圆车刀
	N080	G00X52 Z2	快速定位循环起点
	N090	G73 U6 W3 R4	X 向切削总量为 6mm,循环 4 次
	N100	G73 P110 Q140 U0.2 W0.2 F100	循环程序段 110～140
轮廓	N110	G00 X40 Z1	快速定位至轮廓右端 1mm 处
	N120	G01 X40 Z-64	车削 φ40 的部分
	N130	G01 X45 Z-64	斜向车削至 φ45 的右端
	N140	G01 X45 Z-120	车削 φ45 的部分
精车	N150	M03 S1200	提高主轴转速,1200r/min
	N160	G70 P110 Q140 F40	精车
	N170	G00 X100 Z100	快速退刀
切断	N180	T0303	换切断刀,即切槽刀
	N190	M03 S800	主轴正转,800r/min
	N200	G00 X55 Z-123	快速定位至切断处
	N210	G01 X0 Z-123 F20	切断

续表

结束	N220	G00 X200 Z200	快速退刀
	N230	M05	主轴停
	N240	M30	程序结束

>>> **范例二**

如图 3-62 所示，写出完整的加工工序和程序，毛坯为 φ35mm×120mm 棒材，材料为 45 钢，完成数控车削，最后切断。

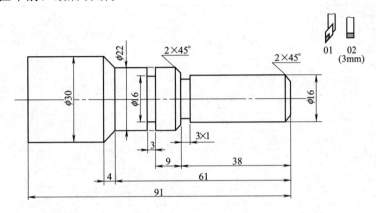

图 3-62 范例二图

1. 根据零件图样要求、毛坯情况，确定工艺方案及加工路线

（1）对细长轴类零件，轴心线为工艺基准，用三爪自定心卡盘夹持 φ30mm 外圆一头，使工件伸出卡盘 115mm 并夹紧，完成粗精加工。

（2）工步顺序：

① 手动粗车端面。

② 自右向左精车各外圆：倒角→车 φ16mm 外圆，长 38mm→车 φ22mm 右端面→倒角→车 φ22mm 外圆，长 23mm→斜向车削至 φ30 右端→车 φ30mm 外圆，长 30mm。精车余量 X 方向 0.2mm，Z 方向 0.2mm。

③ 自右向左精车各外圆：倒角→车 φ16mm 外圆，长 38mm→车 φ22mm 右端面→倒角→车 φ22mm 外圆，长 23mm→斜向车削至 φ30 右端→车 φ30mm 外圆，长 30mm。

④ 切 3mm×1mm 槽、3mm×φ16mm 槽。

⑤ 切断。

2. 选择机床设备

根据零件图样要求，选用经济型数控车床即可达到要求。故选用 Fanuc 0i 型系列数控卧式车床。

3. 选择刀具

根据加工要求，选用五把刀具，T01 为 35°外圆车刀，T02 为切槽刀（割断刀），刀宽为 3mm（左刀尖对刀）。同时把 2 把刀在自动换刀刀架上安装好，且都对好刀，把它们的刀偏值输入相应的刀具参数中。

4. 确定切削用量

切削用量的具体数值应根据该机床性能、相关的手册并结合实际经验确定，详见加工程序。

5. 确定工件坐标系、对刀点和换刀点

确定以工件右端面与轴心线的交点 O 为工件原点,建立 XOZ 工件坐标系。

采用手动试切对刀方法,把点 O 作为对刀点。换刀点设置在工件坐标系 X100、Z100 处。

6. 编写程序(以 Fanuc 0i-TB 数控车床为例)

按该机床规定的指令代码和程序段格式,把加工零件的全部工艺过程编写成程序清单。该工件的加工程序如下:

开始	N010	M03 S800	主轴正转,800r/min
	N020	T0101	换 1 号外圆车刀
	N030	G98	指定走刀按照 mm/min 进给
端面	N040	G00 X35 Z0	快速定位至工件端面上方
	N050	G01 X0 Z0 F100	做端面,走刀速度 100mm/min
粗车	N060	G00 X38 Z3	快速定位循环起点
	N070	G73 U14 W3 R10	X 向切削总量为 14mm,循环 10 次
	N080	G73 P90 Q160 U0.2 W0.2 F100	循环程序段 90~160
轮廓	N090	G00 X10 Z1	快速定位至倒角的延长点
	N100	G01 X16 Z-2	车削倒角
	N110	G01 X16 Z-38	车削 $\phi 16$ 的外圆
	N120	G01 X18 Z-38	车削至 $\phi 18$ 处
	N130	G01 X22 Z-40	车削倒角至 $\phi 22$ 的右端
	N140	G01 X22 Z-61	车削 $\phi 22$ 的部分
	N150	G01 X30 Z-65	斜向车削倒角至 $\phi 30$ 的右端
	N160	G01 X30 Z-91	车削 $\phi 30$ 的部分
精车	N170	M03 S1200	提高主轴转速,1200r/min
	N180	G70 P90 Q160 F40	精车
	N190	M03 S800	主轴正转,800r/min
	N200	G00 X100 Z1200	快速退刀
	N210	T0202	换 02 号切槽刀
	N220	G00 X19 Z-38	定位到 3mm×1mm 槽上方
切槽	N230	G01 X14 Z-38 F20	切槽,速度 20mm/min
	N240	G04 P1000	暂停 1s,清槽底,保证形状
	N250	G01 X24 Z-38 F40	退刀
	N260	G00 X24 Z-50	定位到 3mm×ϕ16mm 槽上方
	N270	G01 X16 Z-50 F20	切槽,速度 20mm/min
	N280	G04 P1000	暂停 1s,清槽底,保证形状
	N290	G01 X32 Z-50 F40	退刀
切断	N300	G00 X32 Z-94	快速定位至切断处
	N310	G01 X0 Z-94 F20	切断
结束	N320	G00 X200 Z200	快速退刀
	N330	M05	主轴停
	N340	M30	程序结束

≫ 范例三

如图 3-63 所示工件,写出完整的加工工序和程序,毛坯为 $\phi 25mm \times 75mm$ 棒材,材料为 45 钢。

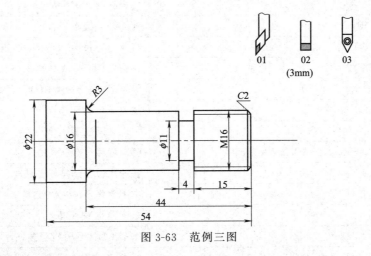

图 3-63 范例三图

1. 根据零件图样要求、毛坯情况，确定工艺方案及加工路线

（1）对短轴类零件，轴心线为工艺基准，用三爪自定心卡盘夹持 φ25mm 外圆，一次装夹完成粗精加工。

（2）工步顺序：

① 粗车外圆。自右向左粗车右端面及各外圆面：车右端面→倒角→切削螺纹外圆→车 φ16mm 外圆→车 R3mm 圆弧→车 φ22mm 外圆。精车余量 X 方向 0.2mm，Z 方向 0.2mm。

② 自右向左精车右端面及各外圆面：车右端面→倒角→切削螺纹外圆→车 φ16mm 外圆→车 R3mm 圆弧→车 φ22mm 外圆。

③ 切槽。

④ 车螺纹。

⑤ 切断。

2. 选择机床设备

根据零件图样要求，选用经济型数控车床即可达到要求。故选用 Fanuc 0i 型系列数控卧式车床。

3. 选择刀具

根据加工要求，选用 3 把刀具，T01 为 35°外圆车刀，T02 切槽刀，刀宽为 3mm，T03 为 60°螺纹刀。同时把 3 把刀在自动换刀刀架上安装好，且都对好刀，把它们的刀偏值输入相应的刀具参数中。

4. 确定切削用量

切削用量的具体数值应根据该机床性能、相关的手册并结合实际经验确定，详见加工程序。

5. 确定工件坐标系、对刀点和换刀点

确定以工件右端面与轴心线的交点 O 为工件原点，建立 XOZ 工件坐标系。

采用手动试切对刀方法，把点 O 作为对刀点。换刀点设置在工件坐标系 X100、Z100 处。

6. 编写程序（以 Fanuc 0i-TB 数控车床为例）

按该机床规定的指令代码和程序段格式，把加工零件的全部工艺过程编写成程序清单。该工件的加工程序如下：

	序号	程序	说明
开始	N010	M03 S800	主轴正转,800r/min
	N020	T0101	换1号外圆车刀
	N030	G98	指定走刀按照mm/min进给
端面	N040	G00 X28 Z0	快速定位至工件端面上方
	N050	G01 X0 Z0 F100	做端面,走刀速度100mm/min
粗车	N060	G00 X28 Z2	快速定位循环起点
	N070	G73 U9 W3 R6	X向切削总量为9mm,循环6次
	N080	G73 P90 Q130 U0.2 W0.2 F100	循环程序段90~130
轮廓	N090	G00 X10 Z1	快速定位至倒角延长线处
	N100	G01 X16 Z-2	车削倒角至φ16的右端
	N110	G01 X16 Z-41	车削φ16的外圆
	N120	G02 X22 Z-44 R3	车削R3的顺时针圆角
	N130	G01 X22 Z-54	车削φ22的外圆
精车	N140	M03 S1200	提高主轴转速,1200r/min
	N150	G70 P90 Q130 F40	精车
切槽	N160	M03 S800	主轴正转,800r/min
	N170	G00 X200 Z200	快速退刀
	N180	T0202	换02号切槽刀
	N190	G00 X18 Z-18	快速定位至槽上方
	N200	G01 X11 Z-18 F20	切槽,速度20mm/min
	N210	G04 P1000	暂停1s,清槽底,保证形状
	N220	G01 X18 Z-18 F40	提刀
	N230	G01 X18 Z-19	准备切第2刀
	N240	G01 X11 Z-19 F20	切槽,速度20mm/min
	N250	G04 P1000	暂停1s,清槽底,保证形状
	N260	G01 X18 Z-19 F40	提刀
	N270	G00 X100 Z100	快速退刀
螺纹	N280	T0303	换螺纹刀
	N290	G00 X18 Z3	定位至螺纹循环起点
	N300	G92 X15 Z-17 F2	第1刀攻螺纹终点
	N310	X14.4	第2刀攻螺纹终点
	N320	X14	第3刀攻螺纹终点
	N330	X13.786	第4刀攻螺纹终点
	N340	G00 X200 Z200	快速退刀
切断	N350	T0202	换切断刀,即切槽刀
	N360	M03 S800	主轴正转,800r/min
	N370	G00 X35 Z-57	快速定位至切断处
	N380	G01 X0 Z-57 F20	切断
	N390	G00 X200 Z200	快速退刀
结束	N400	M05	主轴停
	N410	M30	程序结束

【练习一】 如图 3-64 所示工件,写出完整的加工工序和程序,毛坯为 φ25mm×200mm 棒材,材料为 45 钢,最后切断。

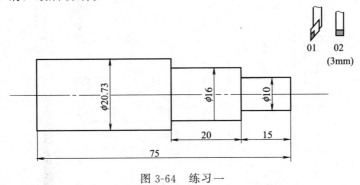

图 3-64 练习一

【练习二】 如图 3-65 所示,写出完整的加工工序和程序,毛坯为 φ35mm×100mm 铝棒,完成数控车削,最后切断。

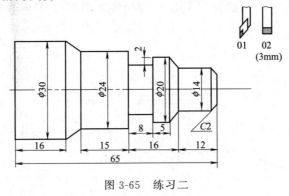

图 3-65 练习二

【练习三】 如图 3-66 所示工件,写出完整的加工工序和程序,毛坯为 φ25mm×75mm 棒材,材料为 45 钢。

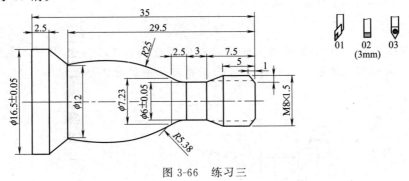

图 3-66 练习三

综合训练(一)

(1) 编制图 3-67 所示零件的加工程序:写出完整的加工工序和程序,毛坯为铝棒,要求循环起始点在 A(46,3),X 方向精加工余量为 0.4mm,Z 方向精加工余量为 0.1mm,

其中点画线部分为工件毛坯。最后切断。

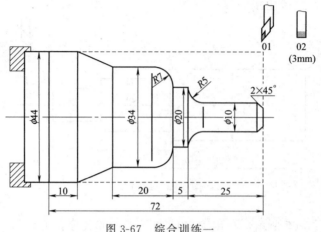

图 3-67　综合训练一

（2）编制图 3-68 所示零件的加工程序：写出完整的加工工序和程序，毛坯为 ϕ25mm 的铝棒，X 方向精加工余量为 0.4mm，Z 方向精加工余量为 0.1mm。最后切断。

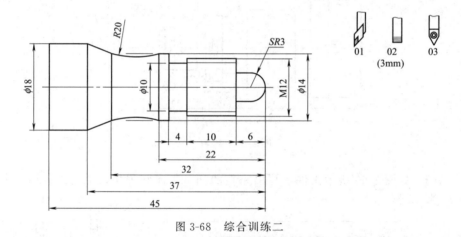

图 3-68　综合训练二

（3）编制图 3-69 所示零件的加工程序：写出完整的加工工序和程序，毛坯为 ϕ35mm 的铝棒，X 方向精加工余量为 0.1mm，Z 方向精加工余量为 0.1mm。

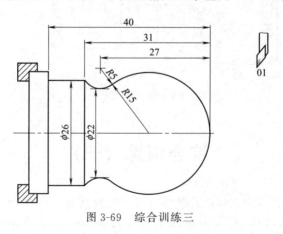

图 3-69　综合训练三

（4）编制图 3-70 所示零件的加工程序：写出完整的加工工序和程序，毛坯为 $\phi25$mm 的棒材，45 钢，X 方向精加工余量为 0.2mm，Z 方向精加工余量为 0.1mm。最后切断。

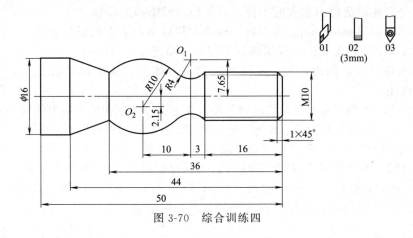

图 3-70　综合训练四

第十节　外径粗车循环 G71

（1）功能　该指令由刀具平行于 Z 轴方向（纵向）进行切削循环，又称纵向切削循环。适合加工轴类零件。走刀路径和描述路径如图 3-71 所示。

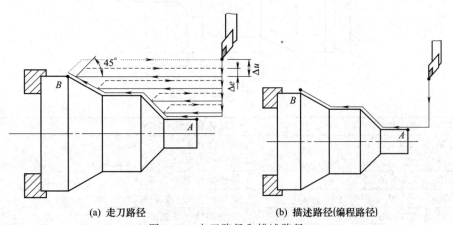

(a) 走刀路径　　　　(b) 描述路径(编程路径)

图 3-71　走刀路径和描述路径

（2）格式

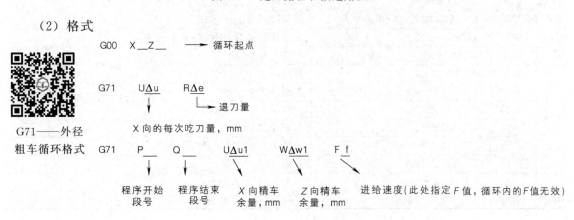

★ G71 循环程序段的第一句只能写 X 值，不能写 Z 或 X、Z 同时写入。
★ 该循环的起始点位于毛坯外径处。
★ 该指令只能切削前小后大的工件，不能切削凹陷形的轮廓。
★ 用 G98（即用 mm/min）编程时，螺纹切削后用割断刀的进给速度 F 一定要写，否则进给速度的单位将变成 mm/r 并用螺纹切削的进给速度，引起撞刀。
★ 使用该指令头部倒角，由于实际加工是最后加工，描述路径时无须按照延长线描述。
★ 由 G71 每一次循环都可以车削得到工件，避免了 G73 出现的走空刀的情况。因此，当加工程序既可用 G71 编制，也可用 G73 编制时，尽量选取 G71 编程。由于 G71 循环按照直线车削，加工速度高于 G73，有利于提高工作效率。

G71——外径粗车循环实例

【例题 3-12】 编制图 3-72 所示零件的加工程序：用 G71 外径粗车循环编写程序，毛坯为铝棒，要求循环起始点在 A（46，3），X 方向精加工余量为 0.4mm，Z 方向精加工余量为 0.1mm，其中点画线部分为工件毛坯。

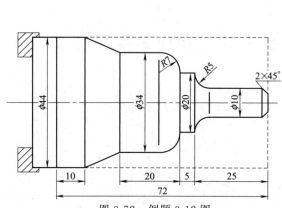

外径粗车循环车削验证

图 3-72 例题 3-12 图

开始	N010	M03 S800	主轴正转,800r/min
	N020	T0101	换 1 号外圆车刀
	N030	G98	指定走刀按照 mm/min 进给
端面	N040	G00 X46 Z0	快速定位至工件端面上方
	N050	G01 X0 Z0 F100	做端面，走刀速度 100mm/min
粗车	N060	G00 X46 Z3	快速定位循环起点
	N070	G71 U3 R1	X 向每次吃刀量为 3mm，退刀量为 1mm
	N080	G71 P90 Q180 U0.4 W0.1 F100	循环程序段 90~180
轮廓	N090	G00 X6	垂直定位至最低处，不能有 Z 值
	N100	G01 X6 Z0	定位至倒角处
	N110	G01 X10 Z-2	车削倒角
	N120	G01 X10 Z-20	车削 $\phi10$ 的外圆
	N130	G02 X20 Z-25 R5	车削 $R5$ 的顺时针圆弧
	N140	G01 X20 Z-30	车削 $\phi20$ 的外圆
	N150	G03 X34 Z-37 R7	车削 $R7$ 的逆时针圆弧
	N160	G01 X34 Z-50	车削 $\phi34$ 的外圆
	N170	G01 X44 Z-62	斜向车削至 $\phi44$ 的右端
	N180	G01 X44 Z-72	车削 $\phi44$ 的外圆（若退刀时刀具产生干涉，可增加 G01 X46 抬刀）

			续表
精车	N190	M03 S1200	提高主轴转速,1200r/min
	N200	G70 P90 Q180 F40	精车
结束	N210	G00 X200 Z200	快速退刀
	N220	M05	主轴停
	N230	M30	程序结束

【练习一】 编制图 3-73 所示零件的加工程序:写出完整的加工程序,用 G71 外径粗车循环编写程序,毛坯为 φ50mm 的铝棒,X 方向精加工余量为 0.2mm,Z 方向精加工余量为 0.1mm,最后切断。

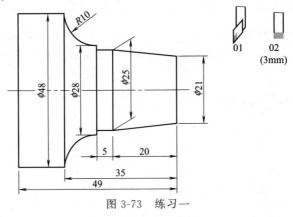

图 3-73 练习一

【练习二】 编制图 3-74 所示零件的加工程序:写出完整的加工程序,用 G71 外径粗车循环编写程序,毛坯为 45 钢,X 方向精加工余量为 0.2mm,Z 方向精加工余量为 0.2mm,最后切断。

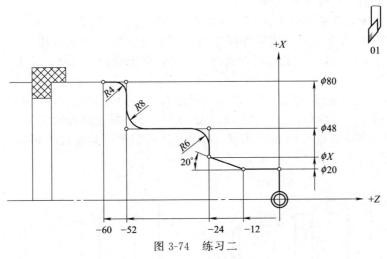

图 3-74 练习二

第十一节 端面粗车循环 G72

(1) 功能 该指令又称横向切削循环,与 G71 指令类似,不同之处是 G72 的刀具路径是按径向 X 轴方向进行切削循环的,适合加工盘类零件。走刀路径和描述路径如图 3-75 所示。

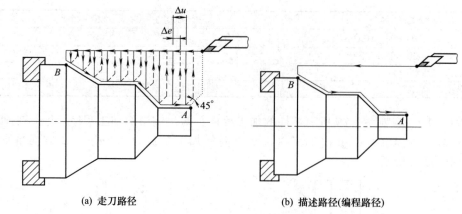

(a) 走刀路径　　　　　　　　　(b) 描述路径(编程路径)

图 3-75　走刀路径和描述路径

(2) 格式

```
G00    X__ Z__    →  循环起点

G72    WΔw    RΔe
         │        └─ 退刀量
         └─ Z 向的每次吃刀量，mm

G72    P__   Q__   UΔu1   WΔw1   Ff
        │     │     │       │     │
      程序开始 程序结束 X 向精车 Z 向精车 进给速度(此处指定 F 值，循环内的 F 值无效)
       段号   段号  余量，mm 余量，mm
```

G72——端面粗车循环格式

★ G72 精加工程序段的第一句只能写 Z 值，不能写 X 或 X、Z 同时写入。

★ 该循环的起刀点位于毛坯外径处。

★ 该指令只能切削前小后大的工件，不能切削凹陷形的轮廓。

★ 一般上 G72 指令采用平放的外圆车刀，防止竖放的外圆车刀扎入工件，引起撞刀。在精度允许的条件下，G72 刀具也可以选择切槽刀，但无论如何选择，装夹时必须保证主切削刃平行于 Z 轴。

★ 由于 G72 走刀是逐步深入工件内部，所以 G72 指令可以加工内孔轮廓工件。

★ 使用该指令头部倒角，由于实际加工走刀的关系，描述路径时无须按照延长线描述。

★ G72 描述路径与 G73 和 G71 不同，G72 从工件后部开始描述，相应的出现了圆弧的方向问题，如图 3-76 所示。

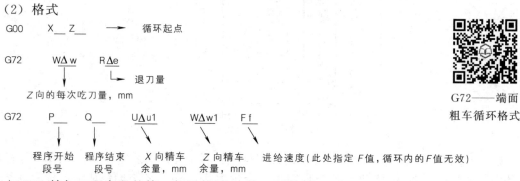

(a) G71 和 G73 描述路径　　　　　　(b) G72 描述路径

图 3-76　G72 描述路径与 G71 和 G73 的差别

【例题 3-13】编制图 3-77 所示零件的加工程序：G72 端面粗车循环，毛坯为铝棒，要求循环起始点在 A (46,3)，X 方向精加工余量为 0.2mm，Z 方向精加工余量为 0.2mm，其中点画线部分为工件毛坯。

G72——端面
粗车循环实例

端面粗车循环
车削验证

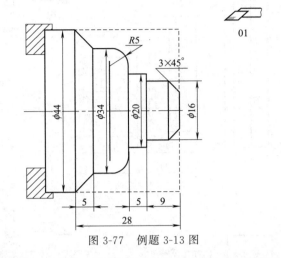

图 3-77 例题 3-13 图

开始	N010	M03 S800	主轴正转,800r/min
	N020	T0101	换 1 号外圆车刀
	N030	G98	指定走刀按照 mm/min 进给
端面	N040	G00 X46 Z0	快速定位至工件端面上方
	N050	G01 X0 Z0 F100	做端面,走刀速度 100mm/min
粗车	N060	G00 X46 Z3	快速定位循环起点
	N070	G72 W3 R1	Z 向每次吃刀量为 3mm,退刀量为 1mm
	N080	G72 P90 Q180 U0.2 W0.2 F100	循环程序段 90~180
轮廓	N090	G00 Z-28	定位至工件尾部,不能有 X 值
	N100	G01 X44 Z-28	接触工件
	N110	G01 X34 Z-23	斜向车削至 $\phi34$ 的外圆处
	N120	G01 X34 Z-19	车削 $\phi34$ 的外圆
	N130	G02 X24 Z-14 R5	车削 R5 的顺时针圆弧
	N140	G01 X20 Z-14	车削至 $\phi20$ 的外圆处
	N150	G01 X20 Z-9	车削 $\phi20$ 的外圆
	N160	G01 X16 Z-9	车削至 $\phi16$ 的外圆处
	N170	G01 X16 Z-3	车削 $\phi16$ 的外圆
	N180	G01 X10 Z0	车削倒角
精车	N190	M03 S1200	提高主轴转速,1200r/min
	N200	G70 P90 Q180 F40	精车
结束	N210	G00 X200 Z200	快速退刀
	N220	M05	主轴停
	N230	M30	程序结束

【练习一】 编制图 3-78 所示零件的加工程序:G72 端面粗车循环,写出完整的加工程序,毛坯为铝棒,要求 X 方向精加工余量为 0.2mm,Z 方向精加工余量为 0.2mm,最后切断。

【练习二】 编制图 3-79 所示零件的加工程序:G72 端面粗车循环,写出完整的加工程序。毛坯为 $\phi52$mm 的 45 钢,要求 X 方向精加工余量为 0.2mm,Z 方向精加工余量为 0.2mm,最后切断。

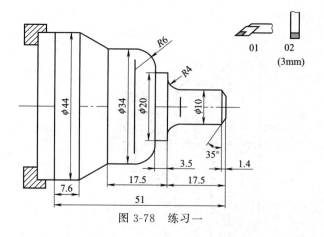

图 3-78 练习一

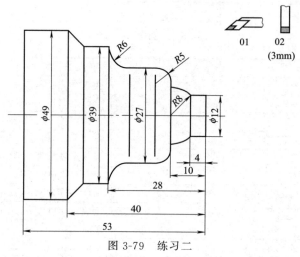

图 3-79 练习二

(3) 内轮廓加工循环（内孔加工、内圆加工） G72 走刀是逐步深入工件内部的，所以 G72 指令可以加工内孔轮廓工件。由于 G71 走刀一次加工到工件的尾部，会引起撞刀，G73 类似。

G72 的走刀路径和描述路径如图 3-80 所示。

★ G72 做内部轮廓加工时，给定的精车余量为负值，如 G72 P_ Q_ U-0.2 W0.1 F_，此时 U 为负值，才会使粗车加工留有余量。

G72——端面粗车循环内轮廓加工

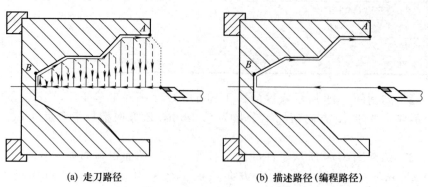

(a) 走刀路径　　　　　　　(b) 描述路径（编程路径）

图 3-80 G72 的走刀路径和描述路径

★ 钻孔时，根据题目要求来确定钻孔深度，如图3-81所示。

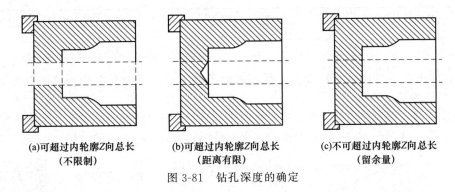

(a)可超过内轮廓Z向总长　　(b)可超过内轮廓Z向总长　　(c)不可超过内轮廓Z向总长
　　（不限制）　　　　　　　　　（距离有限）　　　　　　　　　（留余量）

图3-81　钻孔深度的确定

★ 车削内孔时刀的选用和切削用量的选择。

1. 车孔刀与外圆车刀相比的特点

① 由于尺寸受到孔径的限制，装夹部分结构要求简单、紧凑，夹紧件最好不外露，夹紧可靠。

② 刀杆悬臂使用，刚性差，为增强刀具刚性尽量选用大断面尺寸刀杆，减少刀杆长度。

③ 内孔加工的断屑、排屑可靠性比外圆车刀更为重要，因而刀具头部要留有足够的排屑空间。

2. 品种规格的选用

常用的车刀有三种不同截面形状的刀柄，即圆柄、矩形柄和正方形柄。普通型和模块式的圆柄车刀多用于车削加工中心和数控车床上。矩形和方形柄多用于普通车床。

（1）刀柄截面形状的选用　优先选用圆柄车刀。由于圆柄车刀的刀尖高度是刀柄高度的二分之一，且柄部为圆形，有利于排屑，故在加工相同直径的孔时圆柄车刀的刚性明显高于方柄车刀，所以在条件许可时应尽量采用圆柄车刀。在卧式车床上因受四方刀架限制，一般多采用正方形或矩形柄车刀。如用圆柄车刀，为使刀尖处于主轴中心线高度，当圆柄车刀顶部超过四方刀架的使用范围时，可增加辅具后再使用。

（2）刀柄截面尺寸的选用　标准内孔车刀已给定了最小加工孔径。对于加工最大孔径范围，一般不超过比它大一个规格的内孔车刀所定的最小加工孔径，如特殊需要，也应小于再大一个规格的使用范围。

（3）刀柄形式的选用　通常大量使用的是整体钢制刀柄，这时刀杆的伸出量应在刀杆直径的4倍以内。当伸出量大于4倍或加工刚性差的工件时，应选用带有减振机构的刀柄。如加工很高精度的孔，应选用重金属（如硬质合金）制造的刀柄，如在加工过程中刀尖部需要充分冷却，则应选用有切削液送孔的刀柄。

3. 车孔刀的切削用量

车孔刀的切削用量三要素及选用原则与外圆、端面车刀相同。因内孔切削条件较差，故选用切削用量时应小于外圆切削。加工$\phi 25$mm以下的孔通常不采用大背吃刀量加工。粗车的切削用量与长径比（刀杆伸出刀架长度与被加工孔径的比值）有关，这里只介绍当孔壁有足够刚性时粗车切削用量的推荐值。半精车、精车常按图样要求选取用量。

（1）背吃刀量的选用

长径比	加工内孔时的背吃刀量为加工外圆时的百分比	长径比	加工内孔时的背吃刀量为加工外圆时的百分比
<2	80	3～4	50
2～3	65	4～5	30

(2) 进给量的选用

长径比	加工内孔时的进给量为加工外圆时的百分比	长径比	加工内孔时的进给量为加工外圆时的百分比
<2	75	3～4	45
2～3	60	4～5	30

(3) 切削速度的选用　在被加工直径相同的条件下,加工内孔的切削速度应是加工外圆的切削速度的 70%～80%。

【例题 3-14】　编制图 3-82 所示零件的加工程序:G72 端面粗车循环,毛坯为铝棒,要求循环起始点在 A(46,3),X 方向精加工余量为 0.2mm,Z 方向精加工余量为 0.2mm。

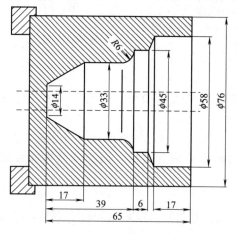

G72——端面粗车循环内轮廓加工实例

内轮廓加工车削验证

图 3-82　例题 3-14 图

开始	N010	M03 S800	主轴正转,800r/min
	N020	T0101	换 1 号外圆车刀
	N030	G98	指定走刀按照 mm/min 进给
端面	N040	G00 X80 Z0	快速定位至工件端面上方
	N050	G01 X0 Z0 F100	劈端面,走刀速度 100mm/min
	N060	G00 X200 Z200	回换刀点
钻孔	N070	T0303	换 03 钻头
	N080	G00 X0 Z2	定位在工件中心
	N090	G01 X0 Z−64 F20	钻孔,走刀速度 20mm/min
	N100	G01 X0 Z2 F40	退出
	N110	G00 X200 Z200	回换刀点
粗车	N120	T0202	换 02 号内圆车刀
	N130	G00 X0 Z2	定位循环起点
	N140	G72 W3 R1	Z 向每次吃刀量为 3mm,退刀量为 1mm
	N150	G72 P160 Q230 U−0.2 W0.2 F60	循环程序段 160～230
轮廓	N160	G01 Z−65	工件最内部
	N170	G01 X14 Z−65	工件内部 φ14 处
	N180	G01 X33 Z−48	斜向车削至 φ33 的左端
	N190	G01 X33 Z−32	车削 φ33 的内孔
	N200	G03 X45 Z−26 R6	车削 R6 的逆时针圆弧
	N210	G01 X45 Z−20	车削 φ45 的内孔
	N220	G01 X58 Z−17	斜向车削至 φ58 的左端
	N230	G01 X58 Z0	车削 φ58 的内孔

精车	N240	M03 S1200	提高主轴转速,1200r/min
	N250	G70 P160 Q230 F30	精车
结束	N260	G00 X200 Z200	退刀
	N270	M05	主轴停
	N280	M30	程序结束

【练习一】 编制图3-83所示零件的加工程序：G72端面粗车循环，写出完整的加工程序。毛坯为45钢，要求，X方向精加工余量为0.1mm，Z方向精加工余量为0.15mm。

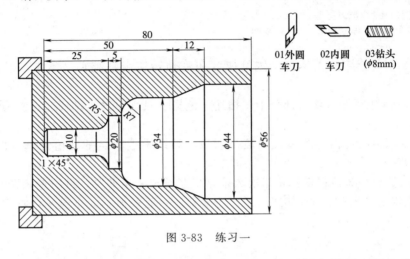

图3-83 练习一

【练习二】 编制图3-84所示零件的加工程序：G72端面粗车循环，写出完整的加工程序。毛坯为45钢，要求，X方向精加工余量为0.1mm，Z方向精加工余量为0.1mm。

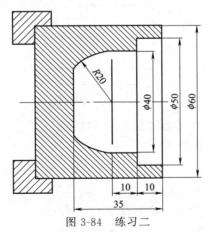

图3-84 练习二

第十二节 复合螺纹循环G76

(1) 功能 G76指令和G92一样都是车削螺纹，所不同的是G92是简单循环，G76是复合循环，G76只需指定螺纹加工的循环起点和最后一刀螺纹终点坐标即可。该指令可用来车削等距直螺纹、锥度螺纹，本节暂时只介绍直螺纹的编程方法。

（2）格式

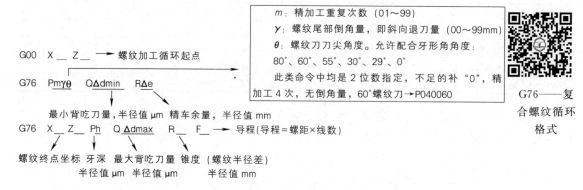

★ 该指令不需指定进给速度，进给速度和主轴转速由系统自动给定，保证螺纹加工到位。

★ 由图 3-85 中得知，虚线部分不用描述，该指令只需要描述循环起点和最后一刀的螺纹加工终点。

★ 该指令不需指定精确的最大和最小切深，系统根据给定的数值计算每次的吃刀量，按递减方式切深。

★ G76 内的相关数值设定：精车次数根据工艺要求确定即可，目的是将螺纹表面修光。若题目中未指定螺纹刀的角度，按照 60°；精车余量一般取值不大于最小背吃刀量。直螺纹时锥度写 R0。

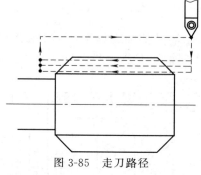

图 3-85　走刀路径

【练习一】　写出如图 3-86 所示螺纹的 G76 程序段：

$h = 1.107$，螺纹终点坐标 $(27.786, -23)$

G00 X32 Z3
G76 P020060 Q100 R0.1
G76 X27.786 Z-23 P1107 Q500 R0 F2

【练习二】　写出如图 3-87 所示一段螺纹的 G76 程序。

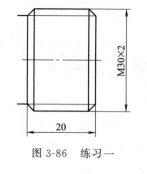

图 3-86　练习一

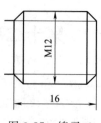

图 3-87　练习二

【例题 3-15】 编制图 3-88 所示零件的加工程序：写出加工程序，毛坯为 $\phi 35mm$ 的铝棒，X 方向精加工余量为 0.2mm，Z 方向精加工余量为 0.1mm，最后割断。

G76——复合螺纹循环实例

复合螺纹循环车削验证

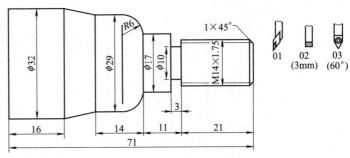

图 3-88　例题 3-15 图

开始	N010	M03 S800	主轴正转，800r/min
	N020	T0101	换 1 号外圆车刀
	N030	G98	指定走刀按照 mm/min 进给
端面	N040	G00 X38 Z0	快速定位至工件端面上方
	N050	G01 X0 Z0 F100	做端面，走刀速度 100mm/min
粗车	N060	G00 X38 Z3	快速定位循环起点
	N070	G71 U3 R1	X 向每次吃刀总量为 3mm，退刀量为 1mm
	N080	G71 P90 Q160 U0.2 W0.1 F100	循环程序段 90～160
轮廓	N090	G00 X14	垂直移动到 $\phi 14$ 位置
	N100	G01 X14 Z-24	车削 $\phi 14$ 的外圆
	N110	G01 X17 Z-24	车削 $\phi 17$ 的右端面
	N120	G01 X17 Z-32	车削 $\phi 17$ 的外圆
	N130	G03 X29 Z-38 R6	车削 $R6$ 的圆弧
	N140	G01 X29 Z-46	车削 $\phi 29$ 的外圆
	N150	G01 X32 Z-55	斜向车削至 $\phi 32$ 的右端
	N160	G01 X32 Z-71	车削 $\phi 32$ 的外圆
精车	N170	M03 S1200	提高主轴转速，1200r/min
	N180	G70 P90 Q160 F40	精车
倒角	N190	M03 S800	主轴正转，800r/min
	N200	G00 X10 Z1	快速定位至倒角延长线处
	N210	G01 X14 Z-1 F 100	车削倒角
	N220	G00 X200 Z200	快速退刀
切槽	N230	T0202	换 02 号切槽刀
	N240	G00 X18 Z-24	快速定位至槽上方
	N250	G01 X10 Z-24 F20	切槽，速度 20mm/min
	N260	G04 P1000	暂停 1s，清槽底，保证形状
	N270	G01 X18 Z-24 F40	提刀
	N280	G00 X200 Z200	快速退刀
螺纹	N290	T0303	换螺纹刀
	N300	G00 X16 Z3	定位至螺纹循环起点
	N310	G76 P010060 Q100 R0.1	G76 螺纹循环固定格式
	N320	G76 X12.063 Z-22 P969 Q500 R0 F1.75	G76 螺纹循环固定格式
	N330	G00 X200 Z200	快速退刀
切断	N340	T0202	换切断刀，即切槽刀
	N350	M03 S800	主轴正转，800r/min
	N360	G00 X35 Z-74	快速定位至切断处
	N370	G01 X0 Z-74 F20	切断
	N380	G00 X200 Z200	快速退刀
结束	N390	M05	主轴停
	N400	M30	程序结束

【练习】 编制图 3-89 所示零件的加工程序：写出程序，毛坯为 $\phi 55 mm$ 的铝棒，X 方向精加工余量为 0.2mm，Z 方向精加工余量为 0.1mm，最后切断。

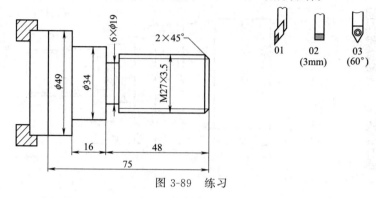

图 3-89 练习

第十三节 切槽循环 G75

（1）功能 在 X 方向对工件进行切槽的处理。走刀路径和描述路径如图 3-90 所示。

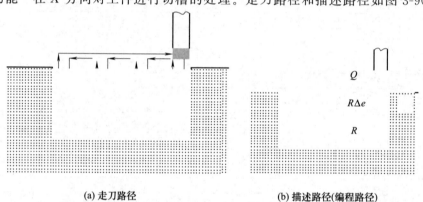

(a) 走刀路径　　　　　　(b) 描述路径(编程路径)

图 3-90 走刀路径和描述路径

（2）格式

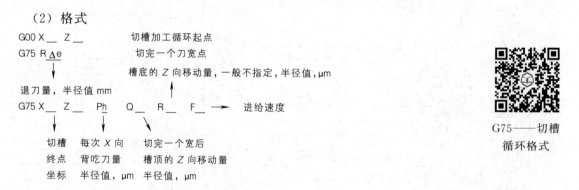

G75——切槽循环格式

★ 一般来说槽顶部的移动量要小于切槽刀的宽度。注：切槽刀的宽度实际上包括主切削刃的宽度和两侧与切削刃的圆弧过渡的长度，因此移动量需去除两侧过渡值。若加工时接刀痕明显，或没有切干净，需减少移动量，一般使其小于主切削刃至少 2/3 的长度。

★ 切槽进给采用的是且进且退的方式，有利于排屑。

【练习一】 写出如图 3-91 所示螺纹的 G75 程序段，切槽刀宽 3mm。

```
G00 X40 Z-40
G75 R1
G75 X24 Z-63 P3000 Q2800 R0 F20
```

【练习二】 写出如图 3-92 所示螺纹左侧宽槽的 G75 程序段,切槽刀宽 4mm。

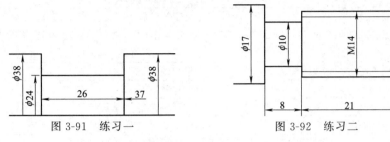

图 3-91 练习一　　　　　　图 3-92 练习二

【例题 3-16】 编制图 3-93 所示零件的加工程序:写出加工程序,毛坯为铝棒,X 方向精加工余量为 0.1mm,Z 方向精加工余量为 0.1mm,最后切断。

G75——切槽循环实例 1

切槽循环车削验证 1

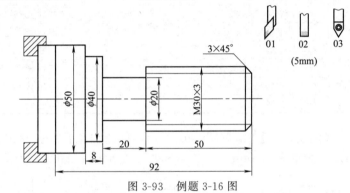

图 3-93 例题 3-16 图

	N010	M03 S800	主轴正转,800r/min
开始	N020	T0101	换 1 号外圆车刀
	N030	G98	指定走刀按照 mm/min 进给
端面	N040	G00 X55 Z0	快速定位至工件端面上方
	N050	G01 X0 Z0 F100	车端面
粗车	N060	G00 X52 Z2	快速定位循环起点
	N070	G71 U3 R1	X 向每次吃刀量为 3mm,退刀量为 1mm
	N080	G71 P90 Q140 U0.1 W0.1 F100	循环程序段 90~140
轮廓	N090	G00 X30	垂直移动到 φ30 位置
	N100	G01 X30 Z-70	车削 φ30 的外圆
	N110	G01 X40 Z-70	车削 φ40 的右端面
	N120	G01 X40 Z-78	车削 φ40 的外圆
	N130	G01 X50 Z-78	车削 φ50 的右端面
	N140	G01 X50 Z-92	车削 φ50 的外圆
精车	N150	M03 S1200	提高主轴转速,1200r/min
	N160	G70 P90 Q140 F40	精车
倒角	N170	M03 S800	主轴正转,800r/min
	N180	G00 X22 Z1	快速定位至倒角延长线处
	N190	G01 X30 Z-3 F100	车削倒角
	N200	G00 X200 Z200	快速退刀

续表

切槽	N210	T0202	换02号切槽刀
	N220	G00 X41 Z-55	快速定位至槽上方
	N230	G75 R1	G75切槽循环固定格式
	N240	G75 X20 Z-70 P3000 Q4800 R0 F20	G75切槽循环固定格式,若此处槽底接刀痕明显,Q值应适当减小。之后的切槽循环也是如此考虑,不再赘述
	N250	G00 X200 Z200	快速退刀
螺纹	N260	T0303	换螺纹刀
	N270	G00 X32 Z3	定位至螺纹循环起点
	N280	G76 P020060 Q100 R0.1	G76螺纹循环固定格式
	N290	G76 X26.679 Z-53 P1661 Q900 R0 F3	G76螺纹循环固定格式
	N300	G00 X200 Z200	快速退刀
切断	N310	T0202	换切断刀,即切槽刀
	N320	M03 S800	主轴正转,800r/min
	N330	G00 X52 Z-97	快速定位至切断处
	N340	G01 X0 Z-97 F20	切断
	N350	G00 X200 Z200	快速退刀
结束	N360	M05	主轴停
	N370	M30	程序结束

【例题 3-17】 编制图 3-94 所示零件的加工程序:写出加工程序,毛坯为铝棒,X 方向精加工余量为 0.1mm,Z 方向精加工余量为 0.1mm,最后割断。(槽刀宽 4mm)

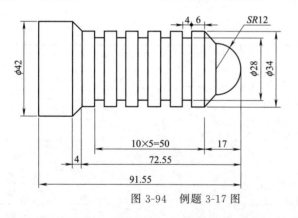

图 3-94 例题 3-17 图

G75——切槽循环实例2

切槽循环车削验证2

分析:此题为等距槽,尽量选用与槽宽一致的切槽刀。在切槽循环中,每槽间距为 6mm,刀宽 4mm,因此槽顶的移动量设置为 10mm,即 10000μm。

开始	N010	M03 S800	主轴正转,800r/min
	N020	T0101	换1号外圆车刀
	N030	G98	指定走刀按照mm/min进给
粗车	N040	G00 X50 Z2	快速定位循环起点
	N050	G73 U25 W3 R9	X向总吃刀量为25mm,循环9次(可优化为U8 R3)
	N060	G73 P70 Q130 U0.1 W0.1 F100	循环程序段70~130
轮廓	N070	G00 X-4 Z2	快速定位至相切圆弧
	N080	G02 X0 Z0 R2	相切的圆弧过渡
	N090	G03 X24 Z-12 R12	车削R12的球头部分
	N100	G01 X34 Z-17	斜向车削至φ34外圆处

续表

轮廓	N110	G01 X34 Z-72.55	车削 φ34 的外圆
	N120	G01 X42 Z-76.55	斜向车削至 φ42 外圆处
	N130	G01 X42 Z-91.55	车削 φ42 的外圆
精车	N140	M03 S1200	提高主轴转速,1200r/min
	N150	G70 P70 Q130 F40	精车
切槽	N160	M03 S800	主轴正转,800r/min
	N170	G00 X200 Z200	快速退刀
	N180	T0202	换 02 号切槽刀
	N190	G00 X38 Z-27	快速定位至槽上方
	N200	G75 R1	G75 切槽循环固定格式
	N210	G75 X28 Z-67 P3000 Q10000 R0 F20	G75 切槽循环固定格式
切断	N220	G00 X52 Z-27	快速抬刀
	N230	G00 X52 Z-95.55	快速定位至切断处
	N240	G01 X0 Z-95.55 F20	切断
结束	N250	G00 X200 Z200	快速退刀
	N260	M05	主轴停
	N270	M30	程序结束

【练习一】 如图 3-95 所示零件的加工程序：写出加工程序，毛坯为铝棒，X 方向精加工余量为 0.2mm，Z 方向精加工余量为 0.2mm，最后割断。

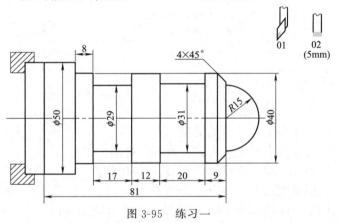

图 3-95 练习一

【练习二】 如图 3-96 所示零件的加工程序：写出加工程序，毛坯为铝棒，X 方向精加工余量为 0.2mm，Z 方向精加工余量为 0.2mm，最后割断。（未注倒角 $C3$）

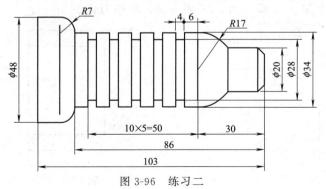

图 3-96 练习二

第十四节 镗孔循环 G74

（1）功能 在 Z 方向对工件进行类似切槽的加工操作。

其走刀方式和切槽循环类似，在镗孔之前需要先钻孔，以方便镗孔刀的镗入。走刀路径和描述路径如图 3-97 所示。

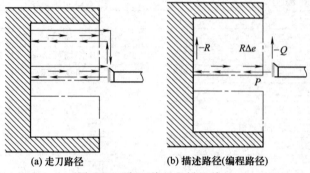

图 3-97 走刀路径和描述路径

（2）格式

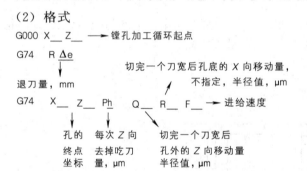

G74——镗孔循环格式

★ 孔顶部的移动量要小于镗孔刀的宽度。
★ 切槽进给采用的是且进且退的方式，有利于排屑。
★ 镗孔之前必须钻孔，编写程序时注意 X 的坐标值。
★ 实际加工中，尽量使用 G01 加工，方便控制。

【练习一】 写出图 3-98 所示的 G74 程序段，切槽刀宽 3mm。
G00 X10 Z2
G74 R1
G74 X37 Z-19 P3000 Q2800 R0 F20

【练习二】 写出图 3-99 所示的 G75 程序段，切槽刀宽 3.5mm。

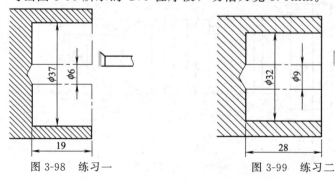

图 3-98 练习一　　　　　图 3-99 练习二

【例题 3-18】 编制图 3-100 所示零件的加工程序：写出加工程序，毛坯为 45 钢，X 方向精加工余量为 0.1mm，Z 方向精加工余量为 0.1mm。

【练习一】 编制图 3-101 所示零件的加工程序：写出加工程序，毛坯为 45 钢，X 方向精加工余量为 0.1mm，Z 方向精加工余量为 0.1mm。

【练习二】 编制图 3-102 所示零件的加工程序：写出加工程序，毛坯为 45 钢，X 方向精加工余量为 0.1mm，Z 方向精加工余量为 0.1mm。

G74——镗孔循环实例

镗孔循环车削验证

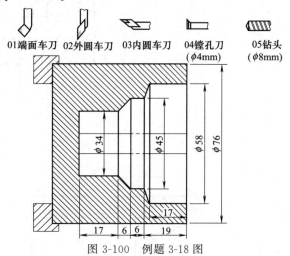

图 3-100　例题 3-18 图

开始	N010	M03 S800	主轴正转,800r/min
	N020	T0101	换 1 号外圆车刀
	N030	G98	指定走刀按照 mm/min 进给
端面	N040	G00 X80 Z0	快速定位至工件端面上方
	N050	G01 X0 Z0 F100	做端面,走刀速度 100mm/min
	N060	G00 X200 Z200	快速退刀
钻孔	N070	T0505	换 05 号钻头
	N080	G00 X0 Z2	定位钻头在工件中心右端
	N090	G01 X0 Z−47.5 F20	钻孔,留有余量
	N100	G01 X0 Z1 F40	退出钻头
	N110	G00 X200 Z200	快速退刀
镗孔	N120	T0404	换 04 号镗孔刀
	N130	G00 X8 Z2	定位镗孔循环起点
	N140	G74 R1	G74 镗孔循环固定格式
	N150	G74 X34 Z−48 P3000 Q3800 R0 F20	G74 镗孔循环固定格式
	N160	G00 X200 Z200	快速退刀
粗车	N170	T0303	换 03 号外圆车刀
	N180	G00 X32 Z2	定位循环起点
	N190	G72 W1.5 R1	Z 向每次吃刀量为 1.5mm,退刀量 1mm
	N200	G72 P210 Q260 U−0.1 W0.1 F60	循环程序段 210～260
轮廓	N210	G01 Z−31	工件最内部
	N220	G01 X34 Z−31	接触工件
	N230	G01 X45 Z−25	工件内部 φ45 处
	N240	G01 X45 Z−19	车削 φ45 的内圆
	N250	G01 X58 Z−17	斜向车削至 φ58 的左端
	N260	G01 X58 Z0	车削 φ58 的内圆
精车	N270	M03 S1200	提高主轴转速,1200r/min
	N280	G70 P210 Q260 F30	精车
结束	N290	G00 X200 Z200	快速退刀
	N300	M05	主轴停
	N310	M30	程序结束

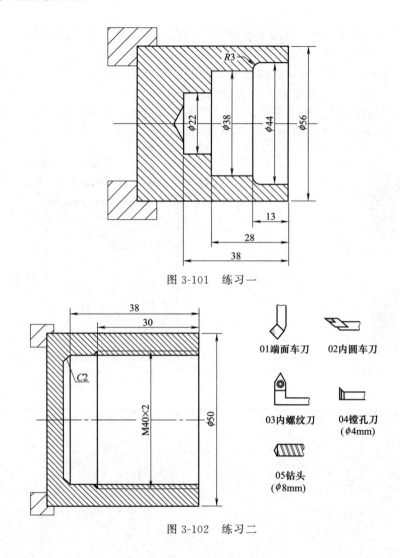

图 3-101 练习一

图 3-102 练习二

第十五节 锥度螺纹

锥度螺纹是螺纹的前后具有半径差的螺纹,半径差由前端的螺纹半径值减去尾端的螺纹的半径值得出,因此:顺锥,锥度 $R<0$;逆锥,锥度 $R>0$,如图 3-103 所示。

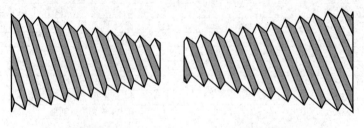

(a) 顺锥,锥度 $R<0$ (b) 逆锥,锥度 $R>0$

图 3-103 锥度螺纹

由图 3-104 得知,锥度 R 并非是工件成形螺纹的半径差,螺纹加工的起点是以循环起点为基础,所作出的延长线(A'点)来计算的,因为螺纹加工的循环起点必须在工件外部,即按照:起点→A'→B 的顺序进行加工。

延长线的计算方法和倒角的类似,用相似三角形,不再赘述。

G92 和 G76 指令只需给出加工的终点,而 A' 点不需指出,在计算的时候只需给定锥度(半径的差值)即可。

【练习】 计算并写出图 3-105 中锥度螺纹的程序。

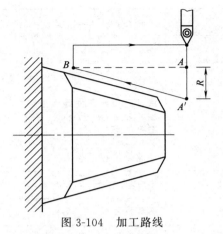

锥度螺纹格式

图 3-104 加工路线

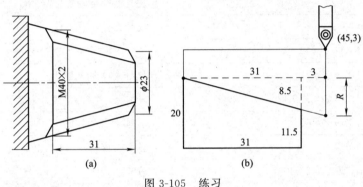

图 3-105 练习

首先确定螺纹的循环起点为 (45,3),可知 Z 向伸出 3,由图计算:

$$\frac{31}{8.5}=\frac{31+3}{R}$$ $R=9.323$,顺锥取负值,锥度为 -9.323

程序如下:

G00 X45 Z3	G00 X45 Z3
G92 X39 Z-31 R-9.323 F2	G76 P020260 R100 Q0.08
X38.4	或 G76 X37.786 Z-31 P1107 Q500 R-9.323 F2
X38	
X37.786	

【例题 3-19】 编制图 3-106 所示零件的加工程序:写出加工程序,毛坯为 45 钢,X 方向精加工余量为 0.1mm,Z 方向精加工余量为 0.1mm,最后切断。

锥度螺纹实例

锥度螺纹车削验证

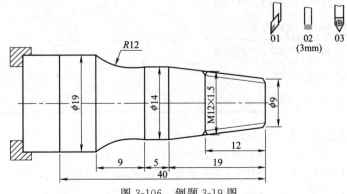

图 3-106 例题 3-19 图

	N010	M03 S800	主轴正转,800r/min
开始	N020	T0101	换1号外圆车刀
	N030	G98	指定走刀按照 mm/min 进给
端面	N040	G00 X22 Z0	快速定位至工件端面上方
	N050	G01 X0 Z0 F100	车削端面
	N060	G00 X22 Z3	快速定位循环起点
粗车	N070	G73 U6.5 W1 R5	X 向切削总量为6.5mm,循环5次(可优化为U3 R2)
	N080	G73 P90 Q140 U0.1 W0.1 F100	循环程序段90~140
	N090	G00 X9 Z1	快速定位至轮廓右端1mm处
	N100	G01 X9 Z0	接触工件
轮廓	N110	G01 X14 Z-19	斜向车削至 ϕ14 的部分
	N120	G01 X14 Z-24	车削 ϕ14 的外圆
	N130	G02 X19 Z-33 R12	车削至 R12 的圆弧
	N140	G01 X19 Z-40	车削 ϕ19 的外圆
精车	N150	M03 S1200	提高主轴转速,1200r/min
	N160	G70 P90 Q140 F40	精车
	N170	M03 S800	降低主轴转速,800r/min
	N180	G00 X200 Z200	快速定位至换刀点
	N190	T0303	换螺纹刀
螺纹	N200	G00 X14 Z3	定位至螺纹循环起点
	N210	G76 P020260 Q100 R0.1	G76 螺纹循环固定格式
	N220	G76 X10.34 Z-12 P830 Q400 R-1.875 F3	G76 螺纹循环固定格式
	N230	G00 X200 Z200	快速退刀
	N240	T0202	换切断刀,即切槽刀
切断	N250	M03 S800	主轴正转,800r/min
	N260	G00 X22 Z-43	快速定位至切断处
	N270	G01 X0 Z-43 F20	切断
	N280	G00 X200 Z200	快速退刀
结束	N290	M05	主轴停
	N300	M30	程序结束

【练习一】 编制图 3-107 所示零件的加工程序：写出加工程序，毛坯为 45 钢，X 方向精加工余量为 0.1mm，Z 方向精加工余量为 0.1mm。

【练习二】 编制图 3-108 所示零件的加工程序：写出加工程序，毛坯为 45 钢，X 方向精加工余量为 0.1mm，Z 方向精加工余量为 0.1mm。

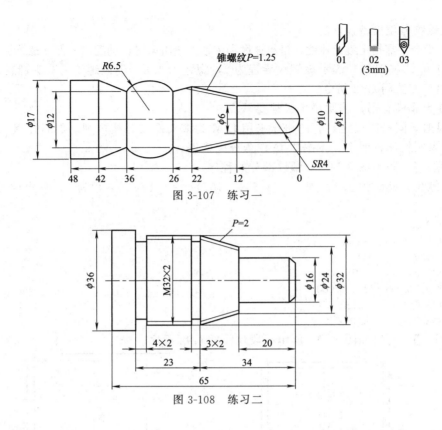

图 3-107 练习一

图 3-108 练习二

第十六节 多头螺纹

多头螺纹（见图 3-109）一般用 G92 指令来实现，通过分度旋入的方法加工出所需的螺纹，度数指定按照微度，即 180°要写成 180000。只需指定每次螺纹加工的循环起点、螺纹终点坐标和分度度数。该指令可用来车削多头等距直螺纹、多头锥度螺纹。走刀路径如图 3-110 所示。

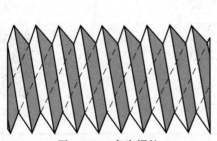

图 3-109 多头螺纹

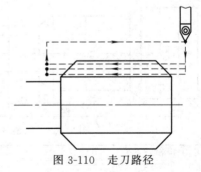

图 3-110 走刀路径

多头螺纹格式

格式
G00 X_ Z_
G92 X_ Z_ R_ F_ Q_
X、Z 螺纹终点坐标；
R 是锥度，直螺纹时可不写；
F 是导程，导程=线数×螺距；

Q 是螺纹分度度数。

★ 该指令不需指定进给速度,进给速度和主轴转速由系统自动配给,保证螺纹加工到位。

★ M20×3(P1.5)表示该螺纹导程为 3,螺距为 1.5,则该螺纹为双头螺纹。

★ 加工方法同 G92 指令。

★ Q 为非模态码,因此每步必须要写。

★ 根据不同机床设定,有的机床采用 L_作为多头螺纹分线规则,如 G92 X_ Z_ F_ L_,具体含义参照机床说明书。本书以 Q 作为分度依据。

【练习一】 写出图 3-111 中螺纹部分的程序。

双头螺纹,螺距为 1.5,则 $h=(1.5\times1.107)/2=0.830$,导程为 3,写出相对应的 G92 程序段。

```
G00 X22 Z3
G92 X19.2 Z-33 F3 Q0
    X18.6        Q0
    X18.34       Q0
G92 X19.2 Z-33 F3 Q180000
    X18.6        Q180000
    X18.34       Q180000
```

【练习二】 写出如图 3-112 所示一段螺纹的 G92 程序。

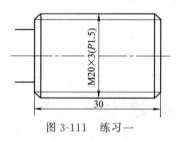
图 3-111 练习一

图 3-112 练习二

【例题 3-20】 编制图 3-113 所示零件的加工程序:写出加工程序,毛坯为铝棒,X 方向精加工余量为 0.2mm,Z 方向精加工余量为 0.1mm,最后切断。

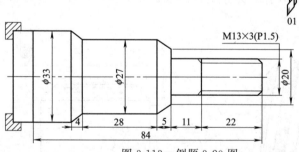
图 3-113 例题 3-20 图

多头螺纹实例

多头螺纹车削验证

开始	N010	M03 S800	主轴正转,800r/min
	N020	T0101	换 1 号外圆车刀
	N030	G98	指定走刀按照 mm/min 进给
端面	N040	G00 X35 Z0	快速定位至工件端面上方
	N050	G01 X0 Z0 F100	车端面
粗车	N060	G00 X35 Z3	快速定位循环起点
	N070	G71 U3 R1	X 向切削量为 3mm,退刀量为 1mm
	N080	G71 P90 Q170 U0.2 W0.1 F100	循环程序段 90~170

	N090	G00 X10	垂直移动
轮廓	N100	G01 X10 Z0	接触工件
	N110	G01 X13 Z-1.5	车削倒角
	N120	G01 X13 Z-33	车削 $\phi13$ 的外圆
	N130	G01 X20 Z-33	车削至 $\phi27$ 的右端面
	N140	G01 X27 Z-38	斜向车削至 $\phi27$ 的右端
	N150	G01 X27 Z-66	车削 $\phi27$ 的外圆
	N160	G01 X33 Z-70	斜向车削至 $\phi33$ 的右端
	N170	G01 X33 Z-84	车削 $\phi33$ 的外圆
精车	N180	M03 S1200	提高主轴转速,1200r/min
	N190	G70 P90 Q170 F40	精车
多头螺纹	N200	M03 S800	降低主轴转速,800r/min
	N210	G00 X200 Z200	快速定位至换刀点
	N220	T0303	换螺纹刀
	N230	G00 X14 Z2	定位至螺纹循环起点
	N240	G92 X12.2 Z-22 F3 Q0	双头螺纹第一头,G92 第一刀
	N250	X11.6 Q0	G92 第二刀
	N260	X11.34 Q0	G92 第三刀
	N270	G92 X12.2 Z-22 F3 Q180000	双头螺纹第二头 G92 第一刀
	N280	X11.6 Q180000	G92 第二刀
	N290	X11.34 Q180000	G92 第三刀
	N300	G00 X200 Z200	快速退刀
切断	N310	T0202	换切断刀,即切槽刀
	N320	M03 S800	主轴正转,800r/min
	N330	G00 X40 Z-87	快速定位至切断处
	N340	G01 X0 Z-87 F20	切断
结束	N350	G00 X200 Z200	快速退刀
	N360	M05	主轴停
	N370	M30	程序结束

【练习一】 编制图 3-114 所示零件的加工程序：写出加工程序，毛坯为 45 钢，X 方向精加工余量为 0.1mm，Z 方向精加工余量为 0.1mm。

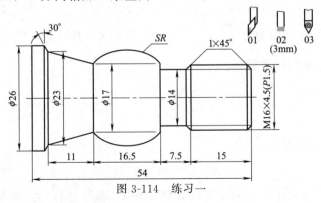

图 3-114 练习一

【练习二】 编制图 3-115 所示零件的加工程序：写出加工程序，毛坯为 45 钢，X 方向精加工余量为 0.1mm，Z 方向精加工余量为 0.1mm。

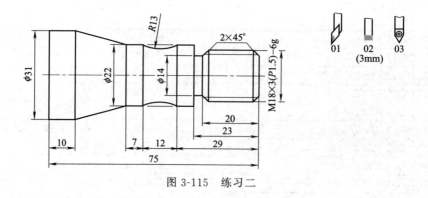

图 3-115　练习二

第十七节　椭　　圆

由于椭圆的编程涉及参数编程和变量，这里所介绍的椭圆编程只是众多编程方法中的一种。

如图 3-116 所示，数控车床加工曲线的原理是"拟合曲线"，即用直线模拟曲线（详见第一章第三节），由于机床设定 Z 向脉冲（即最小移动量）是个定值，因此，机床加工曲线实际上是根据每次 Z 向的移动量去计算 X 值，并用直线连接。

在碰到任何一个数学方程表达的图形时，首先将其转换为 $X=\cdots\cdots$ 的格式。椭圆的计算与编程也遵循这个原理，如图 3-117 所示。

椭圆加工格式

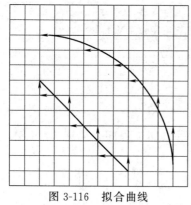

图 3-116　拟合曲线

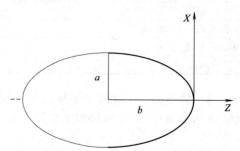

图 3-117　椭圆的计算与编程示意

根据几何里面的椭圆计算公式：

$$\frac{X^2}{a^2}+\frac{Z^2}{b^2}=1$$

将其转换为 X 求值方式：

$$X=a\times\sqrt{1-Z^2/b^2}$$

用单词 SQRT 表示 $\sqrt{\ }$，设两个变量分别为 ♯102 和 ♯101，♯102 代替 X，♯101 代替 Z，公式可写为：

$$\sharp 102=a\times\text{SQRT}[1-\sharp 101\times\sharp 101/b^2]$$

椭圆的程序格式：

N200	#100＝c	#100为中间变量,用于指定Z的位置,c是椭圆Z向起点的坐标
N210	#101＝#100＋b	为椭圆公式中的Z值(#101)赋值
N220	#102＝a×SQRT[1－#101×#101/b^2]	椭圆的计算公式。由于每一行程序的长度有限,故此处b^2应计算出数值然后填入
N230	G01 X[2×#102]　Z[#100]	由直线拟合曲线,#102是半径值,故须×2
N240	#100＝#100-0.1	Z方向每次移动－0.1mm,0.1为脉冲量,脉冲量越小,零件越精密,但加工时间越长
N250	IF [#100 GT－d] GOTO 210	判断语句 d为椭圆Z向终点的坐标。GOTO是指向语句。用于比较刀具当前是否到达d值(椭圆Z向终点),如不到达,则返回第二行(N210)段反复执行,直到到达d值为止

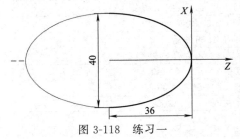

图 3-118　练习一

【练习一】　写出如图 3-118 椭圆的编程程序。
N200　#100＝0
N210　#101＝#100＋36
N220　#102＝20×SQRT[1－#101×#101/1296]
N230　G01 X[2×#102]　Z[#100]
N240　#100＝#100－0.1
N250　IF [#100 GT－36]GOTO 210

【练习二】　写出如图 3-119 零件中椭圆的编程程序。

(1)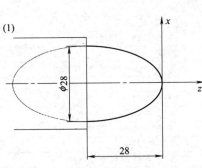

(2) 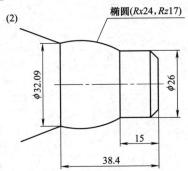　椭圆(Rx24,Rz17)

图 3-119　练习二

【例题 3-21】　编制图 3-120 所示零件的加工程序：写出加工程序,毛坯为铝棒,X 方向精加工余量为 0.2mm,Z 方向精加工余量为 0.1mm,最后切断。

椭圆加工实例

椭圆车削验证

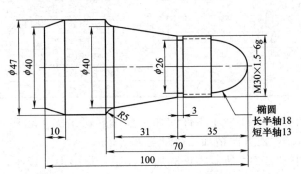

图 3-120　例题 3-21 图

开始	N010	M03 S800	主轴正转,800r/min
	N020	T0101	换 1 号外圆车刀
	N030	G98	指定走刀按照 mm/min 进给
粗车	N040	G00 X50 Z3	快速定位至循环起点
	N050	G73 U25 W3 R9	X 向总切削量为 25mm,循环 9 次(可优化为 U10 R3)
	N060	G73 P70 Q220 U0.2 W0.1 F100	循环程序段 70~220
轮廓	N070	G00 X-4 Z2	快速定位至相切圆弧起点
	N080	G02 X0 Z0 R2	相切圆弧
	N090	#100 = 0	
	N100	#101 = #100 + 18	
	N110	#102 = 13×SQRT[1 − #101×#101/324]	
	N120	G01 X[2×#102] Z[#100]	椭圆的加工
	N130	#100 = #100-0.1	
	N140	IF [#100 GT-18] GOTO 100	
	N150	G01 X30 Z−18	车削 φ30 右侧面
	N160	G01 X30 Z−35	车削 φ30 的外圆
	N170	G01 X40 Z−66	斜向车削至 R5 的圆弧处
	N180	G02 X47 Z−70 R5	车削 R5 的顺时针圆弧
	N190	G01 X47 Z−90	车削 φ40 的外圆
	N200	G01 X40 Z−100	斜向车削至 φ40 的外圆处
	N210	G01 X40 Z−103	为切断让一个刀宽值
	N220	G01 X50 Z−103	提刀,避免退刀时碰刀
精车	N230	M03 S1200	提高主轴转速,1200r/min
	N240	G70 P70 Q220 F40	精车
	N250	M03 S600	降低主轴转速 600r/min
	N260	X200 Z200	退刀
	N270	T0202	换 02 号切槽刀
	N280	G00 X32 Z−35	快速定位至槽上方
	N290	G01 X26 Z−35 F20	切槽
	N300	G04 P1000	暂停 1s,清槽底
	N310	G01 X32 Z−35 F40	提刀
	N320	G00 X200 Z200	快速退刀
螺纹	N330	M03 S800	降低主轴转速,800r/min
	N340	G00 X200 Z200	快速定位至换刀点
	N350	T0303	换螺纹刀
	N360	G00 X34 Z−15	定位至螺纹循环起点
	N370	G92 X29.2 Z−33.5 F1.5	G92 第一刀
	N380	X28.6	G92 第二刀
	N390	X28.34	G92 第三刀
切断	N400	G00 X150 Z150	快速退刀
	N410	T0202	换切断刀,即切槽刀
	N420	M03 S800	主轴正转,800r/min
	N430	G00 X55 Z−103	快速定位至切断处
	N440	G01 X0 Z−103 F20	切断
结束	N450	G00 X200 Z200	快速退刀
	N460	M05	主轴停
	N470	M30	程序结束

【练习一】 编制图 3-121 所示零件的加工程序:写出加工程序,毛坯为 45 钢,X 方向精加工余量为 0.1mm,Z 方向精加工余量为 0.1mm。

【练习二】 编制图 3-122 所示零件的加工程序:写出加工程序,毛坯为铝棒,X 方向精加工余量为 0.1mm,Z 方向精加工余量为 0.1mm(尾部倒角 C3)。

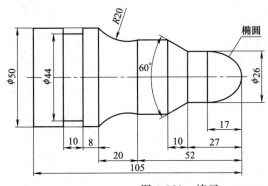

图 3-121　练习一

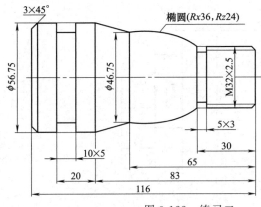

图 3-122　练习二

第十八节　简单外径循环 G90

G90——简单外径循环

格式

G00 X_ Z_　　循环起点

G90 X_Z_R_F_；

X、Z 为切削终点坐标值；

F 是进给速度，R 为锥度。

刀具如图 3-123 所示的路径循环操作。

【练习一】写出如图 3-124 外圆的 G90 编程程序。

```
N010 T0101
N020 M03 S800
N030 G98
N040 G00 X55 Z2            循环起点
N050 G90 X36 Z-16 F80      切削循环,第一刀
N060      X30              第二刀
N070      X26              第三刀
N080      X22              最后一刀
N090 G00 X200 Z100
N100 M05
N110 M30
```

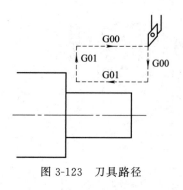

图 3-123　刀具路径

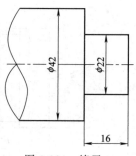

图 3-124　练习一

【练习二】　写出如图 3-125 外圆的 G90 编程程序。

★ 注意：由于 G90 的走刀运动方式，一般只做粗加工中的去大量毛坯操作，不做精加工。

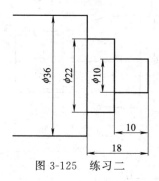

图 3-125　练习二

第十九节　简单端面循环 G94

格式

G00 X_Z_　　循环起点
G94 X_Z_R_F_;
X、Z 为切削终点坐标值；
F 是进给速度，R 为锥度。
刀具如图 3-126 所示的路径循环操作。

G94——简单端面循环

【练习一】　写出如图 3-127 外圆的 G94 编程程序。

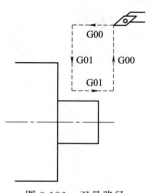

图 3-126　刀具路径

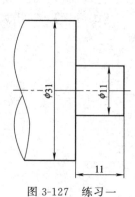

图 3-127　练习一

```
N010  M03 S800
N020  T0101
N030  G98
N040  G00 X35 Z2              循环起点
N050  G94 X11 Z-1 F80         切削循环,第一刀
N060       Z-3                第二刀
N070       Z-6                第三刀
N080       Z-9                第四刀
N090       Z-11               最后一刀
N100  G00 X200 Z100
N110  M05
N120  M30
```

【练习二】 写出如图3-128外圆的G94编程程序。

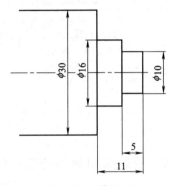

图3-128 练习二

★注意：由于G94的走刀运动方式，一般只做粗加工中的去大量毛坯操作，不做精加工。

第二十节 绝对编程和相对编程

绝对编程和
相对编程

数控车床有两个控制轴，有两种编程方法：绝对坐标命令方法和相对坐标命令方法，即

坐标点	绝对编程	相对编程	混合编程
A	G01 X0 Z0	G01 X0 Z0	G01 X0 Z0
B	G01 X8 Z0	G01 U8 Z0	G01 X8 Z0
C	G01 X8 Z-10	G01 U0 W-10	G01 U0 W-10
D	G01 X14 Z-18	G01 U6 W-8	G01 X14 W-8
E	G01 X14 Z-33	G01 U0 W-15	G01 U0 Z-33

图3-129 编程举例示意

绝对编程和相对编程。此外，这些方法能够被结合在一个指令里。

对于 X 轴和 Z 轴的相对坐标指令是 U 和 W，指 X 方向或 Z 方向移动了多少距离。X 向差值根据系统不同，可以是半径值，也可以是直径值，此处 X 方向差值以直径举例说明，如图 3-129 所示。

【练习】 相对编程或者混合编程的方式写出图 3-130 中 $A \to B$ 零件轮廓，如上述例题方式。

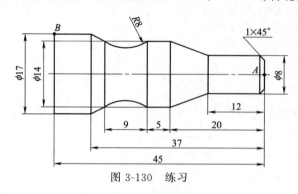

图 3-130　练习

【精华提炼与复习】

一、切削路径（走刀路径）

1. 头部倒角

当工件头部出现倒角的时候，一般采用倒角的延长线切入的方式，如图 3-131 所示有效地保护刀尖。

精华提炼与复习

2. 头部球形（包括椭圆、抛物线）

当工件头部出现球形的时候，一般采用圆弧切入的方式，如图 3-132 所示避免产生前端的小凸起。

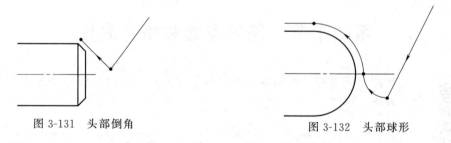

图 3-131　头部倒角　　　　　图 3-132　头部球形

3. 切槽

G75 切槽	在用切槽循环加工槽时由于 G75 切槽的走刀方式，在槽底会形成不平的形状，如果对槽的粗糙度有要求，可用 G01 清理并光洁槽底	①G75　②G01
浅槽	零件加工遇到浅槽时，只需采用 G01 横向切削即可	

续表

| 梯形槽 | 梯形槽的加工,先加工中间部分,再加工两侧斜向部分,最后清槽底 | |

4. 尾部的倒角

尾部倒角的切削一般分为两种情况,外圆使用 G73 和 G71 加工的编程方式有所区别。

（1）G73 外圆+切断

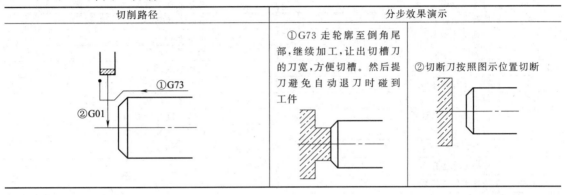

（2）G71 外圆+切断

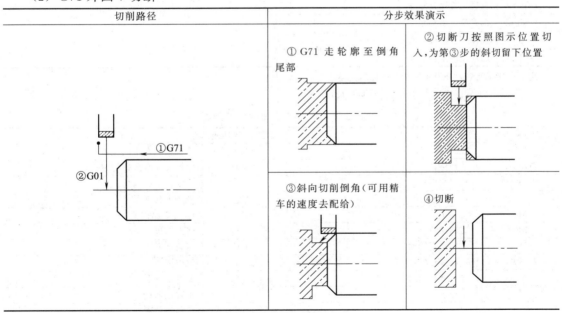

注：当倒角较大时,可先多切几刀,为倒角切削留有足够的进刀空间。

二、编程指令全表

编程时不会应用到所有的指令（包括 G 指令和 M 指令），在表 3-2、表 3-3 中列出系统中给出的所有指令,可供查找使用。

表 3-2 FANUC 0i-TC 的 G 指令的列表

G 代码	功能	G 代码	功能
√* G00	定位(快速移动)	√G70	精加工循环
√G01	直线切削	√G71	外径粗车循环
√G02	圆弧插补(CW,顺时针)	G72	端面粗车循环
√G03	圆弧插补(CCW,逆时针)	√G73	复合形状粗车循环
√G04	暂停	G74	镗孔循环
G09	停于精确的位置	√G75	切槽循环
G20	英制输入	√G76	复合螺纹切削循环
G21	公制输入	* G80	固定循环取消
G22	内部行程限位 有效	G83	钻孔循环
G23	内部行程限位 无效	G84	攻螺纹循环
G27	检查参考点返回	G85	正面镗循环
G28	参考点返回	G87	侧钻循环
G29	从参考点返回	G88	侧攻螺纹循环
G30	回到第二参考点	G89	侧镗循环
G32	切螺纹	G90	简单外径循环
* G40	取消刀尖半径偏置	√G92	简单螺纹循环
G41	刀尖半径偏置(左侧)	G94	简单端面循环
G42	刀尖半径偏置(右侧)	G96	恒线速度控制
G50	①主轴最高转速设置 ②坐标系设定	* G97	恒线速度控制取消
		√G98	指定每分钟移动量
G52	设置局部坐标系	* G99	指定每转移动量
G53	选择机床坐标系		
* G54	选择工件坐标系 1		(未指定 G 指令部分为预留指令
G55	选择工件坐标系 2		供操作人员自己设定)
G56	选择工件坐标系 3		
G57	选择工件坐标系 4		
G58	选择工件坐标系 5		
G59	选择工件坐标系 6		

注：1. 带 * 者表示是开机时会初始化的代码。
2. 带√指令涵盖了绝大多数的学习和工厂加工的需要。

表 3-3 所有 M 功能指令的列表

常用 M 功能	作用	非常用 M 功能	作用
M00	程序停止	M40	主轴齿轮在中间位置
M01	选择停止	M41	主轴齿轮在低速位置
M02	程序结束	M42	主轴齿轮在高速位置
M30	程序结束	M68	液压卡盘夹紧
M03	主轴正转	M69	液压卡盘松开
M04	主轴反转	M78	尾架前进
M05	主轴停止转动	M79	尾架后退
M07	冷却液开(液体状)	M94	镜像取消
M08	冷却液开(雾状)	M95	X 坐标镜像
M09	冷却液关	M98	子程序调用
		M99	子程序结束

三、CNC 编程注意十大事项

① 白钢刀转速不可太快。

② 铜工件开粗少用白钢刀，多用飞刀或合金刀。

③ 用大刀开粗后，应用小刀再清除余料，保证余量一致才光刀。
④ 做每一道工序前，想清楚前一道工序加工后所剩的余量，以避免空刀或加工过多而过切。
⑤ 尽量走简单的刀路，如外形、挖槽、单面，少走环绕等高的路线。
⑥ 外形光刀时，先粗光，再精光；工件太高时，先光边，再光底。
⑦ 合理设置公差，以平衡加工精度和电脑计算时间。开粗时，公差一般设为余量的 1/5。
⑧ 做多一点工序，减少空刀时间；做多一点思考，减少出错机会；做多一点辅助线辅助面，改善加工状况。
⑨ 树立责任感，勤于学习，善于思考，不断进步，仔细检查每个参数，避免返工。
⑩ 刀具材料韧性好、硬度低，较适应粗加工（大切削量加工）；刀具材料韧性差、硬度高，较适应精加工（小切削量加工）。

综合训练（二）

（1）编制图 3-133 所示零件的加工程序 选择刀具，写出完整的加工步序和程序，毛坯为铝棒，要求循环起始点在 A（46,3），X 方向精加工余量为 0.4mm，Z 方向精加工余量为 0.1mm，最后切断。

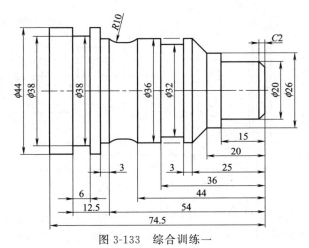

图 3-133 综合训练一

（2）编制图 3-134 所示零件的加工程序 选择刀具，写出完整的加工步序和程序，毛坯为铝棒，要求循环起始点在 A（85,3），X 方向精加工余量为 0.4mm，Z 方向精加工余量为 0.1mm，最后切断。

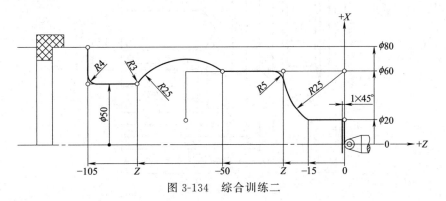

图 3-134 综合训练二

(3) 编制图 3-135 所示零件的加工程序　选择刀具，写出完整的加工步序和程序，毛坯为铝棒，要求循环起始点在 A (30,3)，X 方向精加工余量为 0.4mm，Z 方向精加工余量为 0.1mm，最后切断。

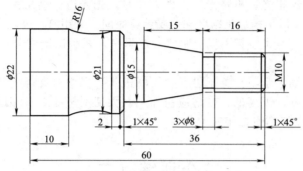

图 3-135　综合训练三

(4) 编制图 3-136 所示零件的加工程序　选择刀具，写出完整的加工步序和程序，毛坯为铝棒，要求循环起始点在 A (35,3)，X 方向精加工余量为 0.4mm，Z 方向精加工余量为 0.1mm，最后切断。

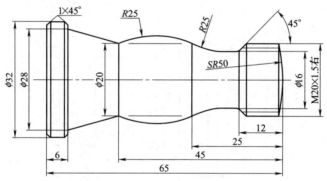

图 3-136　综合训练四

(5) 编制图 3-137 所示零件的加工程序　选择刀具，写出完整的加工步序和程序，毛坯为铝棒，要求循环起始点在 A (35,3)，X 方向精加工余量为 0.4mm，Z 方向精加工余量为 0.1mm，最后切断（尾部倒角 C3）。

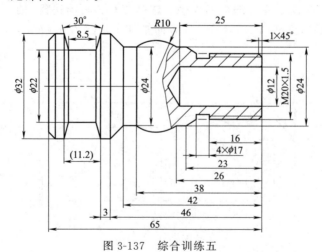

图 3-137　综合训练五

(6) 编制图 3-138 所示零件的加工程序　选择刀具，写出完整的加工步序和程序，毛坯为铝棒，要求循环起始点在 A (46,3)，X 方向精加工余量为 0.4mm，Z 方向精加工余量为 0.1mm，最后切断。

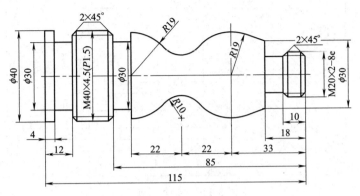

图 3-138　综合训练六

(7) 编制图 3-139 所示零件的加工程序　选择刀具，写出完整的加工步序和程序，毛坯为铝棒，要求循环起始点在 A (46,3)，X 方向精加工余量为 0.4mm，Z 方向精加工余量为 0.1mm，最后切断。

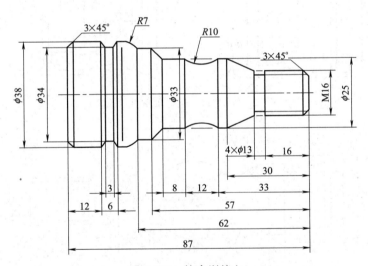

图 3-139　综合训练七

(8) 编制图 3-140 所示零件的加工程序　选择刀具，写出完整的加工步序和程序，毛坯为铝棒，要求循环起始点在 A (90,3)，X 方向精加工余量为 0.4mm，Z 方向精加工余量为 0.1mm，最后切断。

(9) 编制图 3-141 所示零件的加工程序　选择刀具，写出完整的加工步序和程序，毛坯为铝棒，要求循环起始点在 A (46,3)，X 方向精加工余量为 0.4mm，Z 方向精加工余量为 0.1mm，最后切断。

(10) 编制图 3-142 所示零件的加工程序　选择刀具，写出完整的加工步序和程序，毛坯为铝棒，要求循环起始点在 A (50,3)，X 方向精加工余量为 0.4mm，Z 方向精加工余量为 0.1mm，最后切断。

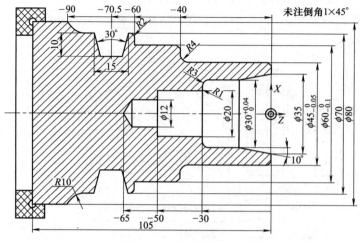

图 3-140 综合训练八

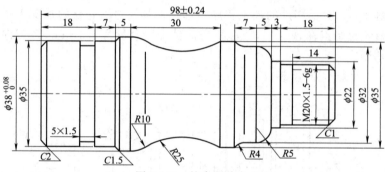

图 3-141 综合训练九

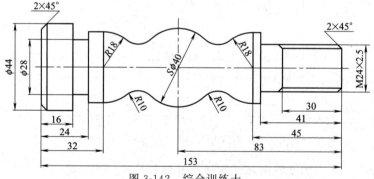

图 3-142 综合训练十

第四章 数控车床加工工艺

本章既是对前期学习结果的经验总结,也是对之后数控车床加工零件实例的工艺性规范,需要深入理解、灵活运用。

第一节 数控车床加工过程

一、数控加工过程概述

数控加工是在数控机床上按照事先编制好的加工程序自动地对工件进行加工的过程。在数控机床上加工零件时,要把被加工零件的全部数控加工工艺过程、工艺参数和轨迹数据,以信息的形式记录在控制介质上,用控制介质上的信息来控制机床,实现零件的全部数控加工过程。从零件图样到获得数控机床所需控制介质的全部过程,称为程序编制,有关程序编制的详细内容参见本书前章。

程序编制是数控加工的一项重要工作,理想的加工程序不仅应保证加工出符合图样要求的合格工件,同时应能使数控机床的功能得到合理的应用与充分的发挥,使数控机床安全可靠及高效地工作。

数控加工的内容主要包括:分析零件图样、工艺处理、数学处理、编写程序单、制备控制介质及程序校验、首件试加工及现场问题处理、形成规范的数控加工工艺文件、加工操作等。其具体步骤与要求如下。

1. 分析零件图样

首先要分析零件图样。根据零件的材料、形状、尺寸、精度、毛坯形状和热处理要求等确定加工方案,选择合适的数控机床。

2. 工艺处理

工艺处理涉及问题较多,需要考虑如下几点。

(1) 确定加工方案 此时应按照能充分发挥数控机床功能的原则,使用合适的数控机床,确定合理的加工方法。

(2) 刀具、工夹具的设计和选择 数控加工用刀具由加工方法、切削用量及其他与加工有关的因素来确定。

数控加工时一般不建议采用专用的复杂夹具,在设计和选择夹具时,应选择使工件的定位和夹紧过程迅速完成的方案,以减少辅助时间。建议使用组合夹具,缩短生产准备周期,且夹具零件可以反复使用,经济效益好。此外,所用夹具应便于安装,便于调整工件和机床坐标系的尺寸关系。

(3) 选择对刀点 程序编制时正确地选择对刀点是很重要的。"对刀点"是程序执行的起点,也称"程序原点"。对刀点的选择原则是:所选对刀点应使程序编制简单,对刀点应选在容易找正、并在加工过程中便于检查的位置上,减小加工误差。

对刀点可以设置在被加工零件上,也可以设置在夹具或机床上。为了提高零件的加工精度,对刀点应尽量设置在零件的设计基准或工艺基准上。

(4) 确定加工路线　确定加工路线时,是以刀具沿工件表面运动产生切削后形成零件的轮廓而确定的。数控机床上所使用的刀具很多,为了更准确地描述刀具运动,必须定义一个能代表所用刀具特征的点,称为刀位点。对于平头立铣刀及其相似形状的刀具,刀位点是指刀具的轴线与刀具底平面的交点,球头铣刀的刀位点是球头部分的球心,车刀是刀尖,钻头是钻尖,对于多刀尖的刀具可选择其中一个刀尖为刀位点。确定加工路线时应主要考虑:尽量缩短进给路线,减少空进给行程,提高生产效率;保证加工零件的精度和表面粗糙度的要求;有利于简化数值计算,减少程序段的数目和编程工作量等。

(5) 确定切削用量　切削用量包含切削深度和宽度,主轴转速及进给速度等。切削用量的具体数值应根据数控机床使用说明书的规定、被加工工件材料、加工工序、其他工艺要求以及结合实际经验来综合确定。

3. 数学处理

在工艺处理工作完成后,根据零件的几何尺寸、加工路线,计算出数控机床所需的输入数据。一般数控系统都具有直线插补、圆弧插补和刀具补偿功能。对于加工由直线和圆弧组成的较简单的平面零件,只需计算出零件轮廓几何元素的基点(基点是指相邻几何元素的交点或切点)的坐标值。对于较复杂的零件或零件的几何形状与数控系统的插补功能不一致时,就需要进行较复杂的数值计算。例如非圆曲线,需要用直线段或圆弧段来逼近,在满足精度的条件下,计算出相邻逼近直线或圆弧的交点或切点(称为节点)的坐标值;对于自由曲线、自由曲面和组合曲面的程序编制,其数学处理更为复杂,一般需计算机辅助绘图与计算。

4. 编写零件加工程序单

在完成工艺处理和数值计算工作后,可以编写零件加工程序单,编程人员根据所使用数控系统的指令、程序段格式,逐段编写零件加工程序。编程人员要了解数控机床的性能、程序指令代码以及数控机床加工零件的过程,才能编写出正确的加工程序。

数控加工程序中必须给定各种切削参数的最佳数值,这点与普通加工有较大的区别。

5. 制备控制介质及程序校验

程序编好后,需制作控制介质。制备完成的控制介质需要经过校验、试加工后,才用于正式加工。一般可采用空进给检测、空运转画图检测、在显示器上模拟加工过程的轨迹和图形显示检测,以及采用铝件、塑料或石蜡等易切材料进行试切削等方法检验程序。通过检验,特别是试切削不仅可以确认程序的正确与否,还可知道加工精度是否符合要求。当发现不符合要求时,可修改程序或采取补偿措施。

6. 数控加工工艺文件

数控加工工艺文件是指导数控加工的纲领性技术文件,它具有与机械制造工艺文件相同的作用。由于数控机床自动化程度较高,但自适应性差,因此,数控加工的内容必须十分具体,数控加工的工艺工作相当严密。

二、数控加工及其特点

由于数控机床的性能不断地改善和提高,数控装备不断地完善以及编程技术的迅速发展,使数控加工方法获得日益广泛的应用。数控加工具有以下特点。

(1) 具有复杂形状加工能力　复杂形状零件在飞机、汽车、轮船、模具、动力设备和国防军工等制造部门具有重要地位,其加工质量直接影响整机产品的性能。数控加工运动的任意可控性使其能完成普通加工方法难以完成或者无法进行的复杂型面加工。

(2) 高质量　数控加工是用程序控制实现自动加工,排除了人为因素影响,且加工误差还可以由数控系统通过软件技术进行补偿校正。因此,采用数控加工可以提高零件加工精度和产品质量。

(3) 高效率　与采用普通机床加工相比,采用数控加工一般可提高生产率2~3倍,在加工复杂零件时生产率可提高十几倍甚至几十倍。特别是加工中心和柔性制造单元等设备,零件一次装夹后能完成几乎所有部位的加工,不仅可消除多次装夹引起的定位误差,且可大大减少加工辅助操作,使加工效率进一步提高。

(4) 高柔性　只需改变零件程序即可适应不同品种的零件加工,且几乎不需要制造专用工装夹具,因此加工柔性好,有利于缩短产品的研制与生产周期,适应多品种、中小批量的现代生产需要。

(5) 易于形成网络控制　数控系统是一种专门化的计算机控制系统,可实现与其他数控系统、主计算机、计算机辅助设计、制造系统等连接,形成网络化控制系统。

(6) 技术要求高　数控机床价格昂贵,初期投入较高,且技术复杂,对机床操作、维护、编程等要求较高,不适合应用在单件和大批大量的生产类型。

第二节　数控加工工序的划分原则与内容

数控技术的应用使机械加工的全过程产生了较大的变化。它不仅涉及数控加工设备,还包括数控加工工艺、工装和加工过程的自动控制等。其中,拟定数控加工工艺是进行数控加工的一项基础性工作。

虽然数控机床是一种先进的加工设备,但也必须由人们去熟悉、掌握和合理使用它,否则,再好的设备也难以发挥其所长。大量应用实践表明,数控机床的使用效果在很大程度上取决于用户数控加工中技术水平的高低和数控加工工艺拟定的正确合理性。

数控加工工艺与普通加工工艺有许多相同之处,也有许多差异。在数控加工中对加工零件进行工艺分析,拟定工艺方案都涉及一些工艺问题的处理。数控加工工艺的合理确定对实现优质、高效、经济的数控加工具有极其重要的意义,其内容主要包括:选择适合在数控机床上加工的零件;对零件图样的数控加工工艺性进行分析;设计数控加工的工艺路线,包括工序划分和确定零件的工序内容、加工顺序的安排、基准选择以及与非数控加工工序的衔接等;数控加工工序设计,主要包括根据零件的数控加工内容选择合适的数控机床、工步、进给路线、刀具、夹具、主轴速度、切削深度和进给速度等;数控加工中的容差分配;编写数控加工技术文件等。

1. 工序划分的原则

(1) 工序集中原则　一般情况下数控加工的工序内容要比通用机床加工内容复杂,这是因为数控机床价格昂贵,若只加工简单工序,在经济上对提高生产效益有限。另外考虑到数控机床的特点,通常在数控机床上加工的零件应尽可能安排较复杂的工序内容,减少零件的装夹次数。

(2) 先粗后精原则　根据零件形状、尺寸精度、零件刚度以及变形等因素,可按粗、精加工分开的原则划分工序,先粗加工,后精加工。考虑到粗加工时零件产生的变形需要一定时间恢复,最好粗加工后不要紧接着安排精加工。当数控机床的精度能满足零件的设计要求时,可考虑粗精加工一次完成。

(3) 基准先行原则　在工序安排时，应首先安排零件粗精加工时要用到的定位基准面的加工。被加工零件的基准面和基准孔等可考虑在普通机床上预先加工，但一定要保证精度要求。当零件重新装夹进行精加工时，应考虑精修基准面或孔，也可采用已加工表面作为新的定位基准面的方法。

(4) 先面后孔原则　在零件上既有面加工，又有孔加工时，要采用先加工面，后加工孔的工序划分原则，这样可以提高孔的加工精度。

2. 工序划分的方法

数控加工工序划分应遵循以上原则，在具体实行工序划分时，可按下列方法进行。

(1) 以一次安装、加工作为一道工序　这种方法适合于加工内容不多的零件，加工完成后就能达到待检状态。

(2) 以同一把刀具加工的内容划分工序　有些零件虽然能在一次安装加工多个待加工表面，但程序太长，会受到某些限制，如受到系统的限制（主要是内存容量），机床连续工作时间的限制（一个零件在一个工作班内应该加工完毕）等。此外程序太长，查错和检索困难。因此程序不能太长，一道工序的内容不能太多。

(3) 以加工部位划分工序　对于加工内容很多的零件，按其结构特点将加工部位分成几个部分，如内形、外形、曲面或平面等：一般先加工平面、定位面，后加工孔；先加工简单的几何形状，再加工复杂的几何形状；先加工精度要求较低的部位，再加工精度要求较高的部位。

(4) 以粗、精加工划分工序　对于易发生变形的零件，为减小加工后的变形，一般先进行粗加工，后进行精加工，并将粗、精加工工序分开。

综上所述，在划分工序时，一定要视零件的工艺性，机床的功能，零件数控加工内容的多少，安装次数及本单位生产组织状况灵活掌握，什么零件采用工序集中，还是采用工序分散的原则，也要根据具体情况确定，许多工序的安排是按上述分序方法进行综合安排的。

3. 加工路线的确定

在数控机床加工过程中，每道工序加工路线的确定都是非常重要的，因为它与零件的加工精度和表面粗糙度直接相关。

所谓加工路线是指数控机床在加工过程中刀具中心相对于被加工工件的运动轨迹和方向。确定加工路线就是确定刀具运动轨迹和方向。妥善地安排加工路线（或称进给路线），对于提高加工质量和保证零件的技术要求是非常必要的。加工路线不仅包括切削加工时的加工路线，还包括刀具到位、对刀、退刀和换刀等一系列过程的刀具运动路线。确定加工路线的原则主要有下列几点：

① 使被加工零件获得良好的加工精度和表面质量；
② 使数值计算容易，以减少编程工作量；
③ 尽量使进给路线最短，这样可使程序段数减少，缩短空走刀时间。

4. 切削参数的确定

切削参数包括切削深度或宽度、主轴速度、进给速度等。对于粗加工、精加工、钻孔、攻丝等，应选用不同的切削参数。具体数值的选取应根据数控机床编程说明书的规定和要求，以及刀具的耐用度、工件材料去选择和计算，同时应参照机床切削用量手册结合实践经验确定。

确定切削参数的目标是尽量提高材料的切除率，同时保持稳定的切削状态和要求的加工精度。在影响铣削过程材料切除率的众多参数中，轴向与径向切削深度必须在刀具轨迹生成时确定，而进给速度与切削速度则可以在其后进行调节。因此，首先应确定轴向与径向切削深度以获得最大的材料切除率,然后再考虑切削力的限制与刀具承受能力对进给速度进行选择,而切削速度一般假定为已知,不予考虑。

切削深度主要受机床、工件和刀具的刚度限制,在刚度允许的情况下,尽可能加大切削深度,以减少进给次数,提高加工效率。

对于精度和表面粗糙度有较高要求的零件,应留有足够的精加工余量。一般加工中心的精加工余量较普通机床的精加工余量小。

切削速度受刀具耐用度的限制,具体数值的计算参见相关的机械加工手册。

5. 编程误差及其控制

除零件程序编制过程中产生的误差,影响数控加工精度的还有很多其他误差因素,如机床误差、系统插补误差、伺服动态误差、定位误差、对刀误差、刀具磨损误差、工件变形误差等,而且它们是加工误差的主要来源。因此,零件加工要求的公差允许分配给编程的误差只能占很小部分,一般应控制在零件公差要求的10%~20%以内。

程序编制中产生的误差主要由下述三部分组成。

(1) 近似计算误差 这是用近似计算方法表达零件轮廓形状时所产生的误差。例如,当需要仿制已有零件而又无法考证零件外形的准确数学表达式时,只能实测一组离散点的坐标值,用样条曲线或曲面拟合后编程。近似方程所表示的形状与原始零件之间有误差,但一般情况下较难确定这个误差的大小。

(2) 逼近误差 是用直线或圆弧段逼近零件轮廓曲线所产生的误差,减小这个误差最简单的方法是减小逼近线段的长度,但这将增加程序段数量和计算时间。

(3) 尺寸圆整误差尺寸 圆整误差是指计算过程中由于计算精度而引起的误差,相对于其他误差来说,该项误差一般可以忽略不计。对于简易数控机床因将计算尺寸转化为数控机床的脉冲当量时,会出现一般不超过正负脉冲当量一半的尺寸圆整误差。

6. 数学处理

数学处理工作就是计算出零件轮廓上或刀具中心轨迹上一些点的坐标数据,为程序编制提供准确的数据。一个零件的轮廓线可能由许多不同的几何元素组成,如直线、圆弧、二次曲线等。各几何元素间的连接点叫做基点,例如圆弧与圆弧的切点或交点,直线与圆弧的切点或交点,两直线的交点等。显然,相邻基点间只能是一个几何元素。当零件轮廓曲线(包括圆弧)用直线段逼近时,在满足允许编程误差条件下轮廓曲线被分割成许多直线段,相邻两直线段的交点叫做节点。基点和节点的计算一般比较简单,在此不再赘述。

7. 零件的工艺规程

零件的工艺规程是指用机械加工的方法按规定的顺序把毛坯(或半成品)变成零件的全过程。对于数控加工的零件工艺规程的编制,就是综合不同的工序内容,最终确定出每道工序的加工路线和切削参数等。一个零件的工艺过程是各种各样的,应根据实际情况和具体条件对零件加工中可能会出现的各种不同的方案进行分析,力求制订出一个完善、经济、合理的工艺过程,而且用一个文件予以规定。这个用工艺文件形式规定下来的工艺过程就叫做工艺规程。

工艺规程的作用可归纳如下。

(1) 工艺规程是组织生产的指导性文件 生产的计划和调度、数控加工程序的编制、质量的检查等都是以工艺规程为依据的。

(2) 工艺规程是生产准备工作的依据 在产品投入生产以前,要做好大量的技术准备工作和生产准备工作,例如刀具、夹具、量具的设计、制造或采购;毛坯件的制造或采购;以及必要设备的改装或添置等,所有这些工作都是以工艺规程作为依据来安排和组织的。

零件的工艺过程要能可靠地保证图样上所有技术要求的实现，这是制订工艺规程的基本原则。在制订零件工艺规程的时候，必须先仔细研究零件图样和有关的装配图，弄清图样规定的各项公差和技术要求，并对零件图的机械加工和数控加工的工艺性进行认真分析。这样可以抓住关键，保证这些技术要求在加工中得以实现。如果发现图样某一需要规定得不当，应当向设计负责人提出，希望予以更改。但在未经设计负责人员同意并由他们进行更改之前，不得擅自修改图样或不按图样的技术要求去做。

工艺规程的制订要依据零件的毛坯形状和材料的性质等因素来决定。这些因素和零件的尺寸精度是选择加工余量的决定因素，编程员要结合所使用数控机床的功能，依据零件精度、尺寸、形位公差和技术要求编制工艺规程。

为加强技术文件管理，数控加工工艺文件应该走标准化、规范化的道路，但目前还有较大的困难，在此介绍一种数控加工工序卡文件格式，供参考（详见下节）。

数控加工工序卡与普通加工工序卡有许多相似之处，所不同的是：工序图中应注明编程简要说明（如：数控系统型号、程序介质、程序编号、镜像加工等）及切削参数（主轴转速、进给速度、最大切削深度或宽度等）的选定。

在加工工序中，用数控加工工序卡的形式比较好，可以把工序图、尺寸、技术要求、工序内容及程序要说明的问题集中反映在一张卡片上，做到看见卡片就能加工出所要求的零件。

数控加工中标准的数控加工工序卡和刀具卡片分别详见下节内容。

第三节　数控加工工艺的编制

编写数控加工专用技术文件是数控加工工艺设计的内容之一。这些专用技术文件既是数控加工、产品验收的依据，也是需要操作者遵守、执行的规程；有的则是加工程序的具体说明或附加说明，目的是让操作者更加明确程序的内容、定位装夹方式、各个加工部位所选用的刀具及其他问题。

一、工艺文件的编制原则和编制要求

(1) 工艺文件的编制原则　编制工艺文件应在保证产品质量和有利于稳定生产的条件下，用最经济、最合理的工艺手段并坚持少而精的原则。为此，要做到以下几点：

① 既要具有经济上的合理性和技术上的先进性，又要考虑企业的实际情况，具有适应性。

② 必须严格与设计文件的内容相符合，应尽量体现设计的意图，最大限度地保证设计质量的实现。

③ 要力求文件内容完整正确，表达简洁明了，条理清楚，用词规范严谨，并尽量采用视图加以表达。要做到不需要口头解释，根据工艺规程，就可以进行一切工艺活动。

④ 要体现品质观念，对质量的关键部位及薄弱环节应重点加以说明。

⑤ 尽量提高工艺规程的通用性，对一些通用的工艺应上升为通用工艺。

⑥ 表达形式应具有较大的灵活性及适应性，当发生变化时，文件需要重新编制的比例压缩到最低程度。

(2) 工艺文件的编制要求

① 工艺文件要有统一的格式、统一的幅面，其格式、幅面的大小应符合有关规定，并要装订成册和装配齐全。

② 工艺文件的填写内容要明确、通俗易懂、字迹清楚、幅面整洁。尽量采用计算机编制。
③ 工艺文件所用的文件名称、编号、符号和元器件代号等，应与设计文件一致。
④ 工艺安装图可不完全照实样绘制，但基本轮廓要相似，安装层次应表示清楚。
⑤ 装配接线图中的接线部位要清楚，连接线的接点要明确。
⑥ 编写工艺文件要执行审核、会签、批准手续。

二、数控加工走刀路线图

在数控加工中，常常要注意并防止刀具在运动中与夹具、工件等发生意外的碰撞，为此必须设法告诉操作者关于编程中的刀具运动路线（如从哪里进刀，在哪里退刀等），使操作者在加工前就有所了解并计划好夹紧位置及控制夹紧元件的高度，这样可以减少事故的发生。此外，对有些被加工零件，由于工艺性问题，必须在加工过程中挪动夹紧位置，也需要事先告诉操作者，在哪个程序段前挪动，夹紧点在零件的什么地方，然后更换到什么地方，需要在什么地方事先备好夹紧元件等，以防到时候手忙脚乱或出现安全问题。为简化进给路线图，一般可采取统一约定的符号来表示。不同的机床可以采用不同图例与格式。

三、数控车削加工刀具卡片

表 4-1 是数控车削加工刀具卡片，内容包括与工步相对应的刀具号、刀具名称、刀具型号、刀片型号和牌号、刀尖半径。

表 4-1　刀具卡片

产品名称或代号		××××	零件名称	××××	零件图号		×××
序号	刀具号	刀具规格名称	数量	加工表面	刀尖半径/mm		备注
1							
2							
3							
编制		×××	审核	×××	批准	×××	共1页	第1页

四、数控车削加工工序卡片

数控车削加工工序卡与普通车削加工工序卡有许多相似之处，所不同的是，加工图中应注明编程原点与对刀点，要进行编程简要说明及切削参数的选定，见表 4-2。

表 4-2　数控加工工序卡

单位名称		××××		产品名称或代号	零件名称	零件图号
				××××	××××	×××
工序号		程序编号		夹具名称	使用设备	车间
×××		××××		××××	××××	××××
工步号	工步内容		刀具号	刀具规格	主轴转速	进给速度	背吃刀量	备注
1								
2								
3								
4								
⋮								
n								
编制	×××	审核	×××	批准	×××	年 月 日	共×页	第×页

在工序加工内容不十分复杂的情况下，用数控加工工序卡的形式较好，可以把零件加工图、尺寸、技术要求、工序内容及程序要说明的问题集中反映在一张卡片上，做到一目了然。

五、数控加工程序说明卡片

实践证明，仅用加工程序单和工艺规程来进行实际加工还有许多不足之处。由于操作者对程序的内容不清楚，对编程人员的意图不够明确，经常需要编程人员在现场进行口头解释、说明与指导。若程序是用于长期批量生产的，则编程人员很难每次都到达现场。再者，如编程人员临时不在场或调离，已经熟悉的操作工人不在场或调离，麻烦就更多了，弄不好会造成质量事故或临时停产。因此，对加工程序进行必要的详细说明是很有用的，特别是对于那些需要长时间保存和使用的程序尤其重要，我们可以将数控加工程序说明卡和数控车削加工工序卡片编制在一张卡片上，如表4-2所示数控加工工序卡。

根据应用实践，一般应对加工程序做出说明的主要有以下内容。

① 所用数控设备型号及控制机型号。
② 程序原点、对刀点及允许的对刀误差。
③ 工件相对于机床的坐标方向及位置（用简图表述）。
④ 所用刀具的规格、图号及其在程序中对应的刀具号（如：D03或rm101等），必须按实际刀具半径或长度加大或缩小补偿值的特殊要求（如用同一条程序、同一把刀具利用加大刀具半径补偿值进行粗加工），更换该刀具的程序段号等。
⑤ 整个程序加工内容的顺序安排（相当于工步内容说明与工步顺序），使操作者明白先干什么，后干什么。
⑥ 其他需要作特殊说明的问题，如需要在加工中掉头、更换夹紧点（挪动压板）的计划停车程序段号、中间测量用的计划停车程序段号、允许的最大刀具半径和长度补偿值等。

六、数控车削加工刀具调整图

在刀具调整图中，要反映如下内容。

① 本工序所需刀具的种类、形状、安装位置、预调尺寸和刀尖圆弧半径等，有时还包括刀补组号。
② 刀位点。若以刀具尖点为刀位点时，则刀具调整图中 X 向和 Z 向的预调尺寸终止线交点即为该刀具的刀位点。
③ 工件的安装方式及待加工部位。
④ 工件的坐标原点。
⑤ 主要尺寸的程序设定值。

七、数控加工专用技术文件的编写要求

编写数控加工专用技术文件应像编写工艺规程和加工程序一样认真对待，编写基本要求如下：

① 字迹工整、文字简练达意；
② 加工图清晰、尺寸标注准确无误；
③ 应该说明的问题要全部说得清楚、正确；
④ 文图相符、文字相符，不能互相矛盾；
⑤ 当程序更改时，相应文件要同时更改，须办理更改手续的要及时办理；
⑥ 准备长期使用的程序和文件要统一编号，办理存档手续，建立借阅（借用）、更改、复制等管理制度。

我们将在下一章通过实际加工的编程实例，详细说明整个数控加工中各类加工工艺的编制以及工艺卡片的应用。

第五章 典型零件数控车床加工工艺分析及编程操作

一、螺纹特型轴数控车床零件加工工艺分析及编程

螺纹特型轴零件图如图 5-1 所示。

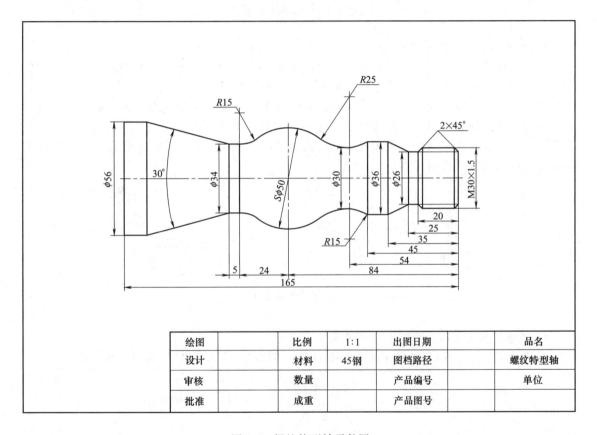

图 5-1 螺纹特型轴零件图

1. 零件图工艺分析

该零件表面由圆柱、圆锥、顺圆弧、逆圆弧及外螺纹等表面组成。球面 Sϕ50mm 的尺寸公差兼有控制该球面形状（线轮廓）误差的作用。尺寸标注完整，轮廓描述清楚。零件材料为 45 钢，无热处理和硬度要求。

通过上述分析，采取以下几点工艺措施。

① 对图样上给定的几个精度要求较高的尺寸，全部取其基本尺寸即可。

② 在轮廓曲线上,有三处为相切之圆弧,其中两处为既过象限又改变进给方向的轮廓曲线,因此在加工时应进行机械间隙补偿,以保证轮廓曲线的准确性。

③ 因为工件较长,右端面应先粗车出并钻好中心孔。毛坯选 $\phi 60\text{mm}$ 棒料。

2. 确定装夹方案

左端采用三爪自定心卡盘定心夹紧,如图 5-2 所示。

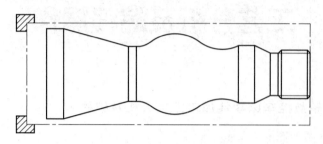

图 5-2　确定装夹方案

3. 确定加工顺序及进给路线

加工顺序按由粗到精、由近到远(由右到左)的原则确定。即先从右到左进行粗车(留 0.2mm 精车余量),然后从右到左进行精车,最后车削螺纹。

数控车床具有粗车循环和车螺纹循环功能,只要正确使用编程指令,机床数控系统就会自行确定其进给路线,因此,该零件的粗车循环、精车循环和车螺纹循环不需要人为确定其进给路线。该零件是从右到左沿零件表面轮廓进给,如图 5-3 所示。螺纹倒角不做工艺性要求,在外圆加工完成以后车削。

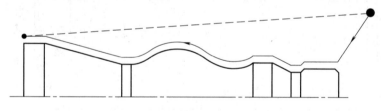

图 5-3　外轮廓加工走刀路线

4. 数学计算(实际生产加工中可省略)

① 题目中圆弧的切点坐标未知,需要计算,如图 5-4 所示,根据相似三角形求解:

$$\frac{25}{a}=\frac{25+25}{30} a=15, \frac{25}{b}=\frac{25+25}{25+15} b=20,得出 A\,(40,-69)$$

$$\frac{15}{c}=\frac{15+25}{24} c=9, \frac{25}{d}=\frac{25+15}{17+15} d=20,得出 B\,(40,-99)$$

② 零件后端 30°锥度处的终点未知,如图 5-5 所示,由三角函数求出:

$$\tan 15°=\frac{11}{a},\ a=41.053,得出 C\,(56,-154.053)$$

5. 刀具选择

① 车轮廓及平端面选用 45°硬质合金右偏刀,防止副后刀面与工件轮廓干涉。

② 将所选定的刀具参数填入表 5-1 数控加工刀具卡中,以便于编程和操作管理。

第五章　典型零件数控车床加工工艺分析及编程操作　**105**

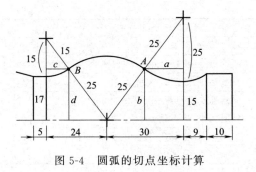

图 5-4　圆弧的切点坐标计算　　　　图 5-5　30°锥度处的终点计算

表 5-1　螺纹特型轴数控加工刀具卡

产品名称或代号	数控车工艺分析实例	零件名称	螺纹特型轴	零件图号	Lathe-01
序号	刀具号	刀具规格名称	数量	加工表面	刀尖半径/mm	备注
1	T01	硬质合金45°外圆车刀	1	车端面及车轮廓		右偏刀
2	T02	切断刀(割槽刀)	1	宽 4mm		
3	T03	硬质合金60°外螺纹车刀	1	螺纹		
编制	×××	审核	×××	批准	×××	共1页	第1页

6. 切削用量选择

① 背吃刀量的选择，轮廓粗车循环时选 3mm。

② 主轴转速的选择，车直线和圆弧时，查表或根据资料得选粗车切削速度 80mm/min、精车切削速度 40mm/min，主轴转速粗车 800r/min、精车 1200r/min。车螺纹时，主轴转速和进给速度由系统自动配给。

将前面分析的各项内容综合成如表 5-2 所示的数控加工工序卡，此表是编制加工程序的主要依据和操作人员配合数控程序进行数控加工的指导性文件，主要内容包括：工步顺序、工步内容、各工步所用的刀具及切削用量等。

表 5-2　螺纹特型轴数控加工工序卡

单位名称	××××	产品名称或代号	零件名称	零件图号
		数控车工艺分析实例	螺纹特型轴	Lathe-01
工序号	程序编号	夹具名称	使用设备	车间
001	Lathe-01	三爪卡盘和活动顶尖	Fanuc 0i	数控中心
工步号	工步内容	刀具号	刀具规格/mm	主轴转速/(r/min)	进给速度/(mm/min)	背吃刀量/mm	备注
1	平端面	T01	25×25	800	80		自动
2	粗车轮廓	T01	25×25	800	80	3	自动
3	精车轮廓	T01	25×25	1200	40	0.2	自动
4	螺纹倒角	T01	25×25	800	80		自动
5	车削螺纹	T03	25×25	系统配给	系统配给		自动
6	切断工件	T02	4×25	800	20		自动
编制	×××	审核	×××	批准	×××	年 月 日	共1页	第1页

7. 数控程序的编制

开始	N010	M03 S800	主轴正转,800r/min
	N020	T0101	换1号外圆车刀
	N030	G98	指定走刀按照mm/min进给
端面	N040	G00 X60 Z0	快速定位至工件端面上方
	N050	G01 X0 F80	做端面,走刀速度80mm/min
粗车	N060	G00 X60 Z3	快速定位循环起点
	N070	G73 U17 W3 R6	X向切削总量为17mm,循环6次
	N080	G73 P90 Q210 U0.2 W0.2 F80	循环程序段90~210
轮廓	N090	G00 X30 Z1	快速定位至轮廓右端1mm处
	N100	G01 Z-18	车削$\phi30$的部分
	N110	G01 X26 Z-20	斜向车削到$\phi26$的右端
	N120	G01 Z-25	车削$\phi26$的部分
	N130	G01 X36 Z-35	斜向车削到$\phi36$的右端
	N140	G01 Z-45	车削$\phi36$的部分
	N150	G02 X30 Z-54 R15	车削$R15$的顺时针圆弧
	N160	G02 X40 Z-69 R25	车削$R25$的顺时针圆弧
	N170	G03 X40 Z-99 R25	车削$\phi50(R25)$的逆时针圆弧
	N180	G02 X34 Z-108 R15	车削$R15$的顺时针圆弧
	N190	G01 Z-113	车削$\phi34$的部分
	N200	G01 X56 Z-154.053	车削30°外圆至$\phi56$的右端
	N210	G01 Z-165	车削$\phi56$的部分
精车	N220	M03 S1200	提高主轴转速,1200r/min
	N230	G70 P90 Q210 F40	精车
倒角	N240	M03 S800	主轴正转,800r/min
	N250	G00 X24 Z1	快速定位至倒角延长线处
	N260	G01 X30 Z-2 F100	车削倒角
	N270	G00 X200 Z200	快速退刀
螺纹	N280	T0303	换螺纹刀
	N290	G00 X32 Z3	定位至螺纹循环起点
	N300	G92 X29.2 Z-22.5 F1.5	第1刀攻螺纹终点
	N310	X28.8	第2刀攻螺纹终点
	N320	X28.5	第3刀攻螺纹终点
	N330	X28.34	第4刀攻螺纹终点
切断	N340	G00 X200 Z200	快速退刀
	N350	T0202	换切断刀,即切槽刀
	N360	M03 S800	主轴正转,800r/min
	N370	G00 X62 Z-169	快速定位至切断处
	N380	G01 X0 F20	切断
结束	N390	G00 X200 Z200	快速退刀
	N400	M05	主轴停
	N410	M30	程序结束

二、细长轴类件数控车床零件加工工艺分析及编程

细长轴类零件图如图5-6所示。

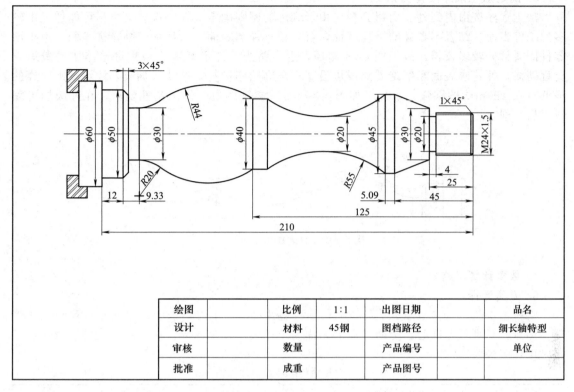

图 5-6 细长轴类零件图

1. 零件图工艺分析

该零件表面由内外圆柱面、顺圆弧、逆圆弧、螺纹退刀槽及外螺纹等表面组成,零件图尺寸标注完整,符合数控加工尺寸标注要求;轮廓描述清楚完整;零件材料为 45 钢,切削加工性能较好,无热处理和硬度要求。

通过上述分析,采取以下几点工艺措施。

① 零件图样上带公差的尺寸取基本尺寸即可。

② 该零件为细长轴零件,加工前,应该先将左右端面车出来,手动粗车端面,钻中心孔。

③ 细长轴零件注意切削用量和进给速度的选择。

2. 确定装夹方案

用三爪自动定心卡盘夹紧,心轴右端留有中心孔并用尾座顶尖顶紧以提高工艺系统的刚性,如图 5-7 所示。(注:实际加工在切断前应撤出顶尖,防止撞刀,本书仅作编程说明。)

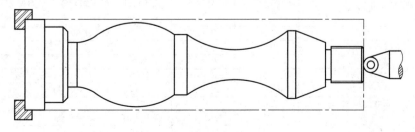

图 5-7 确定装夹方案

3. 确定加工顺序及走刀路线

加工顺序按由内到外、由粗到精、由近到远的原则确定,在一次装夹中尽可能加工出较多的工件表面。结合本零件的结构特征,可先粗车外圆表面,然后加工外轮廓表面。由于该零件圆弧部分较多较长,故采用 G73 循环,走刀路线设计不必考虑最短进给路线或最短空行程路线,外轮廓表面车削走刀路线可沿零件轮廓顺序进行,按路线加工,注意外圆轮廓的最低点在 $\phi 20mm$ 的圆弧处,加工如图 5-8 所示。螺纹倒角不作工艺性要求,在外圆加工完成以后车削。

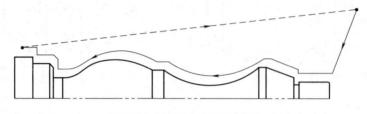

图 5-8 外轮廓加工走刀路线

4. 数学计算(略)

5. 刀具选择

将所选定的刀具参数填入表 5-3 细长轴特型件数控加工刀具卡中,以便于编程和操作管理。注意:车削外轮廓时,为防止副后刀面与工件表面发生干涉。应选择较大的副偏角,必要时可作图检验。

表 5-3 细长轴特型件数控加工刀具卡

产品名称或代号		数控车工艺分析实例	零件名称	细长轴类零件	零件图号	Lathe-02
序号	刀具号	刀具规格名称	数量	加工表面	刀尖半径/mm	备注
1	T01	45°硬质合金端面车刀	1	车端面 1	0.1	25mm×25mm
2	T02	切断刀(割槽刀)	1	宽 4mm		
3	T03	硬质合金 60°外螺纹车刀	1	螺纹		
4	T06	$\phi 5mm$ 中心钻	1	钻 $\phi 5$ 中心孔		2
编制	×××	审核	×××	批准	×××	共 1 页 第 1 页

6. 切削用量选择

根据被加工表面质量要求、刀具材料和工件材料,参考切削用量手册或有关资料选取切削速度与每转进给量,计算主轴转速和进给速度填入表 5-4 工序卡中。

表 5-4 细长轴特型件数控加工工序卡

单位名称	××××	产品名称或代号	零件名称	零件图号
		数控车工艺分析实例	细长轴类零件	Lathe-02
工序号	程序编号	夹具名称	使用设备	车间
001	Lathe-02	三爪卡盘和活动顶尖	Fanuc 0i	数控中心
工步号	工步内容	刀具号	刀具规格/mm	主轴转速/(r/min)	进给速度/(mm/min)	背吃刀量/mm	备注
1	平端面	T01	25×25	800	80		手动
2	钻 5mm 中心孔	T06	$\phi 5$	800	20		手动
3	粗车轮廓	T01	25×25	800	80	1.5	自动
4	精车轮廓	T01	25×25	1200	40	0.2	自动
5	螺纹倒角	T01	25×25	800	80		自动
6	螺纹退刀槽	T02	4×25	800	20		自动
7	车削螺纹	T03	25×25	系统配给	系统配给		自动
8	切断工件	T02	4×25	800	20		自动
编制	×××	审核 ×××	批准 ×××	年 月 日		共 1 页	第 1 页

7. 数控程序的编制

开始	N010	M03 S800	主轴正转,800r/min
	N020	T0101	换 01 号外圆车刀
	N030	G98	指定走刀按照 mm/min 进给
粗车	N040	G00 X65 Z3	端面已做,直接粗车循环
	N050	G73 U22.5 W3 R12	X 向切削总量为 22.5mm,循环 12 次(思考:U 和 R 值如何优化)
	N060	G73 P70 Q190 U0.2 W0.2 F80	循环程序段 70~190
轮廓	N070	G00 X24 Z1	快速定位至轮廓右端 1mm 处
	N080	G01 Z-25	车削 $\phi 24$ 的外圆
	N090	G01 X30	车削 $\phi 30$ 的右端
	N100	G01 X45 Z-45	斜向车削至 $\phi 45$ 的右端
	N110	G01 Z-50.09	车削 $\phi 45$ 的外圆
	N120	G02 X40 Z-116.623 R55	车削 R55 的顺时针圆弧
	N130	G01 Z-125	车削 $\phi 40$ 的外圆
	N140	G03 X38.058 Z-176.631 R44	车削 R44 的逆时针圆弧
	N150	G02 X30 Z-188.67 R20	车削 R20 的顺时针圆弧
	N160	G01 Z-195	车削 $\phi 30$ 的外圆
	N170	G01 X44	车削至 3×45°倒角右侧
	N180	G01 X50 Z-198	车削 3×45°倒角
	N190	G01 Z-210	车削 $\phi 50$ 的外圆
	N200	G01 X61	提刀
精车	N210	M03 S1200	提高主轴转速,1200r/min
	N220	G70 P70 Q190 F40	精车
倒角	N230	M03 S800	主轴正转,800r/min
	N240	G00 X20 Z1	快速定位至倒角延长线处
	N250	G01 X24 Z-1 F80	车削倒角
切槽	N260	G00 X100 Z200	快速退刀准备换刀
	N270	T0202	换 02 号切槽刀
	N280	G00 X35 Z-25	快速定位至槽上方
	N290	G01 X20 F20	切槽,速度 20mm/min
	N300	G04 P1000	暂停 1s,清槽底,保证形状
	N310	G01 X35 F40	提刀
螺纹	N320	G00 X100 Z100	快速退刀
	N330	T0303	换 03 号螺纹刀
	N340	G00 X26 Z3	定位至螺纹循环起点
	N350	G76 P040060 Q100 R0.1	G76 螺纹循环固定格式
	N360	G76 X22.34 Z-23 P830 Q400 R0 F1.5	G76 螺纹循环固定格式
	N370	M00	在实际加工中暂停后撤出顶尖,再执行后续操作
切断	N380	G00 X200 Z200	快速退刀
	N390	T0202	换切断刀,即切槽刀
	N400	M03 S800	主轴正转,800r/min
	N410	G00 X62 Z-214	快速定位至切断处
	N420	G01 X0 F20	切断
	N430	G00 X200 Z200	快速退刀
结束	N440	M05	主轴停
	N450	M30	程序结束

三、特长螺纹轴数控车床零件加工工艺分析及编程

特长螺纹轴零件图如图 5-9 所示。

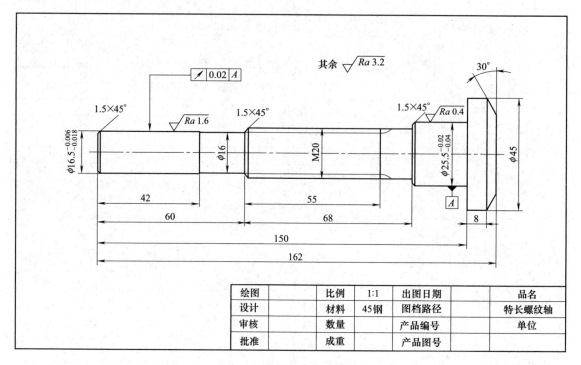

图 5-9 特长螺纹轴零件图

1. 零件图工艺分析

该零件表面由外圆柱面及外螺纹等表面组成,其中多个直径尺寸与轴向尺寸有较高的尺寸精度和表面粗糙度要求。零件图尺寸标注完整,符合数控加工尺寸标注要求;轮廓描述清楚完整;零件材料为 45 钢,切削加工性能较好,无热处理和硬度要求。加工时按照从左到右的顺序进行程序编制和加工。

通过上述分析,采取以下几点工艺措施。

① 零件图样上带公差的尺寸,考虑到公差值影响,故编程时取其平均值。
② 该零件为细长轴零件,加工前,应该先将左右端面车出来,手动粗车端面,钻中心孔。
③ 细长轴零件注意切削用量和进给速度的选择。

2. 确定装夹方案

用三爪自动定心卡盘夹紧,心轴右端留有中心孔并用尾座顶尖顶紧以提高工艺系统的刚性,如图 5-10 所示。

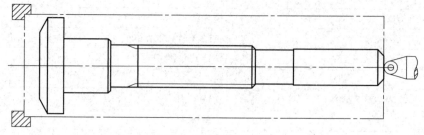

图 5-10 确定装夹方案

3. 确定加工顺序及走刀路线

加工顺序按由内到外、由粗到精、由近到远的原则确定,在一次装夹中尽可能加工出较多的工件表面。结合本零件的结构特征,由于该零件外圆部分由直线构成,故采用 G71 循环,轮廓表面车削走刀路线以一次车削较长尺寸为优,按图 5-11 所示路线加工。

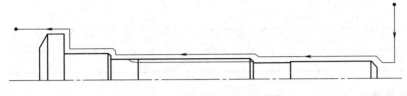

图 5-11 外轮廓加工走刀路线

ϕ16mm 的槽部分不影响螺纹加工,所以在车完螺纹以后切槽,以减少换刀次数,并且由于单边深度只有 0.25mm,故意采用切槽刀采用直线 G01 一次精车完毕,如图 5-12 所示。

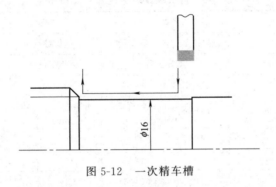

图 5-12 一次精车槽

尾部的 30°角部分加工和切断,用切槽刀一次完成,走刀路线和车削效果如图 5-13 所示。

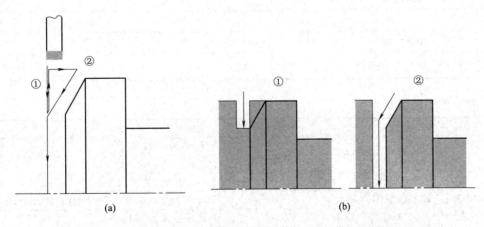

图 5-13 尾部 30°角加工和切断的走刀路线和车削效果

4. 刀具选择

将所选定的刀具参数填入表 5-5 特长螺纹轴零件数控加工刀具卡中,以便于编程和操作管理。

表 5-5　特长螺纹轴零件数控加工刀具卡

产品名称或代号		数控车工艺分析实例		零件名称	特长螺纹轴	零件图号	Lathe-03
序号	刀具号	刀具规格名称	数量	加工表面		刀尖半径/mm	备注
1	T01	45°硬质合金外圆车刀	1	车端面1		0.5	25mm×25mm
2	T02	切断刀(割槽刀)	1	宽4mm			
3	T03	硬质合金60°外螺纹车刀	1	螺纹			
4	T06	ϕ5mm 中心钻	1	钻ϕ5中心孔			2
编制		×××	审核	×××	批准	×××	共1页 第1页

5. 切削用量选择

根据被加工表面质量要求、刀具材料和工件材料,参考切削用量手册或有关资料选取切削速度与每转进给量,计算主轴转速与进给速度(计算过程略),计算结果填入表5-6工序卡中。

表 5-6　特长螺纹轴数控加工工序卡

单位名称	××××	产品名称或代号	零件名称	零件图号			
		数控车工艺分析实例	特长螺纹轴	Lathe-03			
工序号	程序编号	夹具名称	使用设备	车间			
001	Lathe-03	三爪卡盘和活动顶尖	Fanuc 0i	数控中心			
工步号	工步内容	刀具号	刀具规格/mm	主轴转速/(r/min)	进给速度/(mm/min)	背吃刀量/mm	备注
1	平端面	T01	25×25	800	80		手动
2	钻5mm中心孔	T06	ϕ5	800	20		手动
3	粗车轮廓	T01	25×25	800	80	1.5	自动
4	精车轮廓	T01	25×25	1200	40	0.2	自动
5	车削螺纹	T03	25×25	系统配给	系统配给		自动
6	ϕ16的槽	T02		1200	20		自动
7	30°倒角	T02	4×25	800	20		自动
8	切断工件	T02	4×25	800	20		自动
编制	×××	审核	×××	批准	×××	年 月 日	共1页 第1页

6. 数控程序的编制

	N010	M03 S800	主轴正转,800r/min
开始	N020	T0101	换01号外圆车刀
	N030	G98	指定走刀按照mm/min进给
粗车	N040	G00 X60 Z1	端面已做,直接粗车循环
	N050	G71 U1.5 R1	X每次吃刀量为1.5mm,退刀量为1mm
	N060	G71 P70 Q180 U0.2 W0.2 F80	循环程序段70~180
	N070	G00 X13.5	快速定位至轮廓右端1mm处
	N080	G01　Z0	接触工件
轮廓	N090	G01 X16.488 Z-1.5	车削1.5×45°倒角
	N100	G01　Z-60	车削ϕ16.5的外圆
	N110	G01 X17	车削至ϕ17的外圆处

续表

轮廓	N120	G01 X20 Z-61.5	车削 1.5×45°倒角
	N130	G01 Z-128	车削 φ20 的外圆
	N140	G01 X22.5	车削至 φ22.5 的外圆处
	N150	G01 X25.47 Z-129.5	车削 1.5×45°倒角
	N160	G01　　Z-150	车削 φ25.5 的外圆
	N170	G01 X45	车削至 φ45 的外圆处
	N180	G01　　Z-166	车削 φ45 的外圆并让刀宽
精车	N190	M03 S1200	提高主轴转速,1200r/min
	N200	G70 P70 Q180 F40	精车
螺纹	N210	G00 X100 Z100	快速退刀准备换刀
	N220	T0303	换 03 号螺纹刀
	N230	G00 X22 Z-55	定位至螺纹循环起点
	N240	G76 P020260 Q100 R0.1	G76 螺纹循环固定格式
	N250	G76 X17.2325 Z-115 P1384 Q600 R0 F2.5	G76 螺纹循环固定格式（注：此处坐标值 X17.2325,可能有的机床会出现报警或不执行情况,原因是机床系统识别的精度有限,可修改为 X17.233 或符合机床识别的精度数值即可,以后遇到类似例题,均不再赘述）
精车浅槽	N260	G00 X100 Z100	快速退刀准备换刀
	N270	T0202	换 02 号切槽刀
	N280	M03 S1200	提高主轴转速,1200r/min
	N290	G00 X17 Z-46	快速定位至槽上方
	N300	G01 X16	切槽,速度 20mm/min
	N310	G01 Z-60 F20	横向车削槽
	N320	G01 X50　　F80	提刀
	N330	M00	在实际加工中暂停后撤出顶尖,再执行后续操作
30°倒角	N340	G00　　Z-166	定位至工件尾部
	N350	M03 S800	主轴转速降为 800r/min
	N360	G01 X31.135　F20	切第一次,为 30°倒角做准备
	N370	G01 X45　　　F40	提刀
	N380	G01　　Z-162	定位至 30°倒角的位置
	N390	G01 X31.135 Z-166 F20	斜向车削,做倒角
切断	N400	G01 X0	切断
结束	N410	G00 X200 Z200	快速退刀
	N420	M05	主轴停
	N430	M30	程序结束

四、复合轴数控车床零件加工工艺分析及编程

复合轴零件图如图 5-14 所示。

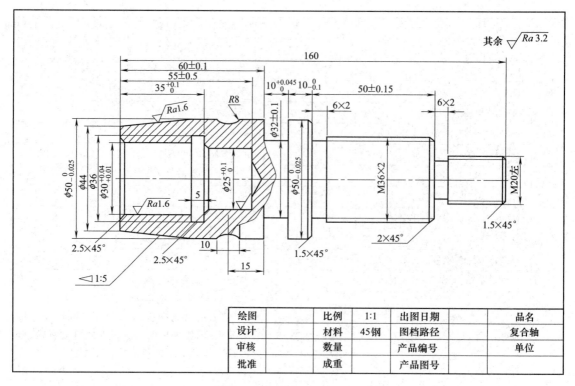

图 5-14 复合轴零件图

1. 零件图工艺分析

该零件表面由内外圆柱面及外螺纹等表面组成,其中多个直径尺寸与轴向尺寸有较高的尺寸精度和表面粗糙度要求。零件图尺寸标注完整,符合数控加工尺寸标注要求;轮廓描述清楚完整;零件材料为 45 钢,切削加工性能较好,无热处理和硬度要求。加工时按照从右到左的顺序进行程序编制和加工。

通过上述分析,采取以下几点工艺措施。

① 零件图样上带公差的尺寸,因长度尺寸公差值较小,故编程时不必取其平均值,而取基本尺寸即可;直径考虑到配合件的套入,取中差值。

② 左右端面均为多个尺寸的设计基准,注意尺寸的选择和加工速度的确定。

③ 零件需要掉头加工,注意掉头的对刀和端面找准。

2. 确定装夹方案、加工顺序及走刀路线

① 先加工右侧带有两个螺纹的部分。

用三爪自动定心卡盘夹紧,加工顺序按由外到内、由粗到精、由近到远的原则确定,在一次装夹中尽可能加工出较多的工件表面。结合本零件的结构特征,可先粗车外圆表面,然后加工外轮廓表面。由于该零件外圆部分由直线构成,故采用 G71 循环,轮廓表面车削走刀路线可沿零件轮廓顺序进行,按路线加工,加工如图 5-15 所示。

② 掉头加工左侧外圆并带有内圆的部分。

先用铜皮将 M36×2 的螺纹处包好,再用三爪自动定心卡盘夹紧,加工顺序按照由外到内、由粗到精、由近到远的原则确定。结合本零件的结构特征,可先粗车外圆表面,然后加工外轮廓表面。由于该零件外圆部分由直线和圆弧构成,故采用 G73 循环,轮廓表面车削走刀路线可沿零件轮廓顺序进行,按路线加工。内圆部分先钻孔,后镗孔,再用镗孔刀精车

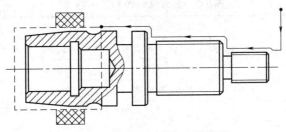

图 5-15 右侧加工走刀路线

内圆,如图 5-16 所示。

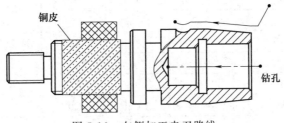

图 5-16 左侧加工走刀路线

3. 刀具选择

将所选定的刀具参数填入表 5-7 复合轴数控加工刀具卡中,以便于编程和操作管理。注意:车削外轮廓时,为防止副后刀面与工件表面发生干涉,应选择较大的副偏角,必要时可作图检验。

表 5-7 复合轴数控加工刀具卡

产品名称或代号		数控车工艺分析实例	零件名称	复合轴	零件图号	Lathe-04
序号	刀具号	刀具规格名称	数量	加工表面	刀尖半径/mm	备注
1	T01	45°硬质合金外圆车刀	1	车端面	0.5	25mm×25mm
2	T02	宽3mm切断刀(割槽刀)	1	宽4mm		
3	T03	硬质合金60°外螺纹车刀	0	螺纹		
4	T04	内圆车刀	0			2mm
5	T05	宽4mm镗孔刀		镗内孔基准面		
6	T06	宽3mm内割刀(内切槽刀)	1	宽3mm		
7	T07	φ10mm中心钻	1			
编制		×××	审核	×××	批准	×××	共1页	第1页

4. 切削用量选择

根据被加工表面质量要求、刀具材料和工件材料,参考切削用量手册或有关资料选取切削速度与每转进给量,计算结果填入表 5-8 工序卡中。

表 5-8 复合轴数控加工工序卡

单位名称	××××	产品名称或代号		零件名称	零件图号
		数控车工艺分析实例		复合轴	Lathe-04
工序号	程序编号	夹具名称		使用设备	车间
001	Lathe-04	卡盘和自制心轴		Fanuc 0i	数控中心
工步号	工步内容	刀具号	刀具规格/mm	主轴转速/(r/min)	进给速度/(mm/min)	背吃刀量/mm	备注
1	平端面	T01	25×25	800	80		自动
2	粗车外轮廓	T01	25×25	800	80	1.5	自动
3	精车外轮廓	T01	25×25	1200	40	0.2	自动
4	切槽（共3个）	T02	4×25	800	20		自动
5	车 M20、M36 螺纹	T03	20×20	系统配给	系统配给		自动
6	掉头装夹						
7	粗车外轮廓	T01	25×25	800	80	1.5	自动
8	精车外轮廓	T01	25×25	1200	40	0.2	自动
9	钻底孔	T07	φ10mm	800	15		自动
10	镗 φ25 和 φ30 孔	T05	20×20	800	20		自动
11	精车内孔	T05	20×20	1100	30		自动
12	切内槽	T06	18×18	700	20	3	自动
编制	×××	审核	×××	批准	×××	年 月 日	共1页	第1页

5. 数控程序的编制
（1）加工零件的右侧（带有双螺纹的部分）

开始	N010	M03 S800	主轴正转，800r/min
	N020	T0101	换01号外圆车刀
	N030	G98	指定走刀按照 mm/min 进给
端面	N040	G00 X60 Z0	快速定位至工件端面上方
	N050	G01 X0 F80	做端面，走刀速度80mm/min
粗车	N060	G00 X60 Z2	快速定位循环起点
	N070	G71 U1.5 R1	X 向每次吃刀量为1.5mm，退刀量为1mm
	N080	G71 P90 Q180 U0.2 W0.2 F80	循环程序段90～180
轮廓	N090	G00 X17	快速定位至轮廓右端2mm处
	N100	G01 Z0	接触工件
	N110	G01 X20 Z-1.5	车削1.5×45°倒角
	N120	G01 Z-30	车削 φ20 的外圆
	N130	G01 X32	车削至 φ32 的外圆处
	N140	G01 X36 Z-32	车削2×45°倒角
	N150	G01 Z-80	车削 φ36 的外圆

续表

轮廓	N160	G01 X47	车削至 φ47 的外圆处
	N170	G01 X49.9875 Z-81.5	车削 1.5×45°倒角
	N180	G01 Z-110	车削 φ50 的外圆
精车	N190	M03 S1200	提高主轴转速,1200r/min
	N200	G70 P90 Q180 F40	精车循环
切槽	N210	M03 S800	降低主轴转速,800r/min
	N220	G00 X100 Z100	快速退刀,准备换刀
	N230	T0202	换 02 号切槽刀
	N240	G00 X38 Z-27	快速定位至槽上方,切削 φ16 的槽
	N250	G75 R1	G75 切槽循环固定格式
	N260	G75 X16 Z-30 P3000 Q2800 R0 F20	G75 切槽循环固定格式
	N270	G00 X51 Z-77	快速定位至槽上方,切削 φ32 的槽
	N280	G75 R1	G75 切槽循环固定格式
	N290	G75 X32 Z-80 P3000 Q2800 R0 F20	G75 切槽循环固定格式
	N300	G00 X51 Z-93	快速定位至槽上方,切削 φ32 的槽
	N310	G75 R1	G75 切槽循环固定格式
	N320	G75 X32 Z-100 P3000 Q2800 R0 F20	G75 切槽循环固定格式
螺纹	N330	G00 X100 Z100	快速退刀,准备换刀
	N340	T0303	换 03 号螺纹刀
	N350	G00 X22 Z-27	攻 M20 反螺纹,定位在螺纹后部
	N360	G76 P020060 Q100 R0.1	G76 螺纹循环固定格式
	N370	G76 X17.2325 Z3 P1384 Q600 R0 F2.5	G76 螺纹循环固定格式,向前加工
	N380	G00 X38 Z-27	定位循环起点,攻 M30×2 的螺纹
	N390	G76 P020060 Q100 R0.1	G76 螺纹循环固定格式
	N400	G76 X33.786 Z-77 P1107 Q500 R0 F2	G76 螺纹循环固定格式
结束	N410	G00 X200 Z200	快速退刀
	N420	M05	主轴停
	N430	M30	程序结束

(2) 加工零件的左侧(带有内孔的部分)

开始	N010	M03 S800	主轴正转,800r/min
	N020	T0101	换 01 号外圆车刀
	N030	G98	指定走刀按照 mm/min 进给
端面	N040	G00 X60 Z0	快速定位至工件端面上方
	N050	G01 X0 F80	做端面,走刀速度 80mm/min

续表

	N060	G00 X60 Z3	快速定位循环起点
粗车	N070	G73 U8 W2 R4	X 向切削总量为 8mm,循环 4 次
	N080	G73 P90 Q130 U0.1 W0.1 F80	循环程序段 90～130
轮廓	N090	G00 X44 Z1	快速定位至轮廓右端 1mm 处
	N100	G01 Z0	接触工件
	N110	G01 X50 Z-30	斜向车削至 φ50 的右端
	N120	G01 Z-40	车削 φ50 的外圆
	N130	G02 X49.9875 Z-50 R8	车削 R8 的顺圆弧
精车	N140	M03 S1200	提高主轴转速,1200r/min
	N150	G70 P90 Q130 F40	精车
钻孔	N160	M03 S800	主轴正转,800r/min
	N170	G00 X150 Z150	快速退刀,准备换刀
	N180	T0707	换 07 号钻头
	N190	G00 X0 Z1	快速定位至孔外部
	N200	G01 Z-57 F15	钻孔
	N210	G01 Z1	退出孔
镗孔	N220	G00 X150 Z150	快速退刀,准备换刀
	N230	T0505	换 05 号镗孔刀
	N240	G00 X16 Z1	定位镗孔循环的起点,镗 φ25 孔
	N250	G74 R1	G74 镗孔循环固定格式
	N260	G74 X25.05 Z-55 P3000 Q3800 R0 F20	G74 镗孔循环固定格式
	N270	G00 X24 Z1	定位镗孔循环的起点,镗 φ30 孔
	N280	G74 R1	G74 镗孔循环固定格式
	N290	G74 X30.025 Z-35 P3000 Q3800 R0 F20	G74 镗孔循环固定格式
精车内孔	N300	M03 S1100	提高主轴转速,1100r/min
	N310	G00 X32 Z1	快速定位至 φ32 右端 1mm 处
	N320	G01 X32 Z0 F30	接触工件,走刀速度为 30mm/min
	N330	G01 X30.025 Z-1	车削右端倒角(带公差)
	N340	G01 Z-35	车削 φ30 的内圆
	N350	G01 X25.05 Z-37.5	车削中间倒角(带公差)
	N360	G01 Z-55	车削 φ25 的内圆
	N370	G01 X0	车削孔底,清除杂质
	N380	G01 Z2 F80	退出内孔

续表

	N390	M03 S700	降低主轴转速,700r/min
切槽	N400	G00 X150 Z150	快速退刀,准备换刀
	N410	T0606	换65号内割刀(内切槽刀)
	N420	G00 X28 Z2	快速定位至孔的右端2mm处
	N430	G01X28 Z-33 F40	伸入孔,定位循环起点
	N440	G75 R1	G75切槽循环固定格式
	N450	G75 X36 Z-35 P3000 Q2800 R0 F20	G75切槽循环固定格式
	N460	G01 X28 Z2 F40	退出内孔
结束	N470	G00 X200 Z200	快速退刀
	N480	M05	主轴停
	N490	M30	程序结束

注:对于有公差的尺寸,根据实际情况判断是否需要计算,以后的例题也如此。

五、圆锥销配合件数控车床零件加工工艺分析及编程

圆锥销配合件零件图如图5-17所示。

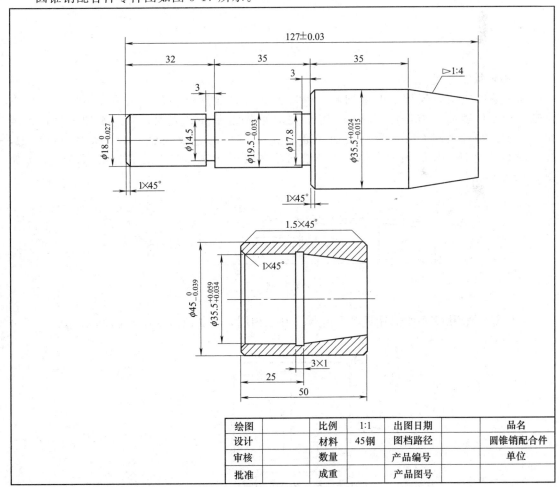

图 5-17 圆锥销配合件零件图

1. 零件图工艺分析

该零件表面由内外圆柱面及外螺纹等表面组成，其中多个直径尺寸与轴向尺寸有较高的尺寸精度和表面粗糙度要求。零件图尺寸标注完整，符合数控加工尺寸标注要求；轮廓描述清楚完整；零件材料为 45 钢，切削加工性能较好，无热处理和硬度要求。加工时按照从左到右的顺序进行程序编制和加工。

通过上述分析，采取以下几点工艺措施。

① 零件图样上带公差的尺寸，因公差值涉及零件配套使用，故编程时一般取其平均值。
② 左右端面均为多个尺寸的设计基准，相应工序加工前，应该先将左右端面车出来。
③ 细长轴零件注意切削用量和进给速度的选择。
④ 套件的车削注意公差的取值，一般内圆部分取其平均值或公差上限。

2. 确定装夹方案

用三爪自动定心卡盘夹紧，如图 5-18 所示。

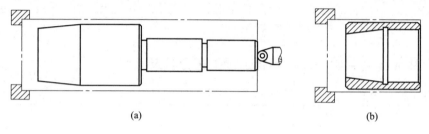

图 5-18　确定装夹方案

3. 确定加工路线

加工顺序按由内到外、由粗到精、由近到远的原则确定，在一次装夹中尽可能加工出较多的工件表面。结合本零件的结构特征，可先粗车外圆表面，然后精加工外轮廓表面。由于该零件外圆部分由外圆直线和部分 X 值减少的直线构成，为一次性编程加工，故采用 G73 循环，轮廓表面车削走刀路线可沿零件轮廓顺序进行，按路线加工，加工如图 5-19 所示。

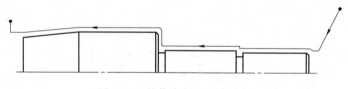

图 5-19　外轮廓加工走刀路线

套件部分先用 G73 加工外圆，再用 G74 加工内圆，加工路线如图 5-20 所示。

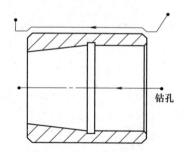

图 5-20　套件外圆及内圆加工路线

4. 刀具选择

将所选定的刀具参数填入表 5-9 圆锥销配合件数控加工刀具卡中，以便于编程和操作管理。注意：车削外轮廓时，为防止副后刀面与工件表面发生干涉。应选择较大的副偏角，必要时可作图检验。

表 5-9　圆锥销配合件数控加工刀具卡

产品名称或代号		数控车工艺分析实例	零件名称		圆锥销配合件	零件图号	Lathe-05
序号	刀具号	刀具规格名称	数量		加工表面	刀尖半径/mm	备注
1	T01	45°硬质合金外圆车刀	1		车端面	0.5	25mm×25mm
2	T02	宽 3mm 切断刀（割槽刀）	1		宽 3mm		
3	T03	硬质合金 60°外螺纹车刀	1		螺纹		
4	T04	内圆车刀	1				2mm
5	T05	宽 4mm 镗孔刀	1		镗内孔基准面		
6	T06	宽 3mm 内割刀（内切槽刀）	1		宽 3mm		
7	T07	φ10mm 钻头	1				
8	T08	φ5mm 中心钻	1		钻 φ5 中心孔		
编制	×××	审核	×××	批准	×××	共 1 页	第 1 页

5. 切削用量选择

根据被加工表面质量要求、刀具材料和工件材料，参考切削用量手册或有关资料选取切削速度与每转进给量，计算结果填入表 5-10 工序卡中。

表 5-10　圆锥销配合件数控加工工序卡

（1）加工圆锥销的部分

单位名称	××××		产品名称或代号	零件名称		零件图号	
			数控车工艺分析实例	圆锥销配合件		Lathe-05	
工序号	程序编号		夹具名称	使用设备		车间	
001	Lathe-05		三爪卡盘和活动顶尖	Fanuc 0i		数控中心	
工步号	工步内容	刀具号	刀具规格/mm	主轴转速/(r/min)	进给速度/(mm/min)	背吃刀量/mm	备注
1	平端面	T01	25×25	800	80		手动
2	钻 5mm 中心孔	T08	φ5	800	20		手动
3	粗车轮廓	T01	25×25	800	80	1	自动
4	精车轮廓	T01	25×25	1200	40	0.2	自动
5	切 φ14.5 和 φ18 槽	T02		800	20		自动
6	切断工件	T02	3×25	800	20		自动
编制	×××	审核	×××	批准	×××	年 月 日	共 1 页　第 1 页

续表

(2)加工圆锥销套的部分

单位名称	××××	产品名称或代号		零件名称	零件图号		
		数控车工艺分析实例		圆锥销配合件	Lathe-05		
工序号	程序编号	夹具名称		使用设备	车间		
001	Lathe-05	卡盘和自制心轴		Fanuc 0i	数控中心		
工步号	工步内容	刀具号	刀具规格/mm	主轴转速/(r/min)	进给速度/(mm/min)	背吃刀量/mm	备注
1	粗车外轮廓	T01	25×25	800	80	1.5	自动
2	精车外轮廓	T01	25×25	800	80	0.2	自动
3	钻孔	T07	φ10mm	800	20		自动
4	镗内孔	T05	20×20	800	60		自动
5	精车内孔	T05	20×20	1000	30		自动
6	切内槽	T06	18×18	700	15		自动
7	切断	T02	3×25	700	20		自动
编制	×××	审核	×××	批准	×××	年 月 日	共1页 第1页

6. 数控程序的编制
(1) 加工圆锥销的部分

开始	N010	M03 S800	主轴正转,800r/min
	N020	T0101	换01号外圆车刀
	N030	G98	指定走刀按照 mm/min 进给
粗车	N040	G00 X55 Z2	快速定位循环起点
	N050	G73 U19.5 W2 R10	X 向总吃刀量为 19.5mm,循环 10 次(思考:U 和 R 值如何优化,可否用 G71 编程)
	N060	G73 P90 Q200 U0.1 W0.1 F80	循环程序段 90~200
轮廓	N070	G00 X16	快速定位至轮廓右端 2mm 处
	N080	G01　Z0	接触工件
	N090	G01 X17.9865 Z−1	车削 1.5×45° 倒角
	N100	G01　Z−33	车削 φ17.9865 的外圆
	N110	G01 X19.4835	车削至 φ19.4835 的外圆处
	N120	G01　Z−67	车削 φ19.4835 的外圆
	N130	G01 X33.5	车削至 φ33.5 的外圆处
	N140	G01 X35.5045 Z−68	车削 1.5×45° 倒角
	N150	G01　Z−102	车削 φ35.5045 的外圆
	N160	G01 X29.25 Z−127	斜向车削至尾部
	N170	G01　Z−130	为切槽让一个刀宽
	N180	G01 X48	抬刀

续表

精车	N190	M03 S1200	提高主轴转速,1200r/min
	N200	G70 P90 Q200 F40	精车循环
切槽	N210	M03 S800	降低主轴转速,800r/min
	N220	G00 X100 Z100	快速退刀,准备换刀
	N230	T0202	换02号切槽刀
	N240	G00 X20 Z−32	定位至第一个槽的正上方
	N250	G01 X14.5 F20	切槽
	N260	G04 P1000	暂停1s,清理槽底
	N270	G01 X20 F40	抬刀
	N280	G00 X36 Z−67	定位至第二个槽的正上方
	N290	G01 X17.8 F20	切槽
	N300	G04 P1000	暂停1s,清槽底
	N310	G01 X50 F40	抬刀
切断	N320	G00 X50 Z−130	快速定位至工件尾部
	N330	G01 X0 F20	切断
结束	N340	G00 X200 Z200	快速退刀
	N350	M05	主轴停
	N360	M30	程序结束

(2) 加工圆锥销套的部分

开始	N010	M03 S800	主轴正转,800r/min
	N020	T0101	换01号外圆车刀
端面	N030	G98	指定走刀按照mm/min进给
	N040	G00 X60 Z0	快速定位至工件端面上方
	N050	G01 X0 F80	做端面,走刀速度80mm/min
粗车	N060	G00 X55 Z2	快速定位循环起点
	N070	G73 U6.5 W2 R5	X向切削总量为8mm,循环4次
	N080	G73 P90 Q140 U0.1 W0.1 F80	循环程序段90~140
轮廓	N090	G00 X39 Z1.5	快速定位至倒角延长线起点
	N100	G01 X44.9805 Z−1.5	车削1.5×45°倒角
	N110	G01 Z−48.5	车削φ44.9805的外圆
	N120	G01 X42 Z−50	车削1.5×45°倒角
	N130	G01 Z−53	为切槽让一个刀宽
	N140	G01 X55	抬刀

续表

精车	N150	M03 S1200	提高主轴转速,1200r/min
	N160	G70 P90 Q140 F40	精车
钻孔	N170	M03 S800	主轴正转,800r/min
	N180	G00 X150 Z150	快速退刀,准备换刀
	N190	T0707	换 07 号钻头
	N200	G00 X0 Z1	用镗孔循环钻孔,有利于排屑
	N210	G74 R1	G74 镗孔循环固定格式
	N220	G74 X0 Z－55 P3000 Q0 R0 F20	G74 镗孔循环固定格式
镗孔	N230	G00 X150 Z150	快速退刀,准备换刀
	N240	T0505	换 05 号镗孔刀
	N250	G00 X16 Z1	镗孔循环的起点,镗 ϕ29.25 孔
	N260	G74 R1	G74 镗孔循环固定格式
	N270	G74 X29.25 Z－52 P3000 Q3800 R0 F20	G74 镗孔循环固定格式
	N280	G00 X26 Z1	镗孔循环的起点,镗 ϕ35.5465 孔
	N290	G74 R1	G74 镗孔循环固定格式
	N300	G74 X35.5465 Z－25 P3000 Q3800 R0 F20	G74 镗孔循环固定格式
精车内孔	N310	M03 S1000	提高主轴转速,1000r/min
	N320	G00 X37.5 Z1	快速定位至 ϕ32 右端 1mm 处
	N330	G01 X37.5 Z0 F30	接触工件
	N340	G01 X25.5465 Z－1	车削右端倒角
	N350	G01 Z－25	车削 ϕ30 的内圆
	N360	G01 X29.25 Z－50	车削中间锥度部分
	N370	G01 Z2 F80	退出孔
切槽	N380	M03 S700	降低主轴转速,700r/min
	N390	G00 X150 Z150	快速退刀,准备换刀
	N400	T0606	换 06 号内割刀(内切槽刀)
	N410	G00 X30 Z2	快速定位至孔的右端 2mm 处
	N420	G01 X30 Z－25 F40	伸入孔,定位槽正下方
	N430	G01 X37.5 F15	切槽
	N440	G04 P1000	暂停 1s,清理槽底
	N450	G01 X30 F40	退出槽
	N460	G01 Z2 F80	退出空

续表

	N470	G00 X200 Z200	快速退刀
切断	N480	T0202	换02号4
	N490	G00 X50 Z-53	快速定位至尾部
	N500	G01 X20 F20	切断
结束	N510	G00 X200 Z200	快速退刀
	N520	M05	主轴停
	N530	M30	程序结束

六、螺纹手柄数控车床零件加工工艺分析及编程

螺纹手柄零件图如图 5-21 所示。

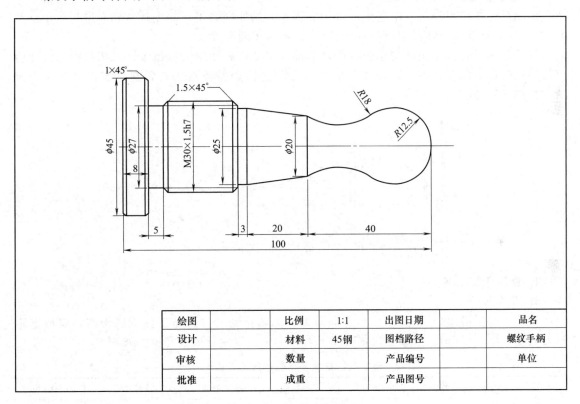

图 5-21 螺纹手柄零件图

1. 零件图工艺分析

该零件表面由圆柱、圆锥、顺圆弧、逆圆弧及螺纹等表面组成。尺寸标注完整，轮廓描述清楚。零件材料为 45 钢，无热处理和硬度要求。

通过上述分析，采取以下几点工艺措施。

① 对图样上给定的尺寸，全部取其基本尺寸即可。

② 在轮廓曲线上，应取三处为圆弧，分别为相切圆弧切入，后接零件圆弧部分，保证右端原点处的表面光洁，再接逆时针圆弧加工至 φ20mm 处，以保证轮廓曲线的准确性。

2. 确定装夹方案

确定坯件轴线和右端面（设计基准）为定位基准。左端采用三爪自定心卡盘定心夹紧。如图 5-22 所示。

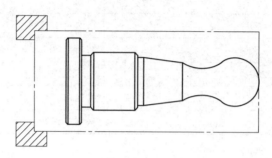

图 5-22 装夹方案

3. 确定加工顺序及进给路线

加工顺序按由粗到精、由近到远（由右到左）的原则确定。即先从右到左进行粗车（留 0.2mm 精车余量），然后从右到左进行精车，最后车削螺纹。

数控车床具有粗车循环和车螺纹循环功能，只要正确使用编程指令，机床数控系统便会自行确定其进给路线，因此，该零件的粗车循环、精车循环是从右到左沿零件表面轮廓进给，如图 5-23 所示。

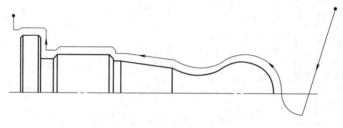

图 5-23 精车轮廓进给路线

4. 数学计算（略）

5. 刀具选择

车轮廓及平端面选用 45°硬质合金右偏刀，为防止副后刀面与工件轮廓干涉，将所选定的刀具参数填入表 5-11 螺纹手柄数控加工刀具卡中，以便于编程和操作管理。

表 5-11 螺纹手柄数控加工刀具卡

产品名称或代号		数控车工艺分析实例		零件名称	螺纹手柄	零件图号	Lathe-06
序号	刀具号	刀具规格名称		数量	加工表面	刀尖半径/mm	备注
1	T01	硬质合金 45°外圆车刀		1	车端面及车轮廓		右偏刀
2	T02	切断刀（割槽刀）		1	宽 3mm		
3	T03	硬质合金 60°外螺纹车刀		1	螺纹		
编制		×××	审核	×××	批准 ×××	共 1 页	第 1 页

6. 切削用量选择

① 背吃刀量的选择。轮廓粗车循环时选 2mm。

② 主轴转速的选择。车直线和圆弧时，查表或根据材料得粗车切削速度 80mm/min、

精车切削速度 40mm/min，主轴转速粗车 800r/min、精车 1200r/min。

将前面分析的各项内容综合成如表 5-12 工序卡，此表是编制加工程序的主要依据和操作人员配合数控程序进行数控加工的指导性文件，主要内容包括：工步顺序、工步内容、各工步所用的刀具及切削用量等。

表 5-12 螺纹手柄数控加工工序卡

单位名称		××××	产品名称或代号		零件名称	零件图号	
			数控车工艺分析实例		螺纹手柄	Lathe-06	
工序号		程序编号	夹具名称		使用设备	车间	
001		Lathe-06	三爪卡盘和活动顶尖		Fanuc 0i	数控中心	
工步号		工步内容	刀具号	刀具规格/mm	主轴转速/(r/min)	进给速度/(mm/min)	背吃刀量/mm	备注
1		粗车轮廓	T01	25×25	800	80	3	自动
2		精车轮廓	T01	25×25	1200	40	0.2	自动
3		车削螺纹	T03	25×25	系统配给	系统配给		自动
4		切断工件	T02	3×25	800	20		自动
编制	×××	审核	×××	批准	×××	年 月 日	共1页	第1页

7. 数控程序的编制

开始	N010	M03 S800	主轴正转，800r/min
	N020	T0101	换 1 号外圆车刀
	N030	G98	指定走刀按照 mm/min 进给
粗车	N040	G00 X52 Z3	快速定位循环起点
	N050	G73 U26 W2 R13	X 向切削总量为 26mm，循环 13 次
	N060	G73 P70 Q250 U0.2 W0.2 F80	循环程序段 70～250
轮廓	N070	G00 X-4 Z2	快速定位至相切圆弧的起点处
	N080	G02 X0 Z0 R2	车削 R2 的顺时针圆弧
	N090	G03 X20.47 Z-19.676 R12.5	车削 R12.5 的逆时针圆弧
	N100	G02 X20 Z-40 R18	车削 R18 的顺时针圆弧
	N110	G01 X25 Z-60	斜向车削至 φ25 的右端
	N120	G01 Z-63	车削 φ25 的外圆
	N130	G01 X27	车削至 φ27 处
	N140	G01 X30 Z-64.5	螺纹前端倒角
	N150	G01 Z-85.5	车削 φ30 的外圆
	N160	G01 X27 Z-87	螺纹尾部倒角
	N170	G01 Z-92	车削 φ27 的外圆
	N180	G01 X43	车削至 φ43 处
	N190	G01 X45 Z-93	车削 φ45 外圆的前端倒角

续表

轮廓	N200	G01 Z-99	车削φ45的外圆
	N210	G01 X43 Z-100	车削φ45外圆的尾部倒角
	N220	G01 Z-103	车削φ43的外圆,为切槽让刀宽
	N230	G01 X60	提刀
精车	N240	M03 S1200	提高主轴转速,1200r/min
	N250	G70 P70 Q250 F40	精车
螺纹	N260	M03 S800	主轴正转,800r/min
	N270	G00 X200 Z200	快速退刀
	N280	T0303	换螺纹刀
	N290	G00 X32 Z-60	定位至螺纹循环起点
	N300	G92 X29 Z-89 F1.5	第1刀攻螺纹终点
	N310	X28.6	第2刀攻螺纹终点
	N320	X28.34	第3刀攻螺纹终点
切断	N330	G00 X200 Z200	快速退刀
	N340	T0202	换切断刀,即切槽刀
	N350	M03 S800	主轴正转,800r/min
	N360	G00 X62 Z-103	快速定位至切断处
	N370	G01 X0 F20	切断
	N380	G00 X200 Z200	快速退刀
结束	N390	M05	主轴停
	N400	M30	程序结束

七、单球手柄数控车床零件加工工艺分析及编程

单球手柄零件如图 5-24 所示。

1. 零件图工艺分析

该零件表面由内外圆柱面及外螺纹等表面组成,其中多个直径尺寸与轴向尺寸有较高的尺寸精度和表面粗糙度要求。零件图尺寸标注完整,符合数控加工尺寸标注要求;轮廓描述清楚完整;零件材料为 45 钢,切削加工性能较好,无热处理和硬度要求。加工时按照从左到右的顺序进行程序编制和加工。由于外圆的滚花需预留尺寸,一般取 0.1~0.5mm,之后制作滚花不在编程范围之内,故不做考虑。

通过上述分析,采取以下几点工艺措施。

① 零件图样上带公差的尺寸,因公差值影响加工,故编程时取中间值即可。

② 加工时以球头端为加工的设计基准。

③ 注意加工时避免产生刀具干涉,并注意切削用量和进给速度的选择。

④ 在轮廓曲线上,应取三处为圆弧。最前端为相切圆弧切入,后接零件圆弧部分,保证右端的表面光洁,以保证轮廓曲线的准确性。

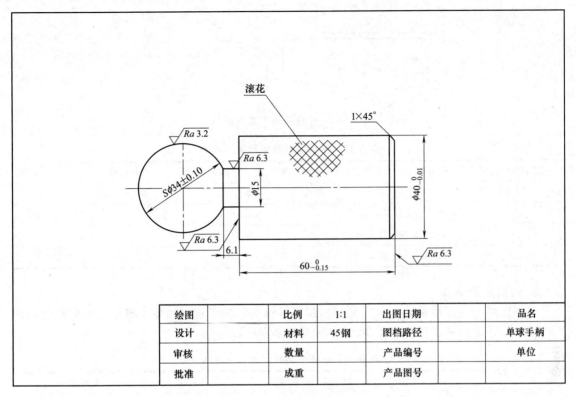

图 5-24 单球手柄零件图

2. 确定装夹方案

用三爪自动定心卡盘如图示夹紧，如图 5-25 所示。

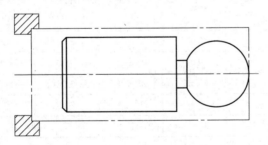

图 5-25 零件装夹方案

3. 确定加工顺序及走刀路线

加工顺序按由内到外、由粗到精、由近到远的原则确定，在一次装夹中尽可能加工出较多的工件表面。结合本零件的结构特征，可先粗车外圆表面，然后加工外轮廓表面。由于该零件外圆部分由直线和圆弧构成，故采用 G73 循环，轮廓表面车削走刀路线可沿零件轮廓顺序进行，按路线加工，如图 5-26 所示。

4. 刀具选择

将所选定的刀具参数填入表 5-13 单球手柄数控加工刀具卡中，以便于编程和操作管理。注意：车削外轮廓时，为防止副后刀面与工件表面发生干涉。应选择较大的副偏角，必要时可作图检验。

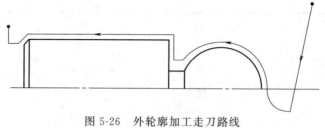

图 5-26 外轮廓加工走刀路线

表 5-13 单球手柄数控加工刀具卡

产品名称或代号		数控车工艺分析实例		零件名称	单球手柄	零件图号	Lathe-07
序号	刀具号	刀具规格名称	数量	加工表面	刀尖半径/mm		备注
1	T01	35°硬质合金外圆车刀	1	车端面	0.5		25mm×25mm
2	T02	切断刀(割槽刀)	1	宽4mm			
编制	×××	审核	×××	批准	×××	共1页	第1页

5. 切削用量选择

根据被加工表面质量要求、刀具材料和工件材料,参考切削用量手册或有关资料选取切削速度与每转进给量,计算结果填入表 5-14 工序卡中。

表 5-14 单球手柄数控加工工序卡

单位名称	××××	产品名称或代号	零件名称	零件图号
		数控车工艺分析实例	单球手柄	Lathe-07
工序号	程序编号	夹具名称	使用设备	车间
001	Lathe-07	三爪卡盘和活动顶尖	Fanuc 0i	数控中心
工步号	工步内容	刀具号	刀具规格/mm	主轴转速/(r/min)	进给速度/(mm/min)	背吃刀量/mm	备注
1	粗车轮廓	T01	25×25	800	80	3	自动
2	精车轮廓	T01	25×25	1200	40	0.2	自动
3	车削螺纹	T03	25×25	系统配给	系统配给		自动
4	切断工件	T02	4×25	800	20		自动
编制	×××	审核	×××	批准	×××	年 月 日	共1页 第1页

6. 数控程序的编制

	N010	M03 S800	主轴正转,800r/min
开始	N020	T0101	换01号外圆车刀
	N030	G98	指定走刀按照mm/min进给
粗车	N040	G00 X50 Z3	快速定位循环起点
	N050	G73 U25 W1.5 R17	X向切削总量为25mm,循环17次
	N060	G73 P70 Q150 U0.2 W0.2 F80	循环程序段70~150
轮廓	N070	G00 X-4 Z2	快速定位至相切圆弧的起点
	N080	G02 X0 Z0 R2	做R2的圆弧切入工件

续表

轮廓	N090	G03 X15 Z-32.256 R17	车削 R17 的逆圆弧
	N100	G01 Z-38.356	车削 φ15 的外圆
	N110	G01 X40.015	车削 φ40 外圆右端面，按照公差计算，并且留滚花 0.02mm
	N120	G01 Z-97.356	车削 φ40.02 的外圆
	N130	G01 X38 Z-98.356	车削尾部 45°的倒角
	N140	G01 Z-102.356	为切断刀留位置
	N150	G01 X50	提刀
精车	N160	M03 S1200	提高主轴转速，1200r/min
	N170	G70 P70 Q150 F40	精车
精加工尾部倒角	N180	G00 X100 Z100	快速退刀，准备换刀
	N190	T0202	换 02 号切断刀
	N200	G00 X42 Z-101.356	定位至尾部倒角的上方
	N210	G01 X40 F20	接触工件
	N220	G01 X38 Z-102.356	精车倒角，保证与切断面表面一致
切断	N230	G01 X0	切断
结束	N240	G00 X150 Z150	快速退刀
	N250	M05	主轴停
	N260	M30	程序结束

八、螺纹特型件数控车床零件加工工艺分析及编程

螺纹特型件零件图如图 5-27 所示。

1. 零件图工艺分析

该零件左侧表面由内外圆柱面及外螺纹等表面组成，其中多个直径尺寸与轴向尺寸有较高的尺寸精度和表面粗糙度要求。该零件右侧由外圆表面和内孔组成。零件图尺寸标注完整，符合数控加工尺寸标注要求；轮廓描述清楚完整；零件材料为 45 钢，切削加工性能较好，无热处理和硬度要求。加工时按照从左到右的顺序进行程序编制和加工。

通过上述分析，采取以下几点工艺措施。
① 零件图样上带公差的尺寸，因公差值较小，故编程时取其基本尺寸。
② 左右端面均为多个尺寸的设计基准，注意尺寸的选择和加工速度的确定。
③ 零件需要掉头加工，注意掉头的对刀和端面找准。

2. 确定装夹方案、加工顺序及走刀路线

① 先加工左侧带有两个螺纹的部分。

用三爪自动定心卡盘夹紧，加工顺序按由粗到精、由近到远的原则确定，在一次装夹中尽可能加工出较多的工件表面。结合本零件的结构特征，可先粗车外圆表面，然后精加工外轮廓表面。由于该零件外圆部分由直线和圆锥面构成，故采用 G73 循环，轮廓表面车削走刀路线可沿零件轮廓顺序进行，按路线加工，如图 5-28 所示。

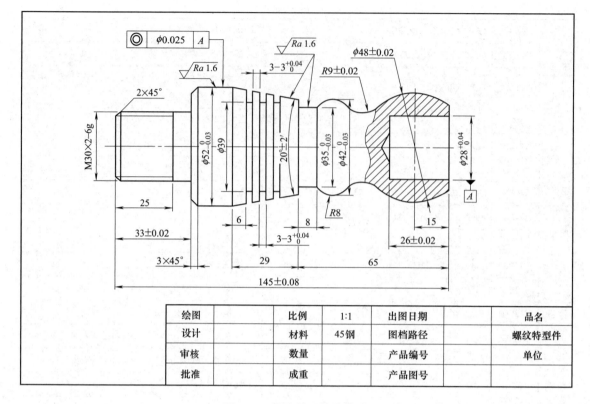

图 5-27　螺纹特型件零件图

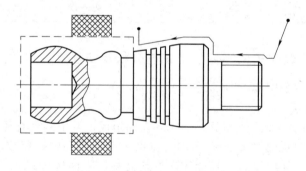

图 5-28　左侧加工走刀路线

② 加工右侧带有圆弧和内孔的部分。

用三爪自动定心卡盘，按照图 5-29 所示位置夹紧，加工顺序按由外到内、由粗到精、由近到远的原则确定。结合本零件的结构特征，可先粗车外圆表面，然后加工外轮廓表面。由于该零件外圆部分由直线和大段圆弧面构成，故采用 G73 循环，轮廓表面车削走刀路线可沿零件轮廓顺序进行，按路线加工；内圆部分采取先钻孔后镗孔的方法，如图 5-29 所示。

3. 刀具选择

将所选定的刀具参数填入表 5-15 螺纹特型件数控加工刀具卡中，以便于编程和操作管理。注意：车削外轮廓时，为防止副后刀面与工件表面发生干涉，应选择较大的副偏角，必要时可作图检验。

第五章 典型零件数控车床加工工艺分析及编程操作

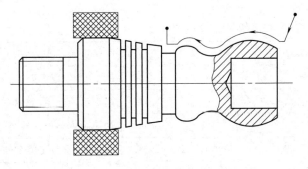

图 5-29 右侧加工走刀路线

表 5-15 螺纹特型件数控加工刀具卡

产品名称或代号		数控车工艺分析实例		零件名称	螺纹特型件	零件图号	Lathe-08
序号	刀具号	刀具规格名称	数量	加工表面		刀尖半径/mm	备注
1	T01	45°硬质合金外圆车刀	1	车端面		0.5	25mm×25mm
2	T02	宽 3mm 切断刀(割槽刀)	1	宽 3mm			
3	T03	硬质合金 60°外螺纹车刀	0	螺纹			
4	T04	内圆车刀	0				2mm
5	T05	宽 4mm 镗孔刀	1	镗内孔基准面			
6	T06	宽 3mm 内割刀(内切槽刀)	1	宽 3mm			
7	T07	φ10mm 中心钻	1				
编制		×××	审核	×××	批准	×××	共1页 第1页

4. 切削用量选择

根据被加工表面质量要求、刀具材料和工件材料,参考切削用量手册或有关资料选取切削速度与每转进给量,计算结果填入表 5-16 工序卡中。

表 5-16 螺纹特型件数控加工工序卡

单位名称		产品名称或代号	零件名称	零件图号
	××××	数控车工艺分析实例	螺纹特型件	Lathe-08
工序号	程序编号	夹具名称	使用设备	车间
001	Lathe-08	卡盘和自制心轴	Fanuc 0i	数控中心
工步号	工步内容	刀具号	刀具规格/mm	主轴转速/(r/min)	进给速度/(mm/min)	背吃刀量/mm	备注
1	平端面	T01	25×25	800	80		自动
2	粗车外轮廓	T01	25×25	800	80	1.5	自动
3	精车外轮廓	T01	25×25	1200	40	0.2	自动
4	螺纹前端倒角	T01	25×25	800	80		自动
5	车 M30×2 螺纹	T03	20×20	系统配给	系统配给		自动
6	掉头装夹						
7	粗车外轮廓	T01	25×25	800	80	1.5	自动
8	精车外轮廓	T01	25×25	800	80	0.2	自动
9	钻底孔	T07	φ10mm	800	20		自动
10	镗 φ28.02 的内孔	T05	20×20	800	20		自动
编制	×××	审核	×××	批准	×××	年 月 日	共1页 第1页

5. 数控程序的编制
（1）加工零件的右侧（带有双螺纹的部分）

开始	N010	M03 S800	主轴正转,800r/min
	N020	T0101	换 01 号外圆车刀
	N030	G98	指定走刀按照 mm/min 进给
端面	N040	G00 X60 Z0	快速定位至工件端面上方
	N050	G01 X0 F80	做端面,走刀速度 80mm/min
粗车	N060	G00 X62 Z3	快速定位循环起点
	N070	G73 U16 W1 R18	X 向总吃刀量为 16mm,循环 18 次（思考:U 和 R 值如何优化）
	N080	G73 P90 Q150 U0.1 W0.1 F80	循环程序段 90~150
轮廓	N090	G00 X30 Z1	快速定位至轮廓右端 1mm 处
	N100	G01 Z-33	车削 φ30 的外圆
	N110	G01 X46	车削至 φ46 的外圆处
	N120	G01 X52 Z-36	车削 1.5×45°倒角
	N130	G01 Z-51	车削 φ52 的外圆
	N140	G01 X41.773 Z-80	斜向车削至 φ41.773 外圆处
	N150	G01 X55	抬刀
精车	N160	M03 S1200	提高主轴转速,1200r/min
	N170	G70 P90 Q150 F40	精车循环
螺纹倒角	N190	M03 S800	降低主轴转速,800r/min
	N200	G00 X24 Z1	定位至倒角的延长线处
	N210	G01 X30 Z-2 F80	车削倒角
螺纹	N220	G00 X150 Z150	快速退刀,准备换刀
	N230	T0303	换 03 号螺纹刀
	N240	G00 X33 Z-3	快速定位
	N250	G76 P020060 Q100 R0.08	G76 切槽循环固定格式
	N260	G76 X27.786 Z-25 P1107 Q500 R0 F2	G76 切槽循环固定格式
切槽	N270	G00 X150 Z150	快速退刀,准备换刀
	N280	T0202	换 02 号螺纹刀
	N290	G00 X55 Z-60	定位至第一个槽的上方
	N300	G01 X39 F20	切槽
	N310	G04 P1000	暂停 1s,清槽底
	N320	G01 X55 F40	提刀
	N330	G00 Z-66	定位至第二个槽的上方
	N340	G01 X39 F20	切槽

续表

	N350	G04 P1000	暂停1s,清槽底
	N360	G01 X55 F40	提刀
切槽	N370	G00 Z－72	定位至第三个槽的上方
	N380	G01 X39 F20	切槽
	N390	G04 P1000	暂停1s,清槽底
	N400	G01 X55 F40	提刀
	N410	G00 X200 Z200	快速退刀
结束	N420	M05	主轴停
	N430	M30	程序结束

（2）加工零件的左侧（带有内孔的部分）

	N010	M03 S800	主轴正转,800r/min
开始	N020	T0101	换01号外圆车刀
	N030	G98	指定走刀按照mm/min进给
端面	N040	G00 X60 Z0	快速定位至工件端面上方
	N050	G01 X0 F80	做端面,走刀速度80mm/min
	N060	G00 X60 Z3	快速定位循环起点
粗车	N070	G73 U13.036 W2 R7	X向切削总量为13.036mm,循环7次
	N080	G73 P90 Q150 U0.1 W0.1 F80	循环程序段90～150
	N090	G00 X37.47 Z1	快速定位至轮廓右端1mm处
	N100	G01 Z0	接触工件
	N110	G03 X35.08 Z－31.382 R24	车削至R24的逆时针圆弧
轮廓	N120	G02 X36.463 Z－44.333R9	车削至R9的顺时针圆弧
	N130	G03 X34.985 Z－57 R8	车削至R8的逆时针圆弧
	N140	G01 Z－65	车削 $\phi 34.985$ 的外圆
	N150	G01 X50	提刀
精车	N160	M03 S1200	提高主轴转速,1200r/min
	N170	G70 P90 Q150 F40	精车
	N180	M03 S800	主轴正转,800r/min
	N190	G00 X150 Z150	快速退刀,准备换刀
钻孔	N200	T0707	换07号钻头
	N210	G00 X0 Z1	定位至孔外部
	N220	G01 Z－26 F15	钻孔(或Z＞－26)
	N230	G01 Z1 F40	退出孔

续表

	N240	G00 X150 Z150	快速退刀,准备换刀
镗孔	N250	T0505	换 05 号镗孔刀
	N260	G00 X16 Z1	定位至镗孔循环的起点,镗 φ28 孔
	N270	G74 R1	G74 镗孔循环固定格式
	N280	G74 X28.02 Z-26 P3000 Q3800 R0 F20	G74 镗孔循环固定格式
结束	N290	G00 X200 Z200	快速退刀
	N300	M05	主轴停
	N310	M30	程序结束

九、球头特种件数控车床零件加工工艺分析及编程

球头特种件零件图如图 5-30 所示。

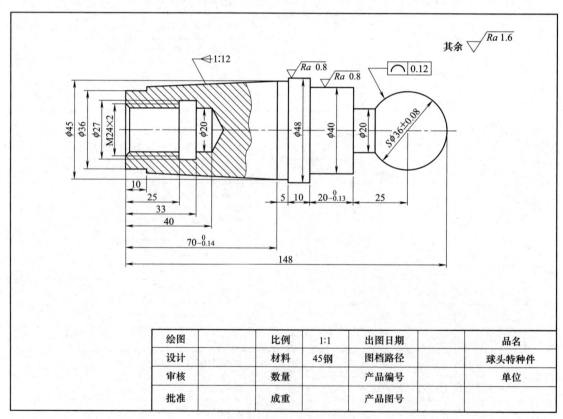

图 5-30 球头特种件零件图

1. 零件图工艺分析

该零件表面由内外圆柱面及球头形状等表面组成,其中多个直径尺寸与轴向尺寸有较高的尺寸精度和表面粗糙度要求。零件图尺寸标注完整,符合数控加工尺寸标注要求;轮廓描述清楚完整;零件材料为 45 钢,切削加工性能较好,无热处理和硬度要求。加工时按照从左到右的顺序进行程序编制和加工。

通过上述分析，采取以下几点工艺措施。

① 零件图样上带公差的尺寸，因公差值较小，故编程时不必取其平均值，而取基本尺寸即可。

② 零件需要掉头加工，注意掉头的对刀和端面找准。

③ 在轮廓曲线上，应取两处为圆弧。前端应取相切圆弧切入，后接零件圆弧部分，保证右端的表面光洁，以保证轮廓曲线的准确性。

④ 加工球头时注意避免刀具干涉的产生。

2. 确定装夹方案、加工顺序及走刀路线

① 加工零件右侧带有球头的部分。

用三爪自动定心卡盘夹紧，加工顺序按由粗到精、由近到远的原则确定，在一次装夹中尽可能加工出较多的工件表面。结合本零件的结构特征，由于该零件外圆部分由直线和圆弧构成，故采用 G73 循环，轮廓表面车削走刀路线可沿零件轮廓顺序进行，按路线加工，如图 5-31 所示。

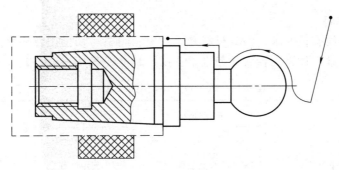

图 5-31　右侧加工走刀路线

② 加工零件左侧带有内圆的部分。

用三爪自动定心卡盘按照图 5-32 所示的位置将零件夹紧，结合本零件的结构特征，由于该零件外圆部分由单一直线构成，故采用 G71 循环，以取得速度的要求，轮廓表面车削走刀路线可沿零件轮廓顺序进行，按路线加工；内圆部分，应先钻孔后镗孔，再用镗孔刀精车内圆，保证内部的零件形状要求，如图 5-32 所示。

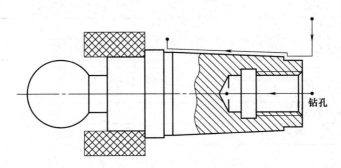

图 5-32　左侧加工走刀路线

3. 刀具选择

将所选定的刀具参数填入表 5-17 球头特种件数控加工刀具卡中，以便于编程和操作管理。注意：车削外轮廓时，为防止副后刀面与工件表面发生干涉，应选择较大的副偏角，必要时可作图检验。

表 5-17　球头特种件数控加工刀具卡

产品名称或代号		数控车工艺分析实例	零件名称	球头特种件	零件图号	Lathe-09
序号	刀具号	刀具规格名称	数量	加工表面	刀尖半径/mm	备注
1	T01	35°硬质合金外圆车刀	1	车端面	0.5	25mm×25mm
2	T02	宽 3mm 切断刀(割槽刀)	1	宽 3mm		
3	T03	硬质合金 60°外螺纹车刀	0	螺纹		
4	T04	内圆车刀	0			2mm
5	T05	宽 4mm 镗孔刀	1	镗内孔基准面		
6	T06	宽 3mm 内割刀(内切槽刀)	1	宽 3mm		
7	T07	φ20mm 中心钻	1			
8	T08	硬质合金 60°内螺纹车刀	1			
编制		×××	审核	×××	批准	×××	共 1 页	第 1 页

4. 切削用量选择

根据被加工表面质量要求、刀具材料和工件材料,参考切削用量手册或有关资料选取切削速度与每转进给量,计算主轴转速与进给速度,计算结果填入表 5-18 工序卡中。

表 5-18　球头特种件数控加工工序卡

单位名称		××××		产品名称或代号	零件名称	零件图号
				数控车工艺分析实例	球头特种件	Lathe-09
工序号		程序编号	夹具名称	使用设备		车间
001		Lathe-09	卡盘和自制心轴	Fanuc 0i		数控中心
工步号	工步内容	刀具号	刀具规格/mm	主轴转速/(r/min)	进给速度/(mm/min)	背吃刀量/mm	备注
1	粗车外轮廓	T01	25×25	800	80	1.5	自动
2	精车外轮廓	T01	25×25	1200	40	0.2	自动
3	掉头装夹						
4	粗车外轮廓	T01	25×25	800	80	1.5	自动
5	精车外轮廓	T01	25×25	800	80	0.2	自动
6	钻底孔	T07	φ20mm	800	10		自动
7	镗 φ28.02 的内孔	T05	20×20	800	15		自动
8	切内槽	T06	宽 3mm	800	20		自动
9	加工内螺纹	T08		系统配给	系统配给		
编制	×××	审核	×××	批准	×××	年 月 日	共 1 页	第 1 页

5. 加工程序编制

(1) 加工零件的右侧(带有球头的部分)

	N010	M03 S800	主轴正转,800r/min
开始	N020	T0101	换 01 号外圆车刀
	N030	G98	指定走刀按照 mm/min 进给

续表

粗车	N040	G00 X55 Z3	快速定位循环起点
	N050	G73 U22.5 W1.5 R15	X 向总吃刀量为 22.5mm,循环 15 次
	N060	G73 P70 Q140 U0.1 W0.1 F80	循环程序段 70～140
轮廓	N070	G00 X-4 Z2	快速定位至相切圆弧起点
	N080	G02 X0 Z0 R2	车削 R2 的过渡顺时针圆弧
	N090	G03 X20 Z-32.967 R18	车削 R18 的逆时针圆弧
	N100	G01 X20 Z-43	车削 φ20 的外圆
	N110	G01 X40	车削至 φ40 外圆处
	N120	G01 Z-63	车削 φ40 的外圆
	N130	G01 X48	车削至 φ48 外圆处
	N140	G01 Z-73	车削 φ48 的外圆
精车	N150	M03 S1200	提高主轴转速,1200r/min
	N160	G70 P70 Q140 F40	精车循环
结束	N170	G00 X200 Z200	快速退刀
	N180	M05	主轴停
	N190	M30	程序结束

（2）加工零件的左侧（带有内孔的部分）

开始	N010	M03 S800	主轴正转,800r/min
	N020	T0101	换 01 号外圆车刀
	N030	G98	指定走刀按照 mm/min 进给
端面	N040	G00 X60 Z0	快速定位至工件端面上方
	N050	G01 X0 F80	做端面,走刀速度 80mm/min
粗车	N060	G00 X55 Z3	快速定位循环起点
	N070	G71 U1.5 R1	X 向每次切削量为 1.5mm,退刀 1 次
	N080	G71 P90 Q140 U0.1 W0.1 F80	循环程序段 90～140
轮廓	N090	G00 X36	快速定位至轮廓右端 3mm 处
	N100	G01 Z-10	车削 φ36 的外圆
	N110	G01 X40	车削 φ40 外圆的右端
	N120	G01 X45 Z-70	车削锥度外圆
	N130	G01 Z-75	车削 φ45 的外圆
	N140	G01 X48	提刀
精车	N150	M03 S1200	提高主轴转速,1200r/min
	N160	G70 P90 Q140 F40	精车

续表

钻孔	N170	M03 S800	主轴正转,800r/min
	N180	G00 X150 Z150	快速退刀,准备换刀
	N190	T0707	换07号钻头
	N200	G00 X0 Z1	用镗孔循环钻孔,有利于排屑
	N210	G74 R1	G74镗孔循环固定格式
	N220	G74 X0 Z-40 P3000 Q0 R0 F10	G74镗孔循环固定格式
镗孔（精车内孔）	N230	G00 X150 Z150	快速退刀,准备换刀
	N240	T0505	换05号镗孔刀
	N250	G00 X20 Z1	定位孔的外部
	N260	G01 Z-40 F15	精修孔壁
	N270	G01 Z1 F40	退出孔
倒角	N280	G00 X25.786 Z1	定位至倒角外侧1mm处
	N290	G01 X25.786 Z0 F30	接触工件
	N300	G01 X20 Z-2	倒角
	N310	G01 Z-40	再次精修孔壁（原因：内孔加工排屑困难,易缠绕刀具或附着于内壁）
	N320	G01 X0	孔底部
	N330	G01 Z2 F40	退出孔
内槽	N340	G00 X200 Z200	快速退刀
	N350	T0606	换06号内切槽刀
	N360	G00 X20 Z1	定位至孔的外部
	N370	G01 X20 Z-28 F40	定位至切槽循环的起点
	N380	G75 R1	G75镗孔循环固定格式
	N390	G75 X27 Z-33 P3000 Q2800 R0 F20	G75镗孔循环固定格式
	N400	G01 X20 Z1 F40	退出孔
内螺纹	N410	G00 X200 Z200	快速退刀,准备换刀
	N420	T0808	换08号内螺纹刀
	N430	G00 X18 Z3	定位至螺纹环的起点
	N440	G76 P020060 Q100 R-0.08	G76镗孔循环固定格式
	N450	G76 X24 Z-29 R0 P1107 Q500 F2	G76镗孔循环固定格式
结束	N460	G00 X200 Z200	快速退刀
	N470	M05	主轴停
	N480	M30	程序结束

十、弧形轴特种件数控车床零件加工工艺分析及编程

弧形轴特种件零件图如图5-33所示。

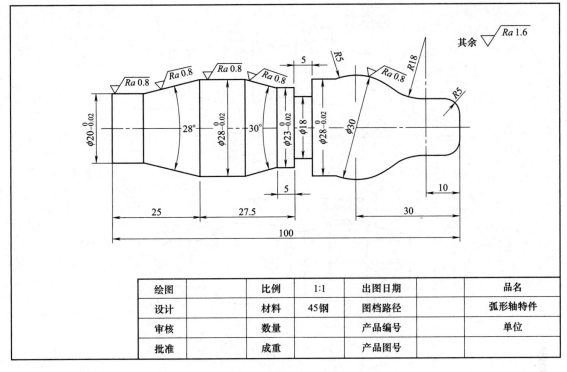

图 5-33 弧形轴特种件零件图

1. 零件图工艺分析

该零件表面由内外圆柱面及弧面等表面组成，其中多个直径尺寸与轴向尺寸有较高的尺寸精度和表面粗糙度要求。零件图尺寸标注完整，符合数控加工尺寸标注要求；轮廓描述清楚完整；零件材料为 45 钢，切削加工性能较好，无热处理和硬度要求。加工时按照从左到右的顺序进行程序编制和加工。

通过上述分析，采取以下几点工艺措施。

① 零件图样上带公差的尺寸，因公差值较小，故编程时不必取其平均值，而取基本尺寸即可。

② 零件需要掉头加工，注意掉头的对刀和端面找准。

③ 切槽留到最后一步制作，防止先切时直径过细影响加工。

2. 确定装夹方案、加工顺序及走刀路线

① 加工零件左侧部分。

用三爪自动定心卡盘夹紧，加工顺序按由粗到精、由近到远的原则确定，在一次装夹中尽可能加工出较多的工件表面。结合本零件的结构特征，由于该零件外圆部分形状具有凹陷，故采用 G73 循环，轮廓表面车削走刀路线可沿零件轮廓顺序进行，按路线加工，如图 5-34 所示。

② 加工零件右侧带有球头的部分。

用三爪自动定心卡盘夹紧，结合本零件的结构特征，由于该零件外圆部分由圆弧构成，故采用 G73 循环，轮廓表面车削走刀路线可沿零件轮廓顺序进行，按路线加工，加工路线如图 5-35 所示。

3. 刀具选择

将所选定的刀具参数填入表 5-19 弧形轴特种件数控加工刀具卡中，以便于编程和操作

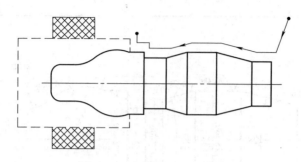

图 5-34 左侧加工走刀路线

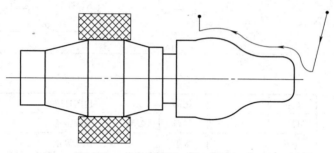

图 5-35 右侧加工走刀路线

管理。注意:车削外轮廓时,为防止副后刀面与工件表面发生干涉,应选择较大的副偏角,必要时可作图检验。

表 5-19 弧形轴特种件数控加工刀具卡

产品名称或代号		数控车工艺分析实例	零件名称	弧形轴特种件	零件图号	Lathe-10
序号	刀具号	刀具规格名称	数量	加工表面	刀尖半径/mm	备注
1	T01	45°硬质合金外圆车刀	1	车端面	0.5	25mm×25mm
2	T02	宽 3mm 切断刀(割槽刀)	1	宽 3mm		
编制		×××	审核	×××	批准	×××	共 1 页	第 1 页

4. 切削用量选择

根据被加工表面质量要求、刀具材料和工件材料,参考切削用量手册或有关资料选取切削速度与每转进给量,填入表 5-20 工序卡中。

表 5-20 弧形轴特种件数控加工工序卡

单位名称		××××	产品名称或代号		零件名称	零件图号	
			数控车工艺分析实例		弧形轴特种件	Lathe-10	
工序号		程序编号	夹具名称		使用设备	车间	
001		Lathe-10	卡盘和自制心轴		Fanuc 0i	数控中心	
工步号	工步内容	刀具号	刀具规格/mm	主轴转速/(r/min)	进给速度/(mm/min)	背吃刀量/mm	备注
1	平端面	T01	25×25	800	80		自动
2	粗车外轮廓	T01	25×25	800	80	1.5	自动
3	精车外轮廓	T01	25×25	1200	40	0.2	自动
4	掉头装夹						
5	粗车外轮廓	T01	25×25	800	80	1.5	自动
6	精车外轮廓	T01	25×25	800	80	0.2	自动
7	切槽	T02		800	20		
编制	×××	审核	×××	批准	×××	年 月 日	共 1 页 第 1 页

5. 数控程序的编制

（1）加工零件的左侧

开始	N010	M03 S800	主轴正转,800r/min
	N020	T0101	换 01 号外圆车刀
	N030	G98	指定走刀按照 mm/min 进给
端面	N040	G00 X60 Z0	快速定位至工件端面上方
	N050	G01 X0 F80	做端面,走刀速度 80mm/min
粗车	N060	G00 X40 Z3	快速定位循环起点
	N070	G73 U18.751 W1.5 R13	X 向总吃刀量为 18.751mm,循环 13 次
	N080	G73 P90 Q170 U0.1 W0.1 F80	循环程序段 90～170
轮廓	N090	G00 X20 Z1	快速定位至轮廓右端 1mm 处
	N100	G01　Z-8.957	车削 φ20 的外圆
	N110	G01 X28 Z-25	斜向车削至 φ28 的外圆处
	N120	G01　Z-38.17	车削 φ28 的外圆
	N130	G01 X23 Z-47.5	斜向车削至 φ23 的外圆处
	N140	G01　Z-57.5	车削 φ23 的外圆
	N150	G01 X28	车削至 φ28 的外圆处
	N160	G01　Z-63.755	车削 φ23 的外圆
	N170	G01 X35	抬刀
精车	N180	M03 S1200	提高主轴转速,1200r/min
	N190	G70 P90 Q160 F40	精车循环
结束	N200	G00 X200 Z200	快速退刀
	N210	M05	主轴停
	N220	M30	程序结束

（2）加工零件的右侧（带有圆弧的部分）

开始	N010	M03 S800	主轴正转,800r/min
	N020	T0101	换 01 号外圆车刀
	N030	G98	指定走刀按照 mm/min 进给
端面	N040	G00 X60 Z0	快速定位至工件端面上方
	N050	G01 X0　F80	做端面,走刀速度 80mm/min
粗车	N060	G00 X40 Z3	快速定位循环起点
	N070	G73 U18.751 W1.5 R13	X 向切削总量为 18.751mm,循环 13 次
	N080	G73 P90 Q160 U0.1 W0.1 F80	循环程序段 90～160
轮廓	N090	G00 X2.498 Z2	快速定位至圆弧起点
	N100	G02　X6.498 Z0 R2	圆弧切入
	N110	G03 X16.498 Z-5 R5	车削 R5 的逆时针圆弧

续表

	N120	G01 Z-10	车削 R16.498 的外圆
轮廓	N130	G02 X23.863 Z-20.909 R18	车削 R18 的顺时针圆弧
	N140	G03 X28.5 Z-34.684 R15	车削 R15 的逆时针圆弧
	N150	G02 X28 Z-36.245 R5	车削 R5 的顺时针圆弧
	N160	G01 X35	抬刀
精车	N170	M03 S1200	提高主轴转速,1200r/min
	N180	G70 P90 Q160 F40	精车
切槽	N190	M03 S800	降低主轴转速,800r/min
	N200	G00 X200 Z200	快速退刀
	N210	T0202	换 02 号切槽刀
	N220	G00 X35 Z-45.5	定位至切槽循环的起点
	N230	G75 R1	G75 镗孔循环固定格式
	N240	G75 X18 Z-47.5 P3000 Q2800 R0 F20	G75 镗孔循环固定格式
结束	N250	G00 X200 Z200	快速退刀
	N260	M05	主轴停
	N270	M30	程序结束

十一、螺纹配合件数控车床零件加工工艺分析及编程

螺纹配合件零件图如图 5-36 所示。

1. 零件图工艺分析

该零件表面由内外圆柱面及外螺纹等表面组成,其中多个直径尺寸与轴向尺寸有较高的尺寸精度和表面粗糙度要求。零件图尺寸标注完整,符合数控加工尺寸标注要求;轮廓描述清楚完整;零件材料为 45 钢,切削加工性能较好,无热处理和硬度要求。加工时按照从右到左的顺序进行程序编制和加工。

通过上述分析,采取以下几点工艺措施。

① 零件图样上带公差的尺寸,因公差值较小,故编程时不必取其平均值,而取基本尺寸即可。

② 加工时以球头端为加工的设计基准。

③ 在轮廓曲线上,应取三处为圆弧,分别为相切圆弧切入,后接零件圆弧部分,保证右端的表面光洁,以保证轮廓曲线的准确性。

2. 确定装夹方案、加工顺序及走刀路线

① 先加工右侧带有螺纹的部分。

用三爪自动定心卡盘夹紧,加工顺序按由粗到精、由近到远的原则确定,在一次装夹中尽可能加工出较多的工件表面。结合本零件的结构特征,可先粗车外圆表面,然后加工外轮廓表面。由于该零件外圆部分由直线和圆锥面构成,故采用 G73 循环,轮廓表面车削走刀路线可沿零件轮廓顺序进行,按路线加工,如图 5-37 所示。

② 加工左侧带内孔的部分。

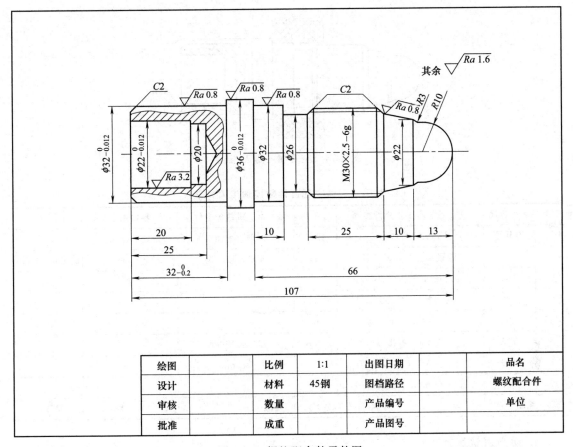

图 5-36 螺纹配合件零件图

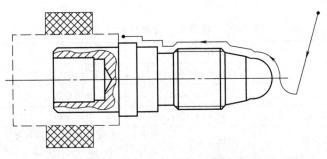

图 5-37 右侧加工走刀路线

用三爪自动定心卡盘按照图 5-38 所示位置夹紧,加工顺序按由外到内、由粗到精、由近到远的原则确定,在一次装夹中尽可能加工出较多的工件表面。结合本零件的结构特征,可先粗车外圆表面,然后加工外轮廓表面。由于该零件外圆部分由直线构成,故采用 G71 循环,轮廓表面车削走刀路线可沿零件轮廓顺序进行,按路线加工;内圆部分采取先钻孔后镗孔的方法,如图 5-38 所示。

3. 刀具选择

将所选定的刀具参数填入表 5-21 螺纹配合件数控加工刀具卡中,以便于编程和操作管理,必要时可作图检验。

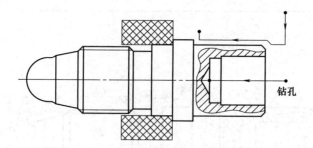

图 5-38 左侧加工走刀路线

表 5-21 螺纹配合件数控加工刀具卡

产品名称或代号		数控车工艺分析实例		零件名称	螺纹配合件	零件图号	Lathe-11
序号	刀具号	刀具规格名称	数量	加工表面		刀尖半径/mm	备注
1	T01	45°硬质合金外圆车刀	1	车端面和外圆		0.5	25mm×25mm
2	T02	宽3mm切断刀(割槽刀)	1	宽3mm			
3	T03	硬质合金60°外螺纹车刀	1	螺纹			
4	T04	内圆车刀	0				2mm
5	T05	宽4mm镗孔刀	1	镗内孔基准面			
6	T06	宽3mm内割刀(内切槽刀)	1	宽3mm			
7	T07	φ10mm中心钻	1				
编制		×××	审核	×××	批准	×××	共1页	第1页

4. 切削用量选择

根据被加工表面质量要求、刀具材料和工件材料,参考切削用量手册或有关资料选取切削速度与每转进给量,填入表 5-22 工序卡中。

表 5-22 螺纹配合件数控加工工序卡

单位名称		××××		产品名称或代号	数控车工艺分析实例	零件名称	螺纹配合件	零件图号	Lathe-11
工序号		程序编号		夹具名称		使用设备		车间	
001		Lathe-11		卡盘和自制心轴		Fanuc 0i		数控中心	
工步号		工步内容		刀具号	刀具规格/mm	主轴转速/(r/min)	进给速度/(mm/min)	背吃刀量/mm	备注
1		粗车外轮廓		T01	25×25	800	80	1.5	自动
2		精车外轮廓		T01	25×25	1200	40	0.2	自动
3		车M30×2螺纹		T03	20×20	系统配给	系统配给		自动
4		掉头装夹							
5		粗车外轮廓		T01	25×25	800	80	1.5	自动
6		精车外轮廓		T01	25×25	800	80	0.2	自动
7		钻底孔		T07	φ10mm	800	20		自动
8		镗φ22和φ20内孔		T05	20×20	800	20		自动
9		精车内孔		T05	20×20	1100	20		自动
编制		×××	审核	×××	批准	×××	年 月 日	共1页	第1页

5. 数控程序的编制
(1) 加工零件的右侧

开始	N010	M03 S800	主轴正转,800r/min
	N020	T0101	换 01 号外圆车刀
	N030	G98	指定走刀按照 mm/min 进给
粗车	N040	G00 X45 Z3	快速定位循环起点
	N050	G73 U22.5 W1.5 R15	X 向总吃刀量为 22.5mm,循环 15 次
	N060	G73 P70 Q200 U0.1 W0.1 F80	循环程序段 70~200
轮廓	N070	G00 X-4 Z2	快速定位至相切圆弧起点
	N080	G02 X0 Z0 R2	车削 $R2$ 的过渡顺时针圆弧
	N090	G03 X19.967 Z-10.573 R10	车削 $R10$ 的逆时针圆弧
	N100	G02 X22 Z-13 R3	车削 $R3$ 的顺时针圆弧
	N110	G01 X26 Z-23	车削锥度外圆至螺纹倒角处
	N120	G01 X30 Z-25	螺纹右侧倒角
	N130	G01　Z-46	车削 $\phi30$ 的外圆
	N140	G01 X26 Z-48	螺纹左侧倒角
	N150	G01　Z-56	车削 $\phi26$ 的外圆
	N160	G01 X32	车削至 $\phi32$ 外圆处
	N170	G01　Z-66	车削 $\phi32$ 的外圆
	N190	G01 X36	车削至 $\phi36$ 外圆处
	N200	G01　Z-76	车削 $\phi36$ 的外圆
精车	N210	M03 S1200	提高主轴转速,1200r/min
	N220	G70 P70 Q200 F40	精车循环
螺纹	N230	G00 X150 Z150	快速退刀,准备换刀
	N240	T0303	换 03 号螺纹刀
	N250	G00 X33 Z-20	快速定位循环起点
	N260	G76 P050060 Q100 R0.08	G76 螺纹循环固定格式
	N270	G76 X27.2325 Z-50 P1384 Q600 R0 F2	G76 螺纹循环固定格式
结束	N280	G00 X200 Z200	快速退刀
	N290	M05	主轴停
	N300	M30	程序结束

（2）加工零件的左侧

开始	N010	M03 S800	主轴正转,800r/min
	N020	T0101	换 01 号外圆车刀
	N030	G98	指定走刀按照 mm/min 进给
端面	N040	G00 X40 Z0	快速定位至工件端面上方
	N050	G01 X0 F80	做端面,走刀速度 80mm/min
粗车	N060	G00 X40 Z3	快速定位循环起点
	N070	G71 U1.5 R1	X 向每次切削量为 1.5mm,退刀量为 1mm
	N080	G71 P90 Q130 U0.1 W0.1 F80	循环程序段 90～130
轮廓	N090	G00 X28	快速定位至轮廓右端 1mm 处
	N100	G01 Z0	接触工件
	N110	G01 X32 Z-2	车削倒角
	N120	G01 Z-32	车削 φ32 的外圆
	N130	G01 X38	车削 φ36 外圆的右端
精车	N140	M03 S1200	提高主轴转速,1200r/min
	N160	G70 P90 Q130 F40	精车
钻孔	N170	M03 S800	主轴正转,800r/min
	N180	G00 X150 Z150	快速退刀,准备换刀
	N200	T0707	换 07 号钻头
	N210	G00 X0 Z1	快速定位
	N220	G01 Z-25 F15	钻孔
	N230	G01 Z1 F40	退出孔
镗孔	N240	G00 X150 Z150	快速退刀,准备换刀
	N250	T0505	换 05 号镗孔刀
	N260	G00 X16 Z1	定位镗孔循环的起点
	N270	G74 R1	G74 镗孔循环固定格式
	N280	G74 X20 Z-25 P3000 Q3800 R0 F20	G74 镗孔循环固定格式
精车内孔	N290	M03 S1100	提高主轴转速,1100r/min
	N300	G00 X22 Z1	定位至孔外部
	N310	G01 Z-20 F20	车削 φ22 的内圆
	N320	G01 X20	车削至 φ20 外圆处
	N330	G01 Z-25	车削 φ20 的外圆
	N340	G01 X17	离开孔边缘,防止损伤刀具和工件
	N350	G01 Z1 F40	退出孔内部
结束	N360	G00 X200 Z200	快速退刀
	N370	M05	主轴停
	N380	M30	程序结束

十二、螺纹多槽件数控车床零件加工工艺分析及编程

螺纹多槽件零件图如图 5-39 所示。

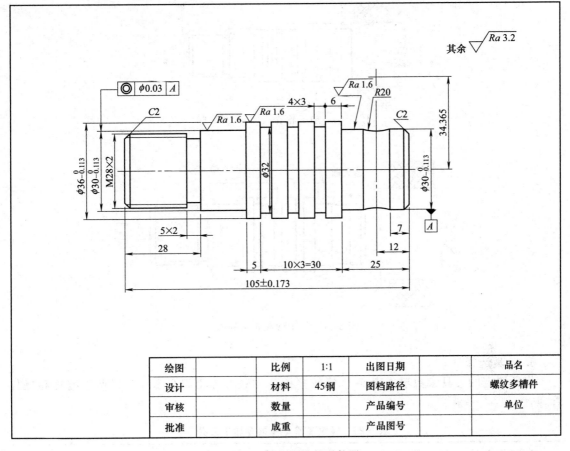

图 5-39　螺纹多槽件零件图

1. 零件图工艺分析

该零件表面由内外圆柱表面组成，其中多个直径尺寸与轴向尺寸有较高的尺寸精度和表面粗糙度要求。零件图尺寸标注完整，符合数控加工尺寸标注要求；轮廓描述清楚完整；零件材料为 45 钢，切削加工性能较好，无热处理和硬度要求。加工时按照从左到右的顺序进行程序编制和加工。

通过上述分析，采取以下几点工艺措施。

① 零件图样上带公差的尺寸，因公差值较小，故编程时不必其平均值，而取基本尺寸即可。

② 左右端面均为多个尺寸的设计基准，注意尺寸的选择和加工速度的确定。

③ 细长轴零件用顶尖顶紧，注意吃刀量和走刀速度。

2. 确定装夹方案、加工顺序及走刀路线

本例的加工无须掉头。用三爪自动定心卡盘夹紧，加工顺序按由粗到精、由近到远的原则确定，在一次装夹中尽可能加工出较多的工件表面。结合本零件的结构特征，可先粗车外圆表面，然后加工外轮廓表面。由于该零件外圆部分由直线构成，故采用 G71 循环加工基本外圆，轮廓表面车削走刀路线可沿零件轮廓顺序进行，按路线加工，加工如图 5-40 和图 5-41 所示。加工完外圆以后加工螺纹。

切完槽后，加工螺纹，再用 G73 循环加工零件尾部形状，具体的走刀路线如图 5-41 所示。

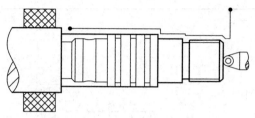

图 5-40 加工轮廓表面走刀路线

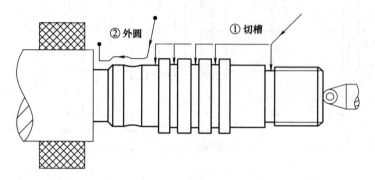

图 5-41 加工螺纹走刀路线

3. 刀具选择

将所选定的刀具参数填入表 5-23 螺纹多槽零件数控加工刀具卡中，以便于编程和操作管理。

表 5-23　螺纹多槽零件数控加工刀具卡

产品名称或代号		数控车工艺分析实例		零件名称	螺纹多槽件	零件图号	Lathe-12
序号	刀具号	刀具规格名称	数量	加工表面	刀尖半径/mm	备注	
1	T01	45°硬质合金外圆车刀	1	车端面	0.5	25mm×25mm	
2	T02	宽 4mm 切断刀（割槽刀）	1	宽 4mm			
3	T03	硬质合金 60°外螺纹车刀	1	螺纹			
4	T08	φ5mm 中心钻	1				
编制		×××	审核	×××	批准	×××	共1页　第1页

4. 切削用量选择

根据被加工表面质量要求、刀具材料和工件材料，参考切削用量手册或有关资料选取切削速度与每转进给量，填入表 5-24 工序卡中。

表 5-24　螺纹多槽零件数控加工工序卡

单位名称	××××	产品名称或代号	零件名称	零件图号
		数控车工艺分析实例	螺纹多槽件	Lathe-12
工序号	程序编号	夹具名称	使用设备	车间
001	Lathe-12	卡盘和自制心轴	Fanuc 0i	数控中心

续表

工步号	工步内容	刀具号	刀具规格/mm	主轴转速/(r/min)	进给速度/(mm/min)	背吃刀量/(mm)	备注
1	平端面	T01	25×25	800	80		手动
2	钻5mm中心孔	T08	φ5	800	20		手动
3	粗车外轮廓	T01	25×25	800	80	1.5	自动
4	精车外轮廓	T01	25×25	1200	40	0.2	自动
5	切槽(共5个)	T02	4×25				
6	车M28×2螺纹	T03	20×20	系统配给	系统配给		自动
7	粗车尾部外轮廓	T01	25×25	800	80	1.5	自动
8	精车尾部外轮廓	T01	25×25	800	80	0.2	自动
9	切断	T02	4×25	800	20		自动
编制	×××	审核	×××	批准	×××	年 月 日	共1页 第1页

5. 数控程序的编制

开始	N010	M03 S800	主轴正转,800r/min
	N020	T0101	换01号外圆车刀
	N030	G98	指定走刀按照mm/min进给
端面	N040	G00 X45 Z0	快速定位至工件端面上方(注:若有顶尖,端面不编程)
	N050	G01 X0 F80	做端面,走刀速度80mm/min
粗车循环	N060	G00 X45 Z3	快速定位循环起点
	N070	G71 U1.5 R1	X向每次吃刀量为1.5mm,退刀量为1mm
	N080	G71 P90 Q160 U0.1 W0.1 F80	循环程序段90~160
轮廓	N090	G00 X24	快速定位至轮廓右端3mm处
	N100	G01 X24 Z0	接触工件
	N110	G01 X28 Z-2	车削螺纹倒角
	N120	G01 Z-28	车削φ28的外圆
	N130	G01 X30	车削到φ30外圆处
	N140	G01 Z-45	车削φ30的外圆
	N150	G01 X36	车削至φ36外圆处
	N160	G01 Z-108	车削φ30的外圆
精车循环	N170	M03 S1200	提高主轴转速,1200r/min
	N180	G70 P90 Q160 F40	精车
切槽	N190	M03 S800	主轴正转,800r/min
	N200	G00 X200 Z200	快速退刀,准备换刀
	N230	T0202	换02号切槽刀
	N300	G00 X32 Z-27	定位至螺纹退刀槽的循环起点
	N310	G75 R1	G75切槽循环固定格式
	N320	G75 X24 Z-28 P3000 Q3500 R0 F20	G75切槽循环固定格式

续表

切槽	N330	G00 X38	提刀
	N340	G00 X38 Z−50	定位至连续槽的循环起点
	N350	G75 R1	G75 切槽循环固定格式
	N360	G75 X32 Z−74 P3000 Q10000 R0 F20	G75 切槽循环固定格式
	N370	G00 X38 Z−84	定位至尾部槽的循环起点
	N380	G75 R1	G75 切槽循环固定格式
	N390	G75 X30 Z−88 P3000 Q3500 R0 F20	G75 切槽循环固定格式
螺纹	N400	G00 X150 Z150	快速退刀，准备换刀
	N410	T0303	换 03 号螺纹刀
	N420	G00 X30 Z3	定位至螺纹循环起点
	N430	G76 P040060 Q100 R0.08	G76 螺纹循环固定格式
	N440	G76 X25.786 Z−25 P1107 Q500 R0 F2	G76 螺纹循环固定格式
尾部粗车循环	N450	G00 X200 Z200	快速退刀，准备换刀
	N460	T0101 M03 S800	换 03 号螺纹刀，主轴正转，800r/min
	N470	G00 X40 Z−85	快速定位循环起点
	N480	G73 U7 W1 R5	X 向总吃刀量为 7mm，循环 5 次
	N490	G73 P500 Q550 U0.1 W0.1 F80	循环程序段 500～550
轮廓	N500	G01 X30 Z−88	接触工件
	N510	G02 X30 Z−98 R20	车削 R20 的顺时针圆弧
	N520	G01 X30 Z−103	车削 φ30 的外圆
	N530	G01 X26 Z−105	车削尾部的倒角
	N540	G01 Z−109	车削 φ26 的外圆，为切断做准备
	N550	G01 X40	提刀
精车循环	N560	M03 S1200	提高主轴转速，1200r/min
	N570	G70 P500 Q550 F40	精车
切断	N580	M00	在实际加工中暂停后撤出顶尖，再执行后续操作
	N590	M03 S800	主轴正转，800r/min
	N600	G00 X200 Z200	快速退刀，准备换刀
	N610	T0202	换 02 号切槽刀
	N620	G00 X38 Z−107	移动至尾部倒角的正上方
	N630	G01 X30 F20	接触倒角
	N640	G01 X26 Z−109	精车倒角
	N650	G01 X0	切断
结束	N660	G00 X200 Z200	快速退刀
	N670	M05	主轴停
	N680	M30	程序结束

十三、螺纹宽槽轴数控车床零件加工工艺分析及编程

螺纹宽槽轴零件图如图 5-42 所示。

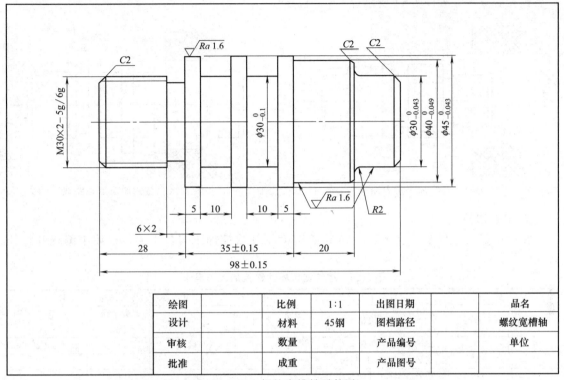

图 5-42 螺纹宽槽轴零件图

1. 零件图工艺分析

该零件表面由内外圆柱面及外螺纹等表面组成,其中多个直径尺寸与轴向尺寸有较高的尺寸精度和表面粗糙度要求。零件图尺寸标注完整,符合数控加工尺寸标注要求;轮廓描述清楚完整;零件材料为 45 钢,切削加工性能较好,无热处理和硬度要求。加工时按照从左到右的顺序进行程序编制和加工。

通过上述分析,采取以下几点工艺措施。

① 零件图样上带公差的尺寸,因公差值较小,故编程时不必取其平均值,而取基本尺寸即可。

② 左右端面均为多个尺寸的设计基准,注意尺寸的选择和加工速度的确定。

③ 零件需要掉头加工,注意掉头的对刀和端面找准。

2. 确定装夹方案、加工顺序及走刀路线

① 先加工右侧的部分。

用三爪自动定心卡盘夹紧,加工顺序按由粗到精、由近到远的原则确定,在一次装夹中尽可能加工出较多的工件表面。结合本零件的结构特征,可先粗车外圆表面,然后加工外轮廓表面。由于该零件外圆部分由直线构成,故采用 G71 循环,轮廓表面车削走刀路线可沿零件轮廓顺序进行,按路线加工,如图 5-43 所示。为安全起见,第一次装夹加工,先切右侧的宽槽,留有刀具与卡盘的安全距离。

② 加工左侧带螺纹的部分。

用三爪自动定心卡盘按照图 5-44 所示位置夹紧,加工顺序按由外到内、由粗到精、由

近到远的原则确定,在一次装夹中尽可能加工出较多的工件表面。结合本零件的结构特征,可先粗车外圆表面,然后加工外轮廓表面。由于该零件外圆部分完全由直线构成,故采用 G71 循环,轮廓表面车削走刀路线可沿零件轮廓顺序进行,按路线加工;内圆部分采取先钻孔后镗孔的方法,如图 5-44 所示。

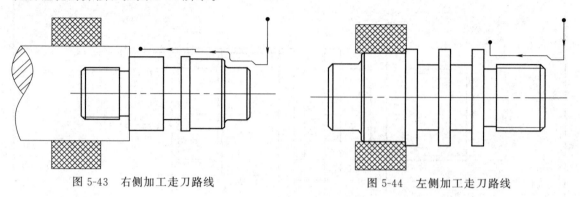

图 5-43　右侧加工走刀路线　　　　　图 5-44　左侧加工走刀路线

3. 刀具选择

将所选定的刀具参数填入表 5-25 螺纹宽槽零件数控加工刀具卡中,以便于编程和操作管理。

表 5-25　螺纹宽槽零件数控加工刀具卡

产品名称或代号		数控车工艺分析实例		零件名称	螺纹宽槽轴	零件图号	Lathe-13
序号	刀具号	刀具规格名称	数量	加工表面	刀尖半径/mm	备注	
1	T01	45°硬质合金外圆车刀	1	车端面	0.5	25mm×25mm	
2	T02	宽 3mm 切断刀(割槽刀)	1	宽 3mm			
3	T03	硬质合金 60°外螺纹车刀	1	螺纹			
编制		×××	审核	×××	批准	×××	共 1 页　第 1 页

4. 切削用量选择

根据被加工表面质量要求、刀具材料和工件材料,参考切削用量手册或有关资料选取切削速度与每转进给量,填入表 5-26 工序卡中。

表 5-26　螺纹宽槽零件数控加工工序卡

单位名称	××××	产品名称或代号		零件名称		零件图号	
		数控车工艺分析实例		螺纹宽槽轴		Lathe-13	
工序号	程序编号	夹具名称		使用设备		车间	
001	Lathe-13	卡盘和自制心轴		Fanuc 0i		数控中心	
工步号	工步内容	刀具号	刀具规格/mm	主轴转速/(r/min)	进给速度/(mm/min)	背吃刀量/mm	备注
1	平端面	T01	25×25	800	80		自动
2	粗车外轮廓	T01	25×25	800	80	1.5	自动
3	精车外轮廓	T01	25×25	1200	40	0.2	自动
4	切右侧宽槽	T02		800	20		自动
5	掉头装夹						
6	粗车外轮廓	T01	25×25	800	80	1.5	自动
7	精车外轮廓	T01	25×25	800	80	0.2	自动
8	切螺纹退刀槽和剩余的宽槽	T02		800	20		自动
9	攻 M30×2 螺纹	T03	20×20	系统配给	系统配给		自动
编制	×××	审核	×××	批准	×××	年　月　日	共 1 页　第 1 页

5. 数控程序的编制
（1）加工零件的右侧

开始	N010	M03 S800	主轴正转,800r/min
	N020	T0101	换01号外圆车刀
	N030	G98	指定走刀按照mm/min进给
端面	N040	G00 X50 Z0	快速定位至端面上方
	N050	G01 X0 F80	车削端面
粗车循环	N060	G00 X50 Z3	快速定位循环起点
	N070	G71 U1.5 R1	X向每次吃刀量为1.5mm,退刀量为1mm
	N080	G71 P90 Q180 U0.1 W0.1 F80	循环程序段90～180
轮廓	N090	G00 X26	快速定位至轮廓右端3mm处
	N100	G01 X26 Z0	接触工件
	N110	G01 X30 Z-2	车削C2倒角
	N120	G01 Z-13	车削φ30的外圆
	N130	G02 X34 Z-15 R2	车削R2的顺时针圆弧
	N140	G01 X36	车削至φ36外圆处
	N150	G01 X40 Z-17	车削C2倒角
	N160	G01 Z-35	车削φ30的外圆
	N170	G01 X45	车削至φ45外圆处
	N180	G01 Z-70	车削φ45的外圆
精车循环	N190	M03 S1200	提高主轴转速,1200r/min
	N200	G70 P90 Q180 F40	精车
切槽	N210	M03 S800	降低主轴转速,800r/min
	N220	G00 X150 Z150	退到换刀点
	N230	T0202	换02号切槽刀
	N240	G00 X45 Z-43	定位切槽的循环起点
	N250	G75 R1	G75切槽循环固定格式
	N260	G75 X30 Z-50 P3000 Q2800 R0 F20	G75切槽循环固定格式
结束	N270	G00 X200 Z200	退刀
	N280	M05	主轴停
	N290	M30	程序结束

（2）加工零件的左侧

开始	N010	M03 S800	主轴正转,800r/min
	N020	T0101	换01号外圆车刀
	N030	G98	指定走刀按照mm/min进给
端面	N040	G00 X50 Z0	快速定位至端面上方
	N050	G01 X0 F80	车削端面
粗车循环	N060	G00 X50 Z3	快速定位循环起点
	N070	G71 U1.5 R1	X向每次吃刀量为1.5mm,退刀量为1mm
	N080	G71 P90 Q130 U0.1 W0.1 F80	循环程序段90～130
轮廓	N090	G00 X26	快速定位至轮廓右端2mm处
	N100	G01 X26 Z0	接触工件
	N110	G01 X30 Z-2	车削C2倒角
	N120	G01 Z-28	车削φ30的外圆
	N130	G01 X45	车削φ45外圆的右端面
精车循环	N140	M03 S1200	提高主轴转速,1200r/min
	N150	G70 P90 Q130 F40	精车

续表

	N160	M03 S800	降低主轴转速,800r/min
切槽	N170	G00 X200 Z200	退到退刀点
	N180	T0202	换02号切槽刀
	N190	G00 X45 Z-25	定位至螺纹退刀槽的循环起点
	N200	G75 R1	G75切槽循环固定格式
	N210	G75 X26 Z-28 P3000 Q2800 R0 F20	G75切槽循环固定格式
	N220	G00 X50 Z-36	定位至宽槽的循环起点
	N230	G75 R1	G75切槽循环固定格式
	N240	G75 X30 Z-43 P3000 Q2800 R0 F20	G75切槽循环固定格式
螺纹	N250	G00 X150 Z150	快速退刀,准备换刀
	N260	T0303	换03号螺纹刀
	N270	G00 X32 Z3	定位至螺纹循环起点
	N280	G76 P040060 Q100 R0.08	G76螺纹循环固定格式
	N290	G76 X27.786 Z-25 P1107 Q500 R0 F2	G76螺纹循环固定格式
结束	N300	G00 X200 Z200	快速退刀
	N310	M05	主轴停
	N320	M30	程序结束

十四、双头孔轴数控车床零件加工工艺分析及编程

双头孔轴零件图如图5-45所示。

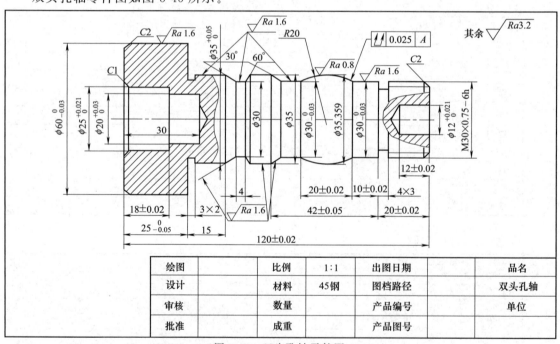

图5-45 双头孔轴零件图

1. 零件图工艺分析

该零件表面由内外圆柱面及外螺纹等表面组成,其中多个直径尺寸与轴向尺寸有较高的尺寸精度和表面粗糙度要求。零件图尺寸标注完整,符合数控加工尺寸标注要求;轮廓描述清楚完整;零件材料为45钢,切削加工性能较好,无热处理和硬度要求。加工时按照从左到右的顺序进行程序编制和加工。工件加工需要掉头。

通过上述分析,采取以下几点工艺措施。

① 零件图样上带公差的尺寸,因公差值较小,故编程时不必取其平均值,而取基本尺寸即可。
② 左右端面均为多个尺寸的设计基准,注意尺寸的选择和加工速度的确定。
③ 零件需要掉头加工,注意掉头的对刀和端面找准。

2. 确定装夹方案、加工顺序及走刀路线

① 先加工左侧带有内孔的部分。

用三爪自动定心卡盘夹紧,加工顺序按由粗到精、由近到远的原则确定,在一次装夹中尽可能加工出较多的工件表面。结合本零件的结构特征,可先粗车外圆表面,然后加工外轮廓表面。由于该零件外圆部分由直线构成,故采用 G71 循环,轮廓表面车削走刀路线可沿零件轮廓顺序进行,按路线加工;内圆部分采取先钻孔后镗孔的方法,如图 5-46 所示。

② 加工右侧带有螺纹的部分。

用三爪自动定心卡盘按照图 5-47 所示位置夹紧,加工顺序按由外到内、由粗到精、由近到远的原则确定,在一次装夹中尽可能加工出较多的工件表面。结合本零件的结构特征,可先粗车外圆表面,然后加工外轮廓表面。由于该零件外圆部分构成状况,故采用 G71 循环先去除大量的毛坯外径,然后再用 G73 循环依照轮廓表面车削,走刀路线可沿零件轮廓顺序进行,按路线加工。加工路线如图 5-47 所示。60°的外圆处用切槽刀完成。

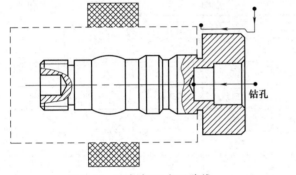

图 5-46 左侧加工走刀路线

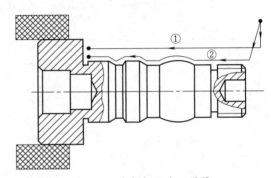

图 5-47 右侧加工走刀路线
① G71 编程路线;② G73 编程路线

3. 刀具选择

将所选定的刀具参数填入表 5-27 双头孔轴零件数控加工刀具卡中,以便于编程和操作管理。注意:车削外轮廓时,为防止副后刀面与工件表面发生干涉,应选择较大的副偏角,必要时可作图检验。

表 5-27 双头孔轴零件数控加工刀具卡

产品名称或代号		数控车工艺分析实例	零件名称	双头孔轴	零件图号	Lathe-14
序号	刀具号	刀具规格名称	数量	加工表面	刀尖半径/mm	备注
1	T01	45°硬质合金外圆车刀	1	车端面	0.5	25mm×25mm
2	T02	宽 3mm 切断刀(割槽刀)	1	宽 3mm		
3	T03	硬质合金 60°外螺纹车刀	1	螺纹		
4	T04	内圆车刀	0			2mm
5	T05	宽 4mm 镗孔刀	1	镗内孔基准面		
6	T06	宽 3mm 内割刀(内切槽刀)	1	宽 3mm		
7	T07	ϕ10mm 中心钻	1			
8	T08	ϕ5mm 中心钻	1			
编制		×××	审核	×××	批准	×××	共1页	第1页

4. 切削用量选择

根据被加工表面质量要求、刀具材料和工件材料，参考切削用量手册或有关资料选取切削速度与每转进给量，填入表 5-28 工序卡中。

表 5-28 双头孔轴零件数控加工工序卡

单位名称	××××	产品名称或代号		零件名称	零件图号
		数控车工艺分析实例		双头孔轴	Lathe-14
工序号	程序编号	夹具名称		使用设备	车间
001	Lathe-14	卡盘和自制心轴		Fanuc 0i	数控中心
工步号	工步内容	刀具号	刀具规格/mm	主轴转速/(r/min)	进给速度/(mm/min)	背吃刀量/mm	备注
1	平端面	T01	25×25	800	80		自动
2	粗车外轮廓	T01	25×25	800	80	1.5	自动
3	精车外轮廓	T01	25×25	1200	40	0.2	自动
4	钻底孔	T08	φ5mm	600	15		自动
5	镗 φ25 和 φ20 内孔	T05	10×10	600	20		自动
6	掉头装夹						
7	G71 粗车外轮廓	T01	25×25	800	80	1.5	自动
8	G73 粗车外轮廓	T01	25×25	800	80	1.5	自动
9	精车外轮廓	T01	25×25	1200	40	0.2	自动
10	螺纹倒角	T01	25×25	800	80		自动
11	切螺纹退刀槽	T02	25×25	800	20		自动
12	精车 60°处的外圆	T02	25×25	800	20		自动
13	切尾部 3×2 的槽	T02	25×25	800	20		自动
14	车 M30×0.75 螺纹	T03	10×10	系统配给	系统配给		自动
15	钻底孔	T07	φ10mm	800	15		自动
16	镗 φ25 的内孔	T05	20×20	800	20		自动
编制	×××	审核	×××	批准	×××	年 月 日	共1页 第1页

5. 数控程序的编制

（1）加工左侧带有内孔的部分

开始	N010	M03 S800	主轴正转，800r/min
	N020	T0101	换 01 号外圆车刀
	N030	G98	指定走刀按照 mm/min 进给
端面	N040	G00 X70 Z0	快速定位至端面上方
	N050	G01 X0　　F80	车削端面
粗车循环	N060	G00 X70 Z2	快速定位循环起点
	N070	G71 U1.5 R1	X 向每次吃刀量为 1.5mm，退刀量为 1mm
	N080	G71 P90 Q120 U0.1 W0.1 F80	循环程序段 90~120

轮廓	N090	G00 X56	快速定位至轮廓右端2mm处
	N100	G01 X56 Z0	接触工件
	N110	G01 X60 Z-2	车削C2倒角
	N120	G01　　Z-28	车削φ60的外圆
精车循环	N130	M03 S1200	提高主轴转速,1200r/min
	N140	G70 P90 Q120 F40	精车
钻孔	N150	M03 S600	降低主轴转速,800r/min
	N160	G00 X200 Z200	退到换刀点
	N170	T0707	换07号钻头
	N180	G00 X0 Z1	定位至工件中心右侧1mm处
	N190	G01 X0 Z-30 F15	钻孔
	N200	G01 X0 Z1 F40	退出孔
镗孔	N210	G00 X200 Z200	退到退刀点
	N220	T0404	换04号镗孔刀
	N230	G00 X8 Z1	快速定位至镗孔循环起点
	N240	G74 R1	G74镗孔循环的固定格式
	N250	G74 X20 Z-30 P3000 Q2800 R0 F20	G74镗孔循环的固定格式
精车内孔	N260	G00 X27 Z1	定位至倒角外部
	N270	G01 X27 Z0 F20	接触工件
	N280	G01 X25 Z-1	倒角
	N290	G01　　Z-18	精车φ25的内圆
	N300	G01 X20	精车φ20右侧的端面
	N310	G01　　Z-30	精车φ20的内圆
	N320	G01 X0	平底孔
	N330	G01　　Z1 F40	退出内孔
	N350	G00 X200 Z200	退刀
结束	N360	M05	快速退刀
	N370	M30	主轴停

(2) 加工右侧带有螺纹的部分

开始	N010	M03 S800	主轴正转,800r/min
	N020	T0101	换01号外圆车刀
	N030	G98	指定走刀按照mm/min进给
端面	N040	G00 X70 Z0	快速定位至端面上方
	N050	G01 X0　　F80	车削端面
粗车循环	N060	G00 X70 Z3	快速定位至G71循环起点
	N070	G71 U1.5 R1	X向每次吃刀量为1.5mm,退刀量为1mm
	N080	G71 P90 Q100 U0.1 W0.1 F80	循环程序段90～100,不需精车
轮廓	N090	G00 X36	快速定位至工件右端3mm处
	N100	G01　　Z-95	车削φ36的外圆,去除大量毛坯

续表

粗车循环	N110	G00 X42 Z3	快速定位至 G73 循环起点
	N120	G73 U6 W1 R6	X 向总吃刀量为 6mm，循环 6 次
	N130	G73 P140 Q230 U0.1 W0.1 F80	循环程序段 140～230
轮廓	N140	G00 X30 Z1	快速定位至工件右端 1mm 处
	N150	G01 Z-30	车削 φ30 的外圆
	N160	G03 X30 Z-50 R20	车削 R20 的逆时针圆弧
	N170	G01 Z-57.67	车削 φ30 的外圆
	N180	G01 X35 Z-62	车削 30°锥度外圆部分
	N190	G01 Z-70.226	车削 φ35 的外圆
	N200	G01 X30 Z-74.67	45°方向车削 60°处的锥度，留余量给切槽刀
	N210	G01 Z-75.67	车削 φ30 的外圆
	N220	G01 X35 Z-80	车削 30°锥度外圆部分
	N230	G01 Z-95	车削 φ35 的外圆
精车	N240	M03 S1200	提高主轴转速，1200r/min
	N250	G70 P140 Q230 F40	精车
倒角	N260	M03 S800	降低主轴转速，800r/min
	N270	G00 X24 Z1	定位至螺纹倒角的延长线处
	N280	G01 X30 Z-2 F80	车削倒角
切槽	N290	G00 X200 Z200	退到换刀点
	N300	T0202	换 02 号切槽刀
	N310	G00 X38 Z-19	快速定位至切槽循环起点
	N320	G75 R1	G75 切槽循环的固定格式
	N330	G75 X24 Z-20 P3000 Q2800 R0 F20	G75 切槽循环的固定格式
	N340	G00 X38 Z-73.266	定位至 60°外圆正上方
	N350	G01 X35 F60	接触工件
	N360	G01 X30 Z-74.67 F20	车削 60°的锥度外圆
	N370	G01 X38 F40	提刀
	N380	G01 X62 Z-95 F80	定位至最后一个槽的上方
	N390	G01 X31 F20	切槽
	N400	G04 P1000	暂停 1s，清槽底
	N410	G01 X38 F40	提刀
螺纹	N420	G00 X200 Z200	退到换刀点
	N430	T0303	换 03 号螺纹刀
	N440	G00 X32 Z3	快速定位至螺纹循环起点
	N450	G76 P030060 Q80 R0.04	G76 镗孔循环的固定格式
	N460	G76 X29.170 Z-18 P415 Q200 R0 F0.75	G76 镗孔循环的固定格式
钻孔	N470	G00 X200 Z200	退到换刀点
	N480	T0707	换 07 号钻头
	N490	G00 X0 Z1	定位至工件中心右端 1mm 处
	N500	G01 X0 Z-12 F15	钻孔
	N510	G01 X0 Z1 F40	退出孔

续表

	N520	G00 X200 Z200	退到换刀点
	N530	T0404	换 04 号镗孔刀
镗孔	N540	G00 X8 Z1	快速定位至镗孔循环起点
	N550	G74 R1	G74 镗孔循环的固定格式
	N560	G74 X12 Z−12 P3000 Q2800 R0 F20	G74 镗孔循环的固定格式
	N570	G00 X200 Z200	快速退刀
结束	N580	M05	主轴停
	N590	M30	程序结束

十五、螺纹圆弧轴数控车床零件加工工艺分析及编程

螺纹圆弧轴零件图如图 5-48 所示。

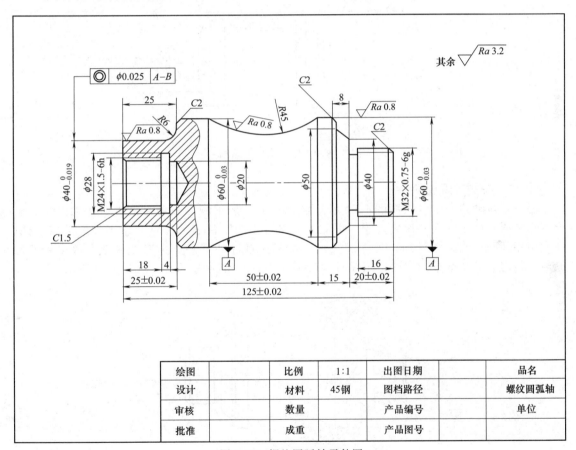

图 5-48 螺纹圆弧轴零件图

1. 零件图工艺分析

该零件表面由内外圆柱面及外螺纹等表面组成，其中多个直径尺寸与轴向尺寸有较高的尺寸精度和表面粗糙度要求。零件图尺寸标注完整，符合数控加工尺寸标注要求；轮廓描述清楚完整；零件材料为 45 钢，切削加工性能较好，无热处理和硬度要求。加工时按照从左到右的顺序进行程序编制和加工。

通过上述分析,采取以下几点工艺措施。

① 零件图样上带公差的尺寸,因公差值较小,故编程时不必取其平均值,而取基本尺寸即可。

② 左右端面均为多个尺寸的设计基准,注意尺寸的选择和加工速度的确定。

③ 零件需要掉头加工,注意掉头的对刀和端面找准。

2. 确定装夹方案、加工顺序及走刀路线

① 先加工左侧带有内孔的部分。

用三爪自动定心卡盘夹紧,加工顺序按由粗到精、由近到远的原则确定,在一次装夹中尽可能加工出较多的工件表面。结合本零件的结构特征,可先粗车外圆表面,然后加工外轮廓表面。由于该零件外圆部分由直线和圆弧面构成,故采用G73循环,轮廓表面车削走刀路线可沿零件轮廓顺序进行,按路线加工;内圆部分采取先钻孔后镗孔的方法,如图5-49所示。

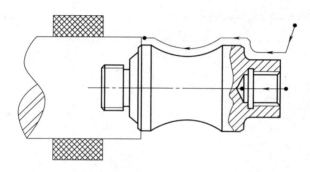

图 5-49 左侧加工走刀路线

② 加工右侧带螺纹的部分。

用三爪自动定心卡盘按照图5-50所示位置夹紧,加工顺序按由外到内、由粗到精、由近到远的原则确定,在一次装夹中尽可能加工出较多的工件表面。结合本零件的结构特征,可先粗车外圆表面,然后加工外轮廓表面。由于该零件外圆部分由直线构成,故采用G71循环,轮廓表面车削走刀路线可沿零件轮廓顺序进行,按路线加工,如图5-50所示。

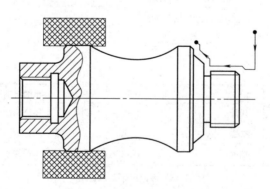

图 5-50 右侧加工走刀路线

3. 刀具选择

将所选定的刀具参数填入表5-29螺纹圆弧轴数控加工刀具卡中,以便于编程和操作管理。注意:车削外轮廓时,为防止副后刀面与工件表面发生干涉,应选择较大的副偏角,必要时可作图检验。

表 5-29　螺纹圆弧轴数控加工刀具卡

产品名称或代号		数控车工艺分析实例	零件名称	螺纹圆弧轴	零件图号	Lathe-15
序号	刀具号	刀具规格名称	数量	加工表面	刀尖半径/mm	备注
1	T01	45°硬质合金外圆车刀	1	车端面	0.5	25mm×25mm
2	T02	宽4mm 切断刀(割槽刀)	1	宽4mm		
3	T03	硬质合金60°外螺纹车刀	1	螺纹		
4	T04	内圆车刀				2mm
5	T05	宽4mm 镗孔刀	1	镗内孔基准面		
6	T06	宽3mm 内割刀(内切槽刀)	1	宽3mm		
7	T07	φ10mm 中心钻	1			
8	T08	硬质合金60°内螺纹车刀	1	内螺纹		
编制		×××	审核	×××	批准	×××	共1页	第1页

4. 切削用量选择

根据被加工表面质量要求、刀具材料和工件材料,参考切削用量手册或有关资料选取切削速度与每转进给量,填入表 5-30 工序卡中。

表 5-30　螺纹圆弧轴数控加工工序卡

单位名称		××××	产品名称或代号		零件名称		零件图号	
			数控车工艺分析实例		螺纹圆弧轴		Lathe-15	
工序号		程序编号	夹具名称		使用设备		车间	
001		Lathe-15	卡盘和自制心轴		Fanuc 0i		数控中心	
工步号	工步内容	刀具号	刀具规格/mm	主轴转速/(r/min)	进给速度/(mm/min)	背吃刀量/mm	备注	
1	平端面	T01	25×25	800	80		自动	
2	粗车外轮廓	T01	25×25	800	80	1.5	自动	
3	精车外轮廓	T01	25×25	1200	40	0.2	自动	
4	钻底孔	T07	φ10mm	800	20		自动	
5	镗φ20的内孔	T05	20×20	600	20		自动	
6	精车内轮廓	T05	25×25	800	40	0.2	自动	
7	切内槽	T06	18×18	800	20	2.5	自动	
8	车 M24×1.5 内螺纹	T03	20×20	系统配给	系统配给		自动	
9	掉头装夹							
10	粗车外轮廓	T01	25×25	800	80	1.5	自动	
11	精车外轮廓	T01	25×25	1200	40	0.2	自动	
12	螺纹倒角	T01	25×25	800	80		自动	
13	切螺纹退刀槽	T07	φ10mm	800	20		自动	
14	车 M32×0.75 螺纹	T05	20×20	系统配给	系统配给		自动	
编制	×××	审核	×××	批准	×××	年 月 日	共1页	第1页

5. 数控程序的编制
（1）加工左侧带有内孔和内螺纹的部分

开始	N010	M03 S800	主轴正转，800r/min
	N020	T0101	换 01 号外圆车刀
	N030	G98	指定走刀按照 mm/min 进给
端面	N040	G00 X70 Z0	快速定位至端面上方
	N050	G01 X0　　F80	车削端面
粗车循环	N060	G00 X70 Z3	快速定位循环起点
	N070	G73 U15 W1 R15	X 向总吃刀量为 15mm，循环 15 次
	N080	G73 P90 Q150 U0.1 W0.1 F80	循环程序段 90～150
轮廓	N090	G00 X40 Z1	快速定位至工件外侧
	N100	G01　　Z－19	车削 φ40 的外圆
	N110	G02 X56 Z－25 R6	车削 R6 的顺时针圆弧
	N120	G01 X60 Z－27	车削 C2 倒角
	N130	G01　　Z－40	车削 φ60 的外圆
	N140	G02 X60 Z－90 R45	车削 R45 的顺时针圆弧
	N150	G01　　Z－100	车削 φ60 的外圆
精车循环	N160	M03 S1200	提高主轴转速，1200r/min
	N170	G70 P90 Q150 F40	精车
钻头	N180	M03 S800	降低主轴转速，800r/min
	N190	G00 X200 Z200	退到换刀点
	N200	T0707	换 07 号钻头
	N210	G00 X0 Z1	定位至工件中心右端 1mm 处
	N220	G01 X0 Z－25 F15	钻孔
	N230	G01 X0 Z1 F40	退出孔
镗孔	N240	G00 X200 Z200	退到换刀点
	N250	T0505	换 05 号镗孔刀
	N260	G00 X16 Z1	快速定位至镗孔循环起点
	N270	G74 R1	G74 镗孔循环的固定格式
	N280	G74 X20 Z－25 P3000 Q2800 R0 F20	G74 镗孔循环的固定格式
内孔	N290	G00 X24 Z1	定位至倒角右侧 1mm 处
	N300	G01 X24 Z0 F40	接触工件
	N310	G01 X22.3395 Z－1.5	车削倒角
	N320	G01　　Z－22	车削 φ22.3395 的内圆
	N330	G01 X20 Z1 F30	退出内孔
内槽	N350	G00 X150 Z150	退到换刀点
	N360	T0606	换 06 号内切槽刀
	N370	G00 X20 Z1	定位至孔的外侧
	N380	G01　　Z－22 F40	移动至内槽的下方
	N390	G01 X28　　F15	切内槽

续表

内槽	N400	G04 P1000	暂停1s,清槽底
	N420	G01 X20　F40	退出槽
	N430	G01　Z1	退出内孔
内螺纹	N440	G00 X150 Z150	退到换刀点
	N450	T0808	换08号内螺纹刀
	N460	G00 X20 Z3	快速定位至螺纹循环起点
	N470	G76 P030060 Q100 R-0.08	G76镗孔循环的固定格式
	N480	G76 X24 Z-20 P830 Q400 R0 F2	G76镗孔循环的固定格式
结束	N490	G00 X200 Z200	快速退刀
	N500	M05	主轴停
	N510	M30	程序结束

（2）加工右侧带有外螺纹的部分

开始	N010	M03 S800	主轴正转,800r/min
	N020	T0101	换01号外圆车刀
	N030	G98	指定走刀按照mm/min进给
端面	N040	G00 X70 Z0	快速定位至端面上方
	N050	G01 X0　F80	车削端面
粗车循环	N060	G00 X70 Z3	快速定位循环起点
	N070	G71 U1.5 R1	X向每次吃刀量为1.5mm,退刀量为1mm
	N080	G71 P90 Q160 U0.1 W0.1 F80	循环程序段90～160
轮廓	N090	G00 X28	快速定位至轮廓右端1mm处
	N100	G01 X28 Z0	接触工件
	N110	G01 X32 Z-2	车削螺纹的倒角
	N120	G01　Z-20	车削φ32的外圆
	N130	G01 X40	车削至φ40的外圆处
	N140	G01 X50 Z-26	车削锥度部分到φ50的外圆处
	N150	G01 X56	车削至倒角起点位置
	N160	G01 X60 Z-28	车削倒角
精车循环	N170	M03 S1200	提高主轴转速,1200r/min
	N180	G70 P90 Q160 F40	精车
切槽	N190	G00 X200 Z200	降低主轴转速,800r/min
	N200	M03 S800	退到换刀点
	N210	T0202	换02号切槽刀
	N220	G00 X41 Z-20	定位至槽上方
	N230	G01 X26　F20	切槽(注:当螺纹退刀槽没有具体尺寸时,由自己根据实际情况给出)
	N240	G04 P1000	暂停1s,清槽底
	N250	G01 X41　F40	提刀

续表

螺纹	N260	G00 X200 Z200	退到换刀点
	N270	T0303	换 06 号螺纹刀
	N280	G00 X34 Z3	快速定位至螺纹循环起点
	N290	G76 P030060 Q80 R0.08	G76 镗孔循环的固定格式
	N300	G76 X31.170 Z-20 P415 Q200 R0 F0.75	G76 镗孔循环的固定格式
结束	N310	G00 X200 Z200	快速退刀
	N320	M05	主轴停
	N330	M30	程序结束

十六、双头特型轴数控车床零件加工工艺分析及编程

双头特型轴零件图如图 5-51 所示。

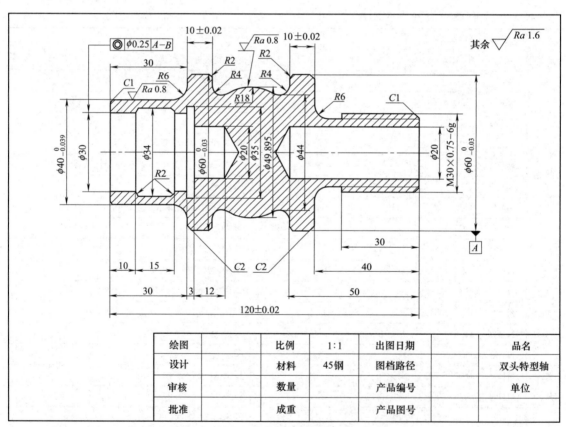

图 5-51 双头特型轴零件图

1. 零件图工艺分析

该零件表面由内外圆柱面及外螺纹等表面组成，其中多个直径尺寸与轴向尺寸有较高的尺寸精度和表面粗糙度要求。零件图尺寸标注完整，符合数控加工尺寸标注要求；轮廓描述清楚完整；零件材料为 45 钢，切削加工性能较好，无热处理和硬度要求。加工时按照从左到右的顺序进行程序编制和加工。

通过上述分析，采取以下几点工艺措施。

① 零件图样上带公差的尺寸，因公差值较小，故编程时不必取其平均值，而取基本尺寸即可。
② 左右端面均为多个尺寸的设计基准，注意尺寸的选择和加工速度的确定。
③ 零件需要掉头加工，注意掉头的对刀和端面找准。
④ R18 圆弧由两部分加工完成。
⑤ 注意装夹夹紧力大小，以免破坏零件形状。

2. 确定装夹方案、加工顺序及走刀路线

① 先加工左侧带有复杂内外圆的部分。

用三爪自动定心卡盘夹紧，加工顺序按由粗到精、由近到远的原则确定，在一次装夹中尽可能加工出较多的工件表面。结合本零件的结构特征，可先粗车外圆表面，然后加工外轮廓表面。由于该零件外圆部分由直线和圆弧面构成，故采用 G73 循环，轮廓表面车削走刀路线可沿零件轮廓顺序进行，按路线加工；内圆部分采取先钻孔后镗孔的方法，如图 5-52 所示。

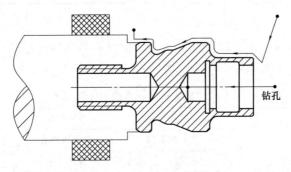

图 5-52　左侧加工走刀路线

② 加工右侧带有螺纹的部分。

用三爪自动定心卡盘按照图 5-53 所示位置夹紧，加工顺序按由外到内、由粗到精、由近到远的原则确定，在一次装夹中尽可能加工出较多的工件表面。结合本零件的结构特征，可先粗车外圆表面，然后加工外轮廓表面。由于该零件外圆部分由直线和大段圆弧面构成，故采用 G73 循环，轮廓表面车削走刀路线可沿零件轮廓顺序进行，按路线加工，如图 5-53 所示；内圆部分采取先钻孔后镗孔的方法。

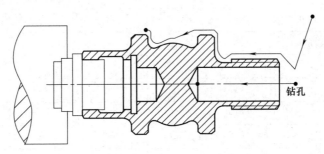

图 5-53　右侧加工走刀路线

3. 刀具选择

将所选定的刀具参数填入表 5-31 双头特型轴数控加工刀具卡中，以便于编程和操作管理。注意：车削外轮廓时，为防止副后刀面与工件表面发生干涉，应选择较大的副偏角，必要时可作图检验。

表 5-31 双头特型轴数控加工刀具卡

产品名称或代号		数控车工艺分析实例	零件名称	双头特型轴	零件图号	Lathe-16
序号	刀具号	刀具规格名称	数量	加工表面	刀尖半径/mm	备注
1	T01	45°硬质合金外圆车刀	1	车端面	0.5	25mm×25mm
2	T02	宽 3mm 切断刀(割槽刀)	1	宽 3mm		
3	T03	硬质合金 60°外螺纹车刀	1	螺纹		
4	T04	内圆车刀	0			2mm
5	T05	宽 4mm 镗孔刀	1	镗内孔基准面		
6	T06	宽 3mm 内割刀(内切槽刀)	1	宽 3mm		
7	T07	φ10mm 中心钻	1			
编制		×××	审核	×××	批准	×××	共 1 页	第 1 页

4. 切削用量选择

根据被加工表面质量要求、刀具材料和工件材料,参考切削用量手册或有关资料选取切削速度与每转进给量,填入表 5-32 工序卡中。

表 5-32 双头特型轴数控加工工序卡

单位名称	××××	产品名称或代号		零件名称	零件图号
		数控车工艺分析实例		双头特型轴	Lathe-16
工序号	程序编号	夹具名称		使用设备	车间
001	Lathe-16	卡盘和自制心轴		Fanuc 0i	数控中心
工步号	工步内容	刀具号	刀具规格/mm	主轴转速/(r/min)	进给速度/(mm/min)	背吃刀量/mm	备注
1	平端面	T01	25×25	800	80		自动
2	粗车外轮廓	T01	25×25	800	80	1.5	自动
3	精车外轮廓	T01	25×25	1200	40	0.2	自动
4	钻底孔	T07	φ10mm	800	20		自动
5	镗 φ30 和 φ20 内孔	T05	20×20	800	20		自动
6	切内槽(注意圆角)	T06	20×20	800	20		自动
7	掉头装夹						
8	粗车外轮廓	T01	25×25	800	80	1.5	自动
9	精车外轮廓	T01	25×25	1200	40	0.2	自动
10	螺纹倒角	T01	25×25	800	80		自动
11	切退刀槽	T02	25×25	800	20	0.2	自动
12	车 M30×0.75 螺纹	T03	20×20	系统配给	系统配给		自动
13	钻底孔	T07	φ10mm	800	20		自动
14	镗 φ20 的内孔	T05	20×20	800	20		自动
编制	×××	审核	×××	批准	×××	年 月 日	共 1 页	第 1 页

5. 数控程序的编制
（1）先加工左侧带有复杂内外圆的部分

开始	N010	M03 S800	主轴正转,800r/min
	N020	T0101	换 01 号外圆车刀
	N030	G98	指定走刀按照 mm/min 进给
端面	N040	G00 X70 Z0	快速定位至端面上方
	N050	G01 X0 F80	车削端面
粗车循环	N060	G00 X70 Z3	快速定位循环起点
	N070	G73 U17 W1.5 R12	X 向总吃刀量为 17mm,循环 12 次
	N080	G73 P90 Q220 U0.1 W0.1 F80	循环程序段 90～220
轮廓	N090	G00 X36 Z1	快速定位至倒角的延长线上
	N100	G01 X40 Z－1	车削倒角
	N110	G01 Z－24	车削 $\phi 40$ 的外圆
	N120	G02 X52 Z－30 R6	车削 R6 的顺时针圆弧
	N130	G01 X56	车削 $\phi 60$ 的外圆的右端面
	N140	G01 X60 Z－32	车削倒角
	N150	G01 Z－40	车削 $\phi 60$ 的外圆
	N160	G01 X49.895 Z－55	斜向车削至 R18 圆弧顶端
	N170	G03 X45.072 Z－64 R18	车削 R18 的逆时针圆弧
	N180	G02 X52 Z－70 R4	车削 R4 的顺时针圆弧
	N190	G01 X56	车削 $\phi 60$ 的外圆的右端面
	N200	G03 X60 Z－72 R2	车削 R2 的逆时针圆弧
	N210	G01 Z－80	车削 $\phi 60$ 的外圆
	N220	G01 X65	提刀
精车循环	N230	M03 S1200	提高主轴转速,1200r/min
	N240	G70 P90 Q220 F40	精车循环
钻孔	N250	M03 S800	主轴正转,800r/min
	N260	G00 X200 Z200	快速退刀,准备换刀
	N270	T0707	换 07 号钻头
	N280	G00 X0 Z1	用镗孔循环钻孔,有利于排屑
	N290	G74 R1	G74 镗孔循环固定格式
	N300	G74 X0 Z－45 P3000 Q0 R0 F20	G74 镗孔循环固定格式
镗孔	N310	G00 X200 Z200	快速退刀,准备换刀
	N320	T0505	换 05 号镗孔刀
	N330	G00 X16 Z1	定位镗孔循环的起点,镗 $\phi 20$ 孔
	N350	G74 R1	G74 镗孔循环固定格式
	N360	G74 X20 Z－45 P3000 Q3800 R0 F20	G74 镗孔循环固定格式
	N370	G00 X26 Z1	定位镗孔循环的起点,镗 $\phi 30$ 孔
	N380	G74 R1	G74 镗孔循环固定格式
	N390	G74 X30 Z－33 P3000 Q3800 R0 F20	G74 镗孔循环固定格式

续表

	N400	G00 X150 Z150	快速退刀,准备换刀
	N420	T0606	换06号内切槽刀
	N430	G00 X28 Z1	定位至孔的外部
	N440	G01 X28 Z−15 F40	定位至G75切槽循环的起点
	N450	G75 R1	G75镗孔循环固定格式
	N460	G75 X34 Z−23 P3000 Q2800 R0 F20	G75镗孔循环固定格式
	N470	G01 X28 Z−13	移动至槽右侧内圆角外侧
	N480	G01 X30	接触工件
	N490	G03 X34 Z−15 R2	车削R3的逆时针圆弧
内槽	N500	G01 Z−23	平槽底
	N510	G01 X28	提刀
	N520	G01 Z−25	移动至槽左侧内圆角外侧
	N530	G01 X30	接触工件
	N550	G02 X34 Z−23 R2	车削R2的顺时针圆弧
	N560	G01 X28	提刀
	N570	G01 Z−33	移动至左侧槽的上方
	N580	G01 X35	切槽
	N590	G04 P1000	暂停1s,清槽底,保证形状
	N600	G01 X28	提刀
	N610	G01 Z1	退出孔内部
	N620	G00 X200 Z200	快速退刀
结束	N630	M05	主轴停
	N640	M30	程序结束

（2）加工右侧带有螺纹的部分

	N010	M03 S800	主轴正转,800r/min
开始	N020	T0101	换01号外圆车刀
	N030	G98	指定走刀按照mm/min进给
端面	N040	G00 X70 Z0	快速定位至工件端面上方
	N050	G01 X0 F80	做端面,走刀速度80mm/min
粗车循环	N060	G00 X70 Z3	快速定位循环起点
	N070	G73 U22 W1.5 R14	X向总吃刀量为22mm,循环14次
	N080	G73 P90 Q240 U0.1 W0.1 F80	循环程序段90～240

续表

轮廓	N090	G01 X26 Z1	快速定位至倒角延长线处
	N120	G01 X30 Z-1	车削倒角
	N130	G01 Z-30	车削 φ30 的外圆
	N140	G01 X28 Z-33	斜向车削至 φ28 外圆处
	N150	G01 Z-34	平槽底部分
	N160	G02 X40 Z-40 R6	车削 R6 的顺时针圆弧
	N170	G01 X56	车削 φ60 外圆的右端面
	N180	G01 X60 Z-42	车削倒角
	N190	G01 Z-50	车削 φ60 的外圆
	N200	G01 X49.895 Z-65	斜向车削至 R18 的弧顶
	N210	G03 X45.072 Z-74 R18	车削 R18 的逆时针圆弧
	N220	G02 X52 Z-80 R4	车削 R4 的顺时针圆弧
	N230	G01 X56	车削 φ60 的外圆的右端面
	N240	G03 X60 Z-82 R2	车削 R2 的逆时针圆弧
精车循环	N250	M03 S1200	提高主轴转速,1200r/min
	N260	G70 P90 Q240 F40	精车
切槽	N270	G00 X150 Z150	快速退刀,准备换刀
	N280	T0202	换 02 号切槽刀
	N290	G00 X33 Z-33	快速定位至槽上方
	N300	G01 X28 F20	切槽,速度 20mm/min
	N310	G04 P1000	暂停 1s,清槽底,保证形状
	N320	G01 X33 F40	提刀
螺纹	N330	G00 X150 Z150	快速退刀,准备换刀
	N350	T0303	换 03 号螺纹刀
	N360	G00 X32 Z3	定位至螺纹循环起点
	N370	G76 P020060 Q50 R0.05	G76 螺纹循环固定格式
	N380	G74 X0 Z-29.170 P415 Q200 R0 F0.75	G76 螺纹循环固定格式
钻孔	N390	G00 X200 Z200	快速退刀,准备换刀
	N400	T0707	换 07 号钻头
	N420	G00 X0 Z1	快速定位至孔外部
	N430	G01 X0 Z-50 F15	钻孔
	N440	G01 X0 Z1 F40	退出孔

			续表
镗孔	N450	G00 X200 Z200	快速退刀,准备换刀
	N460	T0505	换 05 号镗孔刀
	N470	G00 X16 Z1	定位至镗孔循环的起点
	N480	G74 R1	G74 镗孔循环固定格式
	N490	G74 X20 Z-50 P3000 Q3800 R0 F20	G74 镗孔循环固定格式
结束	N500	G00 X200 Z200	快速退刀
	N510	M05	主轴停
	N520	M30	程序结束

十七、长轴类数控车床零件加工工艺分析及编程

长轴零件图如图 5-54 所示。

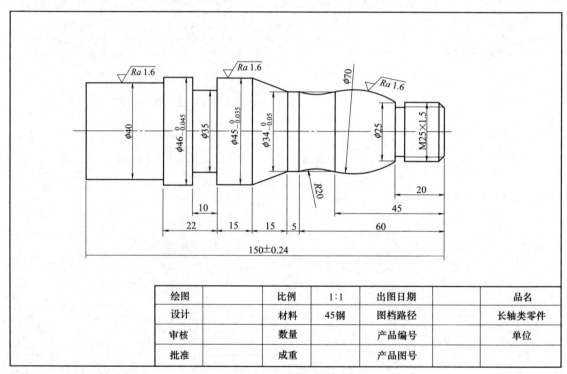

图 5-54 长轴零件图

1. 零件图工艺分析

该零件表面由外圆柱面及外螺纹等表面组成,其中多个直径尺寸与轴向尺寸有较高的尺寸精度和表面粗糙度要求。零件图尺寸标注完整,符合数控加工尺寸标注要求;轮廓描述清楚完整;零件材料为 45 钢,切削加工性能较好,无热处理和硬度要求。加工时按照从左到右的顺序进行程序编制和加工。

通过上述分析,采取以下几点工艺措施。

① 零件图样上带公差的尺寸,因公差值较明显,故编程时不必取其平均值,而取基本尺寸即可。

② 该零件为细长轴零件，加工前，应该先将左右端面车出来，手动粗车端面，钻中心孔。

③ 尾部 φ40mm 处用切槽刀精车，注意尺寸的选择和加工速度的确定。

2. 确定装夹方案

用三爪自动定心卡盘夹紧，心轴右端留有中心孔并用尾座顶尖顶紧以提高工艺系统的刚性，如图 5-55 所示。

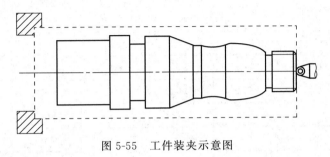

图 5-55　工件装夹示意图

3. 确定加工顺序及走刀路线

加工顺序按由内到外、由粗到精、由近到远的原则确定，在一次装夹中尽可能加工出较多的工件表面。结合本零件的结构特征，可先粗车外圆表面，然后加工外轮廓表面。由于该零件圆弧部分较多较长，故采用 G73 循环，走刀路线设计不必考虑最短进给路线或最短空行程路线，外轮廓表面车削走刀路线可沿零件轮廓顺序进行，按路线加工，外圆轮廓的最低点在 φ25mm 的圆弧处，如图 5-56 所示。螺纹倒角最后制作。

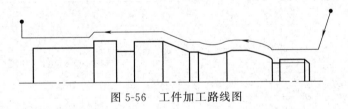

图 5-56　工件加工路线图

4. 刀具选择

将所选定的刀具参数填入表 5-33 长轴类零件数控加工刀具卡中，以便于编程和操作管理。

表 5-33　长轴类零件数控加工刀具卡

产品名称或代号		数控车工艺分析实例	零件名称	长轴类零件	零件图号	Lathe-17
序号	刀具号	刀具规格名称	数量	加工表面	刀尖半径/mm	备注
1	T01	45°硬质合金外圆车刀	1	车端面	0.5	25mm×25mm
2	T02	宽 4mm 切断刀（割槽刀）	1	宽 4mm		
3	T03	硬质合金 60°外螺纹车刀	1	螺纹		
4	T06	φ 钻头	1	钻 5mm 中心孔		
编制		×××	审核	×××	批准	×××	共 1 页	第 1 页

5. 切削用量选择

根据被加工表面质量要求、刀具材料和工件材料，参考切削用量手册或有关资料选取切削速度与每转进给量，填入表 5-34 工序卡中。

表 5-34 长轴类零件数控加工工序卡

单位名称	××××	产品名称或代号		零件名称		零件图号	
		数控车工艺分析实例		长轴类零件		Lathe-17	
工序号		程序编号	夹具名称		使用设备		车间
001		Lathe-17	卡盘和自制心轴		Fanuc 0i		数控中心
工步号	工步内容	刀具号	刀具规格/mm	主轴转速/(r/min)	进给速度/(mm/min)	背吃刀量/mm	备注
1	平端面	T01	25×25	800	80		手动
2	钻5mm中心孔	T06	φ5	800	20		手动
3	粗车外轮廓	T01	25×25	800	80	1.5	自动
4	精车外轮廓	T01	25×25	1200	40	0.2	自动
5	切退刀槽	T02	4×20	800	20	0.2	自动
6	车 M25×1.5 螺纹	T03	20×20	系统配给	系统配给		自动
7	切宽槽和精加工尾部	T02	4×20	800	20		自动
8	切断	T02	4×20	800	20		自动
编制	×××	审核	×××	批准	×××	年 月 日	共1页 第1页

6. 数控程序的编制

开始	N010	M03 S800	主轴正转,800r/min
	N020	T0101	换01号外圆车刀
	N030	G98	指定走刀按照 mm/min 进给
粗车循环	N040	G00 X50 Z3	快速定位循环起点
	N050	G73 U12.5 W1.5 R9	X 向总吃刀量为 12.5mm,循环 9 次
	N060	G73 P70 Q180 U0.1 W0.1 F80	循环程序段 70~180
轮廓	N070	G00 X25 Z1	快速定位至轮廓右端 1mm 处
	N080	G01 Z-20	车削 φ25 的外圆
	N090	G03 X34 Z-45 R35	车削 φ70 的逆时针圆弧
	N100	G02 X34 Z-60 R20	车削 R20 的顺时针圆弧
	N110	G01 Z-65	车削 φ34 的外圆
	N120	G01 X45 Z-80	斜向车削至 φ45 的外圆处
	N130	G01 Z-95	车削 φ45 的外圆
	N140	G01 X46 Z-105	斜向车削至 φ46 的外圆处
	N150	G01 Z-117	车削 φ46 的外圆
	N160	G01 X40 Z-120	45°斜向车削至 φ40 的外圆处
	N170	G01 Z-154	车削 φ46 的外圆
	N180	G01 X48	提刀

续表

精车循环	N190	M03 S1200	提高主轴转速,1200r/min
	N200	G70 P70 Q180 F40	精车
倒角	N210	M03 S800	主轴正转,800r/min
	N220	G00 X19 Z1.5	定位至倒角的延长线处
	N230	G01 X25 Z-1.5 F80	车削倒角
切槽	N240	G00 X150 Z150	快速退刀,准备换刀
	N250	T0202	换02号切槽刀
	N260	G00 X27 Z-20	定位至螺纹退刀槽上方
	N270	G01 X21 F20	切槽
	N280	G04 P1000	暂停1s,清除槽底
	N290	G01 X40 F40	提刀
螺纹	N300	G00 X150 Z150	快速退刀,准备换刀
	N310	T0303	换03号螺纹刀
	N320	G00 X27 Z3	定位螺纹循环的起点
	N330	G76 P040060 Q100 R0.08	G76螺纹循环固定格式
	N340	G76 X23.34 Z-18 R0 P830.25 Q400 F1.5	G76螺纹循环固定格式
切槽	N350	G00 X150 Z150	快速退刀,准备换刀
	N360	T0202	换02号切槽刀
	N370	G00 X48 Z-99	定位至切槽循环的起点
	N380	G75 R1	G75切槽循环固定格式
	N390	G75 X35 Z-105 P3000 Q3800 R0 F20	G75切槽循环固定格式
	N395	M00	在实际加工中暂停撤出顶尖,再执行后续操作
加工尾部	N400	G00 X48 Z-121	定位至尾部120mm处
	N410	G01 X40 F20	车削未做的45°的外圆部分
	N420	G01 Z-154 F40	精车尾部
	N430	G01 X0 F20	切断
结束	N440	G00 X200 Z200	快速退刀
	N450	M05	主轴停
	N460	M30	程序结束

十八、球头螺纹件数控车床零件加工工艺分析及编程

球头螺纹零件图如图5-57所示。

1. 零件图工艺分析

该零件表面由球头、外圆柱面及外螺纹等表面组成,其中多个直径尺寸与轴向尺寸有较高的尺寸精度和表面粗糙度要求。零件图尺寸标注完整,符合数控加工尺寸标注要求;轮廓

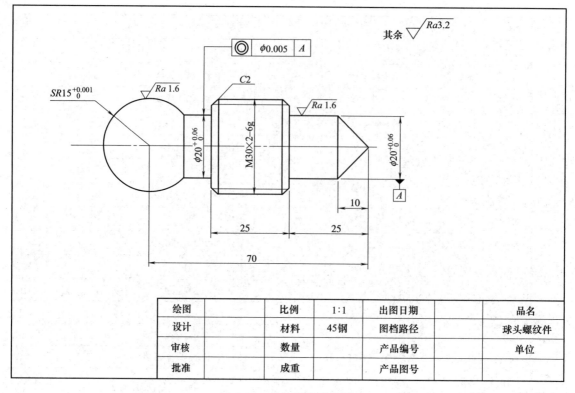

图 5-57 球头螺纹零件图

描述清楚完整;零件材料为 45 钢,切削加工性能较好,无热处理和硬度要求。加工时按照从左到右的顺序进行程序编制和加工。

通过上述分析,采取以下几点工艺措施。

① 零件图样上带公差的尺寸,因公差值较小,故编程时取基本尺寸即可。
② 左右端面均为多个尺寸的设计基准,注意尺寸的选择和加工速度的确定。
③ 零件需要掉头加工,注意掉头的对刀和端面找准。

2. 确定装夹方案、加工顺序及走刀路线

① 先加工右侧带有螺纹的部分。

用三爪自动定心卡盘夹紧,加工顺序按由粗到精、由近到远的原则确定,在一次装夹中尽可能加工出较多的工件表面。结合本零件的结构特征,可先粗车外圆表面,然后加工外轮廓表面。由于该零件外圆部分由直线和圆弧面构成,故采用 G73 循环,轮廓表面车削走刀路线可沿零件轮廓顺序进行,按路线加工,如图 5-58 所示;外圆加工完成后加工螺纹。

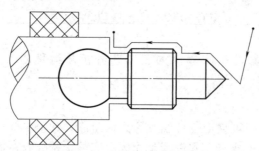

图 5-58 右侧加工走刀路线

② 加工球头的部分。

用三爪自动定心卡盘按照图 5-59 所示位置夹紧，加工顺序按由外到内、由粗到精、由近到远的原则确定，在一次装夹中尽可能加工出较多的工件表面。结合本零件的结构特征，可先粗车外圆表面，然后加工外轮廓表面。由于该零件外圆部分由球和直线构成，故采用 G73 循环，轮廓表面车削走刀路线可沿零件轮廓顺序进行，按路线加工，如图 5-59 所示。

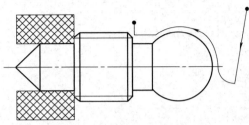

图 5-59 左侧加工走刀路线

3. 刀具选择

将所选定的刀具参数填入表 5-35 球头螺纹零件数控加工刀具卡中，以便于编程和操作管理。注意：车削外轮廓时，为防止副后刀面与工件表面发生干涉，应选择较大的副偏角，必要时可作图检验。

表 5-35 球头螺纹零件数控加工刀具卡

产品名称或代号		数控车工艺分析实例	零件名称	球头螺纹零件	零件图号	Lathe-18
序号	刀具号	刀具规格名称	数量	加工表面	刀尖半径/mm	备注
1	T01	45°硬质合金外圆车刀	1	车端面	0.5	25mm×25mm
2	T02	宽 3mm 切断刀（割槽刀）	1	宽 3mm		
3	T03	硬质合金 60°外螺纹车刀	1	螺纹		
编制		×××	审核	×××	批准	×××	共 1 页	第 1 页

4. 切削用量选择

根据被加工表面质量要求、刀具材料和工件材料，参考切削用量手册或有关资料选取切削速度与每转进给量，填入表 5-36 工序卡中。

表 5-36 球头螺纹零件数控加工工序卡

单位名称	××××	产品名称或代号	数控车工艺分析实例	零件名称	球头螺纹零件	零件图号	Lathe-18
工序号	程序编号	夹具名称		使用设备		车间	
001	Lathe-18	卡盘和自制心轴		Fanuc 0i		数控中心	
工步号	工步内容	刀具号	刀具规格/mm	主轴转速/(r/min)	进给速度/(mm/min)	背吃刀量/mm	备注
1	平端面	T01	25×25	800	80		自动
2	粗车外轮廓	T01	25×25	800	80	1.5	自动
3	精车外轮廓	T01	25×25	1200	40	0.2	自动
4	车 M30×2 螺纹	T03	20×20	系统配给	系统配给		自动
5	掉头装夹						
6	粗车外轮廓	T01	25×25	800	80	1.5	自动
7	精车外轮廓	T01	25×25	1200	40	0.2	自动
编制	×××	审核	×××	批准	×××	年 月 日	共 1 页 第 1 页

5. 数控程序的编制
(1) 先加工右侧带有螺纹的部分

开始	N010	M03 S800	主轴正转,800r/min
	N020	T0101	换 01 号外圆车刀
	N030	G98	指定走刀按照 mm/min 进给
粗车循环	N040	G00 X38 Z3	快速定位循环起点
	N050	G73 U19 W1.5 R13	X 向总吃刀量为 19mm,退刀量为 13mm
	N060	G73 P70 Q150 U0.1 W0.1 F80	循环程序段 70～150
轮廓	N070	G00 X-2 Z1	快速定位至延长线处(1mm)
	N080	G01 X20 Z-10	车削尖头部分
	N090	G01 Z-25	车削 φ20 的外圆
	N100	G01 X26	车削 φ30 外圆的右侧
	N110	G01 X30 Z-27	车削 C2 倒角
	N120	G01 Z-48	车削 φ30 的外圆
	N130	G01 X26 Z-50	车削 C2 倒角
	N140	G01 Z-58.820	车螺纹退刀位置
	N150	G01 X32	提刀
精车循环	N160	M03 S1200	提高主轴转速,1200r/min
	N170	G70 P70 Q150 F40	精车
螺纹	N180	G00 X200 Z200	快速退刀,准备换刀
	N190	T0303	换 03 号螺纹刀
	N200	G00 X32 Z-22	用镗孔循环钻孔,有利于排屑
	N210	G76 P040060 Q100 R0.1	G74 镗孔循环固定格式
	N220	G76 X27.786 Z-53 R0 P1107 Q500 F2	G74 镗孔循环固定格式
结束	N230	G00 X200 Z200	快速退刀
	N530	M05	主轴停
	N630	M30	程序结束

(2) 加工球头的部分

开始	N010	M03 S800	主轴正转,800r/min
	N020	T0101	换 01 号外圆车刀
	N030	G98	指定走刀按照 mm/min 进给
粗车循环	N040	G00 X38 Z3	快速定位循环起点
	N050	G73 U19 W1.5 R13	X 向总吃刀量为 19.5mm,循环 13 次
	N060	G73 P70 Q110 U0.1 W0.1 F80	循环程序段 70～110

	N070	G00 X-4 Z2	快速定位至相切圆弧起点
轮廓	N080	G02 X0 Z0 R2	车削 R2 的过渡顺时针圆弧
	N090	G03 X20 Z-26.18 R15	车削 R15 的逆时针圆弧
	N100	G01　　Z-35	车削 φ20 的外圆
	N110	G01 X38	抬刀
精车循环	N120	M03 S1200	提高主轴转速,1200r/min
	N130	G70 P70 Q110 F40	精车
结束	N140	G00 X200 Z200	快速退刀
	N150	M05	主轴停
	N160	M30	程序结束

十九、螺纹轴类数控车床零件加工工艺分析及编程

螺纹轴零件图如图 5-60 所示。

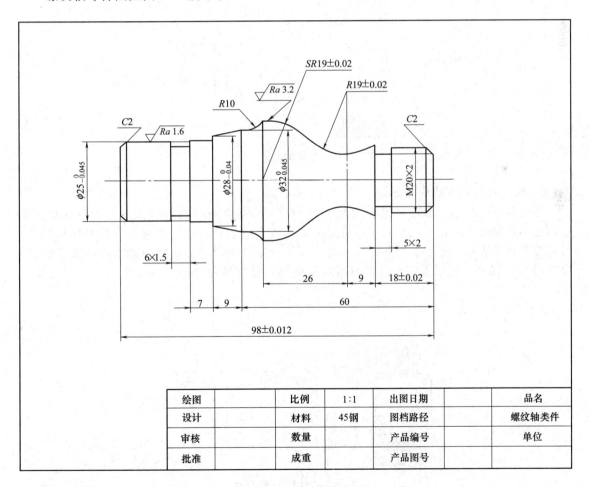

图 5-60　螺纹轴零件图

1. 零件图工艺分析

该零件表面由内外圆柱面及外螺纹等表面组成,其中多个直径尺寸与轴向尺寸有较高的尺寸精度和表面粗糙度要求。零件图尺寸标注完整,符合数控加工尺寸标注要求;轮廓描述清楚完整;零件材料为 45 钢,切削加工性能较好,无热处理和硬度要求。加工时按照从左到右的顺序进行程序编制和加工。

通过上述分析,采取以下几点工艺措施。

① 零件图样上带公差的尺寸,因公差值较小,故编程时不必取其平均值,而取基本尺寸即可。

② 左右端面均为多个尺寸的设计基准,注意尺寸的选择和加工速度的确定。

③ 零件需要掉头加工,注意掉头的对刀和端面找准。

2. 确定装夹方案、加工顺序及走刀路线

① 先加工左侧外圆的部分。

用三爪自动定心卡盘夹紧,加工顺序按由粗到精、由近到远的原则确定,在一次装夹中尽可能加工出较多的工件表面。结合本零件的结构特征,可先粗车外圆表面,然后加工外轮廓表面。由于该零件外圆形状,故采用 G73 循环,轮廓表面车削走刀路线可沿零件轮廓顺序进行,按路线加工,如图 5-61 所示。

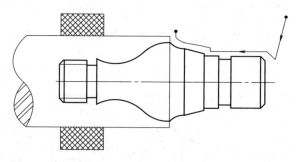

图 5-61 左侧加工走刀路线

② 加工右侧带有螺纹的部分。

用三爪自动定心卡盘按照图 5-62 所示位置夹紧,加工顺序按由外到内、由粗到精、由近到远的原则确定,在一次装夹中尽可能加工出较多的工件表面。结合本零件的结构特征,可先粗车外圆表面,然后加工外轮廓表面。由于该零件外圆部分由直线和大段圆弧面构成,故采用 G73 循环,轮廓表面车削走刀路线可沿零件轮廓顺序进行,按路线加工,如图 5-62 所示。

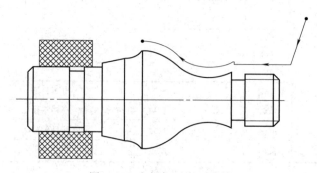

图 5-62 右侧加工走刀路线

3. 刀具选择

将所选定的刀具参数填入表 5-37 螺纹轴类零件数控加工刀具卡中，以便于编程和操作管理。注意：车削外轮廓时，为防止副后刀面与工件表面发生干涉，应选择较大的副偏角，必要时可作图检验。

表 5-37 螺纹轴类零件数控加工刀具卡

产品名称或代号		数控车工艺分析实例	零件名称	螺纹轴类零件	零件图号	Lathe 19
序号	刀具号	刀具规格名称	数量	加工表面	刀尖半径/mm	备注
1	T01	45°硬质合金外圆车刀	1	车端面1	0.5	25×25
2	T02	宽 3mm 切断刀（割槽刀）	1	宽 4mm		
3	T03	硬质合金 60°外螺纹车刀	1	螺纹		
编制	×××	审核	×××	批准	×××	共 1 页 第 1 页

4. 切削用量选择

根据被加工表面质量要求、刀具材料和工件材料，参考切削用量手册或有关资料选取切削速度与每转进给量，填入表 5-38 工序卡中。

表 5-38 螺纹轴类零件数控加工工序卡

单位名称	××××	产品名称或代号	零件名称	零件图号
		数控车工艺分析实例	螺纹轴类零件	Lathe-19
工序号	程序编号	夹具名称	使用设备	车间
001	Lathe-19	卡盘和自制心轴	Fanuc 0i	数控中心

工步号	工步内容	刀具号	刀具规格/mm	主轴转速/(r/min)	进给速度/(mm/min)	背吃刀量/mm	备注
1	平端面	T01	25×25	800	80		自动
2	粗车外轮廓	T01	25×25	800	80	1.5	自动
3	精车外轮廓	T01	25×25	1200	40	0.2	自动
4	切槽	T02	20×20	800	20		自动
5	掉头装夹						
6	平端面	T01	25×25	800	80		自动
7	粗车外轮廓	T01	25×25	800	80	1.5	自动
8	精车外轮廓	T01	25×25	1200	40	0.2	自动
9	螺纹倒角	T01	25×25	800	80	0.2	自动
10	切退刀槽	T02	25×25	800	20	0.2	自动
11	车 M20×2 螺纹	T03	20×20	系统配给	系统配给		自动
编制	×××	审核	×××	批准	×××	年 月 日	共 1 页 第 1 页

5. 数控程序的编制

（1）先加工左侧外圆的部分

	N010	M03 S800	主轴正转,800r/min
开始	N020	T0101	换 01 号外圆车刀
	N030	G98	指定走刀按照 mm/min 进给
端面	N040	G00 X45 Z0	指定走刀按照 mm/min 进给
	N050	G01 X0　　F80	快速定位至工件端面上方
粗车循环	N060	G00 X45 Z3	快速定位循环起点
	N070	G73 U13 W1.5 R9	X 向总吃刀量为 13mm,循环 9 次
	N080	G73 P90 Q140 U0.1 W0.1 F80	循环程序段 90～140
轮廓	N090	G00 X19 Z1	快速定位至倒角延长线处
	N100	G01 X25 Z−2	车削倒角
	N110	G01　　Z−29	车削 φ25 的外圆
	N120	G01 X28	车削至 φ28 的外圆处
	N130	G01 X32 Z−38	斜向车削至 φ32 的外圆处
	N140	G02 X38 Z−45 R10	车削 R10 的顺时针圆弧
精车循环	N150	M03 S1200	提高主轴转速,1200r/min
	N160	G70 P90 Q140 F40	精车
切槽	N170	M03 S800	降低主轴转速,700r/min
	N180	G00 X150 Z150	快速退刀,准备换刀
	N190	T0202	换 02 号切槽刀
	N200	G00 X33 Z−20	定位镗孔循环的起点
	N210	G75 R1	G75 切槽循环固定格式
	N220	G75 X22 Z−22 P3000 Q3800 R0 F20	G75 切槽循环固定格式
结束	N230	G00 X200 Z200	快速退刀
	N240	M05	主轴停
	N250	M30	程序结束

(2) 加工右侧带有螺纹的部分

	N010	M03 S800	主轴正转,800r/min
开始	N020	T0101	换 01 号外圆车刀
	N030	G98	指定走刀按照 mm/min 进给
端面	N040	G00 X45 Z0	快速定位至工件端面上方
	N050	G01 X0　　F80	做端面,走刀速度 80mm/min
粗车循环	N060	G00 X45 Z3	快速定位循环起点
	N070	G73 U13.787 W1.5 R10	X 向总吃刀量为 13.787mm,循环 10 次
	N080	G73 P90 Q130 U0.1 W0.1 F80	循环程序段 90～130

续表

	N090	G00 X20 Z1	快速定位至轮廓右端1mm处
轮廓	N100	G01 Z-18	车削 $\phi 20$ 的外圆
	N110	G01 X21.959	车削至R19圆弧的
	N120	G02 X27.713 Z-40 R19	车削R19的顺时针圆弧
	N130	G03 X38 Z-53 R19	车削R19的逆时针圆弧
精车循环	N140	M03 S1200	提高主轴转速,1200r/min
	N150	G70 P90 Q130 F40	精车
倒角	N160	M03 S800	主轴正转,800r/min
	N170	G00 X14 Z1	定位至倒角的延长线处
	N180	G01 X20 Z-2 F80	车削倒角
切槽	N190	G00 X150 Z150	快速退刀,准备换刀
	N200	T0202	换02号切槽刀
	N210	G00 X23 Z-17	定位切槽循环的起点
	N220	G75 R1	G75切槽循环固定格式
	N230	G75 X16 Z-18 P3000 Q3800 R0 F20	G75切槽循环固定格式
螺纹	N240	G00 X150 Z150	快速退刀
	N250	T0303	换03号螺纹刀
	N260	G00 X22 Z3	定位至螺纹循环起点
	N270	G76 P040060 Q100 R0.08	G76螺纹循环固定格式
	N280	G76 X17.786 Z-16 P1107 Q500 R0 F2	G76螺纹循环固定格式
结束	N290	G00 X200 Z200	快速退刀
	N300	M05	主轴停
	N310	M30	程序结束

二十、球身螺纹轴数控车床零件加工工艺分析及编程

球身螺纹轴零件图如图5-63所示。

1. 零件图工艺分析

该零件表面由外圆柱面、弧面及外螺纹等表面组成,其中多个直径尺寸与轴向尺寸有较高的尺寸精度和表面粗糙度要求。零件图尺寸标注完整,符合数控加工尺寸标注要求;轮廓描述清楚完整;零件材料为45钢,切削加工性能较好,无热处理和硬度要求。加工时按照从右到左的顺序进行程序编制和加工。

通过上述分析,采取以下几点工艺措施。

① 零件图样上带公差的尺寸,因公差值较小,故编程时取基本尺寸即可。

② 该零件为细长轴零件,加工前,应该先将右端面车出来,手动粗车端面,钻中心孔。

③ 尾部 $\phi 26$mm处用切槽刀加工,注意尺寸的选择和加工速度的确定。

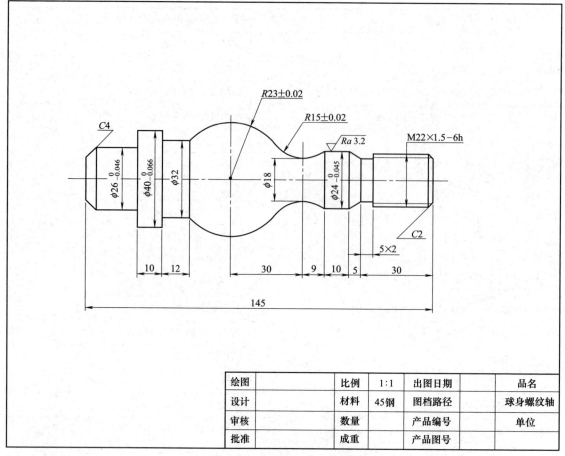

图 5-63 球身螺纹轴零件图

2. 确定装夹方案

用三爪自动定心卡盘夹紧，心轴右端留有中心孔并用尾座顶尖顶紧以提高工艺系统的刚性，如图 5-64 所示。

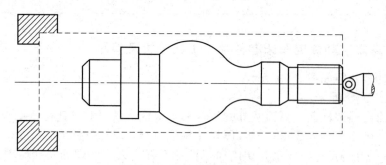

图 5-64 工件的装夹示意图

3. 确定加工顺序及走刀路线

加工顺序的确定按由内到外、由粗到精、由近到远的原则确定，在一次装夹中尽可能加工出较多的工件表面。结合本零件的结构特征，可先粗车外圆表面，然后加工外轮廓表面。由于该零件圆弧部分较多较长，故采用 G73 循环，走刀路线设计不必考虑最短进给路线或最短空行程路线，外轮廓表面车削走刀路线可沿零件轮廓顺序进行，按路线加工，注意外圆轮廓的最低点在 φ18mm 的圆弧处，如图 5-65 所示。

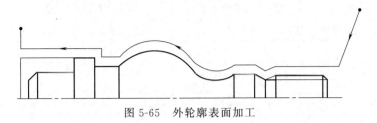

图 5-65　外轮廓表面加工

外圆精加工完成后，用切槽刀加工螺纹退刀槽；加工完螺纹后，加工尾部 φ26mm 的外圆。如图 5-66 所示。

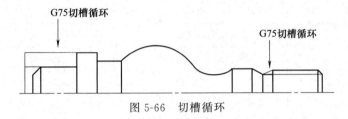

图 5-66　切槽循环

最后用切槽刀精车尾部和切断，如图 5-67 所示。

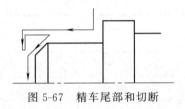

图 5-67　精车尾部和切断

4. 刀具选择

将所选定的刀具参数填入表 5-39 球身螺纹轴零件数控加工刀具卡中，以便于编程和操作管理。注意：车削外轮廓时，为防止副后刀面与工件表面发生干涉，应选择较大的副偏角，必要时可作图检验。

表 5-39　球身螺纹轴零件数控加工刀具卡

产品名称或代号		数控车工艺分析实例		零件名称	球身螺纹轴	零件图号	Lathe-20
序号	刀具号	刀具规格名称	数量	加工表面	刀尖半径/mm	备注	
1	T01	45°硬质合金外圆车刀	1	车端面	0.5	25mm×25mm	
2	T02	宽 4mm 切断刀（割槽刀）	1	宽 4mm			
3	T03	硬质合金 60°外螺纹车刀	1	螺纹			
4	T06	φ5 钻头	1	钻 5mm 中心孔			
编制		×××	审核	×××	批准	×××	共 1 页　第 1 页

5. 切削用量选择

根据被加工表面质量要求、刀具材料和工件材料，参考切削用量手册或有关资料选取切削速度与每转进给量，填入表 5-40 工序卡中。

表 5-40　球身螺纹轴零件数控加工工序卡

单位名称	××××	产品名称或代号		零件名称		零件图号	
		数控车工艺分析实例		球身螺纹轴		Lathe-20	
工序号	程序编号	夹具名称		使用设备		车间	
001	Lathe-20	卡盘和自制心轴		Fanuc 0i		数控中心	
工步号	工步内容	刀具号	刀具规格/mm	主轴转速/(r/min)	进给速度/(mm/min)	背吃刀量/mm	备注
1	平端面	T01	25×25	800	80		手动
2	钻 5mm 中心孔	T06	$\phi 5$	800	20		手动
3	粗车外轮廓	T01	25×25	800	80	1.5	自动
4	精车外轮廓	T01	25×25	1200	40	0.2	自动
5	螺纹倒角	T01	25×25	800	80		自动
6	切螺纹退刀槽	T02	20×20	800	20		自动
7	攻 M30×0.75 螺纹	T03	20×20	系统配给	系统配给		自动
8	切尾部 $\phi 26$ 外圆	T02	25×25	700	20	0.2	自动
9	精车槽和切断	T02	20×20	700	20		自动
编制	×××	审核	×××	批准	×××	年 月 日	共 1 页　第 1 页

6. 数控程序的编制

开始	N010	M03 S800	主轴正转,800r/min
	N020	T0101	换 01 号外圆车刀
	N030	G98	指定走刀按照 mm/min 进给
粗车循环	N040	G00 X58 Z3	快速定位循环起点
	N050	G73 U20 W1.5 R14	X 向总吃刀量为 20mm,循环 14 次
	N060	G73 P70 Q170 U0.1 W0.1 F80	循环程序段 90～170
轮廓	N070	G00 X22 Z1	快速定位至轮廓右端 1mm 处
	N080	G01　　Z-25	车削 $\phi 22$ 的外圆
	N090	G01 X18 Z-30	斜向车削
	N100	G01 X24 Z-35	斜向车削 $\phi 24$ 的外圆处
	N110	G01　　Z-45	车削 $\phi 24$ 的外圆
	N120	G02 X29.586 Z-65.842 R15	车削 R15 的顺时针圆弧
	N130	G03 X32 Z-101.152 R23	车削 R23 的逆时针圆弧
	N140	G01　　Z-113.152	车削 $\phi 32$ 的外圆
	N150	G01 X40	车削 $\phi 40$ 外圆的右侧端面
	N160	G01　　Z-149	车削 $\phi 40$ 的外圆
	N170	G01 X50	提刀

续表

精车循环	N180	M03 S1200	提高主轴转速,1200r/min
	N190	G70 P70 Q170 F40	精车
倒角	N200	M03 S800	降低主轴转速,700r/min
	N210	G00 X16 Z1	定位至倒角的延长线处
	N220	G01 X22 Z-2 F80	车削倒角
切槽	N230	G00 X150 Z150	快速退刀,准备换刀
	N240	T0202	换02号切槽刀
	N250	G00 X25 Z-29	定位至切槽循环的起点
	N260	G75 R1	G75切槽循环固定格式
	N270	G75 X18 Z-30 P3000 Q3800 R0 F20	G75切槽循环固定格式
螺纹	N280	G00 X150 Z150	快速退刀,准备换刀
	N290	T0303	换03号螺纹刀
	N300	G00 X25 Z3	定位螺纹循环的起点
	N310	G76 P030060 Q100 R0.08	G76螺纹循环固定格式
	N320	G76 X20.3395 Z-16 P830.25 Q400 R0 F1.5	G76螺纹循环固定格式
切尾部外圆	N330	M03 S700	降低主轴转速,700r/min
	N340	G00 X150 Z150	快速退刀,准备换刀
	N350	T0202	换02号切槽刀
	N360	G00 X45 Z-127.152	定位至切槽循环的起点
	N370	G75 R1	G75切槽循环固定格式
	N380	G75 X26 Z-149 P3000 Q3800 R0 F20	G75切槽循环固定格式
	N385	M00	在实际加工中暂停后撤出顶尖,再执行后续操作
精车倒角	N390	G01 X26 F20	接触工件
	N400	G01 Z-149	精车φ26的外圆
	N410	G01 X18	为倒角做准备,切除多余部分
	N420	G01 X26	提刀
	N430	G01 Z-145	定位至倒角起点
	N440	G01 X18 Z-149	车削倒角
切断	N450	G01 X0	切断
结束	N460	G00 X200 Z200	快速退刀
	N470	M05	主轴停
	N480	M30	程序结束

二十一、双头轴类数控车床零件加工工艺分析及编程

双头轴零件图如图5-68所示。

1. 零件图工艺分析

该零件表面由外圆柱面及外螺纹等表面组成,其中多个直径尺寸与轴向尺寸有较高的尺寸精度和表面粗糙度要求。零件图尺寸标注完整,符合数控加工尺寸标注要求;轮廓描述清楚完整;零件材料为45钢,切削加工性能较好,无热处理和硬度要求。加工时按照从左到右的顺序进行程序编制和加工。

通过上述分析,采取以下几点工艺措施。

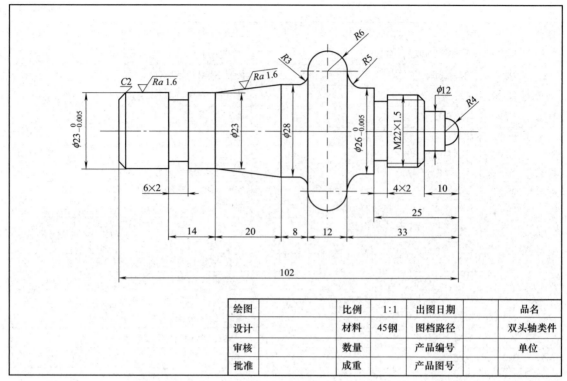

图 5-68 双头轴零件图

① 零件图样上带公差的尺寸,因公差值较小,故编程时不必取其平均值,而取基本尺寸即可。

② 左右端面均为多个尺寸的设计基准,注意尺寸的选择和加工速度的确定。

③ 零件需要掉头加工,注意掉头的对刀和端面找准。

2. 确定装夹方案、加工顺序及走刀路线

① 先加工左侧带有锥度的部分。

用三爪自动定心卡盘夹紧,加工顺序按由粗到精、由近到远的原则确定,在一次装夹中尽可能加工出较多的工件表面。结合本零件的结构特征,可先粗车外圆表面,然后加工外轮廓表面。由于该零件外圆部分由直线和锥度构成,故采用 G73 循环,轮廓表面车削走刀路线可沿零件轮廓顺序进行,按路线加工,如图 5-69 所示。

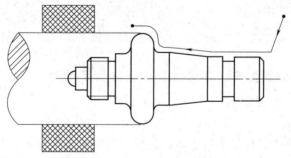

图 5-69 左侧加工走刀路线

② 加工右侧带有螺纹的部分。

用三爪自动定心卡盘按照图 5-70 所示位置夹紧,加工顺序按由外到内、由粗到精、由

近到远的原则确定,在一次装夹中尽可能加工出较多的工件表面。结合本零件的结构特征,可先粗车外圆表面,然后加工外轮廓表面。根据零件的表面形状,采用 G73 循环,轮廓表面车削走刀路线可沿零件轮廓顺序进行,按路线加工,如图 5-70 所示。

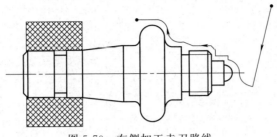

图 5-70 右侧加工走刀路线

3. 刀具选择

将所选定的刀具参数填入表 5-41 双头轴类零件数控加工刀具卡中,以便于编程和操作管理。

表 5-41 双头轴类零件数控加工刀具卡

产品名称或代号		数控车工艺分析实例	零件名称	双头轴类零件	零件图号	Lathe-21
序号	刀具号	刀具规格名称	数量	加工表面	刀尖半径/mm	备注
1	T01	45°硬质合金外圆车刀	1	车端面	0.5	25mm×25mm
2	T02	宽 4mm 切断刀(割槽刀)	1	宽 4mm		
3	T03	硬质合金 60°外螺纹车刀	1	螺纹		
编制		×××	审核	×××	批准	×××	共 1 页	第 1 页

4. 切削用量选择

根据被加工表面质量要求、刀具材料和工件材料,参考切削用量手册或有关资料选取切削速度与每转进给量,填入表 5-42 工序卡中。

表 5-42 双头轴类零件数控加工工序卡

单位名称	××××	产品名称或代号	零件名称	零件图号
		数控车工艺分析实例	双头轴类零件	Lathe-21
工序号	程序编号	夹具名称	使用设备	车间
001	Lathe-21	卡盘和自制心轴	Fanuc 0i	数控中心

工步号	工步内容	刀具号	刀具规格/mm	主轴转速/(r/min)	进给速度/(mm/min)	背吃刀量/mm	备注
1	平端面	T01	25×25	800	80		自动
2	粗车外轮廓	T01	25×25	800	80	1.5	自动
3	精车外轮廓	T01	25×25	1200	40	0.2	自动
4	切槽	T02	20×20	800	20		自动
5	掉头装夹						
6	粗车外轮廓	T01	25×25	800	80	1.5	自动
7	精车外轮廓	T01	25×25	1200	40	0.2	自动
8	切退刀槽	T02	25×25	800	20	0.2	自动
9	车 M22×1.5 螺纹	T03	20×20	系统配给	系统配给		自动
编制	×××	审核	×××	批准	×××	年 月 日	共 1 页	第 1 页

5. 切削用量选择

(1) 先加工左侧带有锥度的部分

开始	N010	M03 S800	主轴正转，800r/min
	N020	T0101	换 01 号外圆车刀
	N030	G98	指定走刀按照 mm/min 进给
端面	N040	G00 X58 Z0	快速定位至工件端面上方
	N050	G01 X0 F80	做端面，走刀速度 80mm/min
粗车循环	N060	G00 X58 Z3	快速定位循环起点
	N070	G73 U20.5 W1.5 R14	X 向总吃刀量为 20.5mm，循环 14 次
	N080	G73 P90 Q170 U0.1 W0.1 F80	循环程序段 90～170
轮廓	N090	G00 X17 Z1	快速定位至倒角延长线处
	N100	G01 X23 Z-2	车削倒角
	N110	G01 Z-29	车削 φ23 的外圆
	N120	G01 X28 Z-49	斜向车削至 φ28 的外圆处
	N130	G01 Z-54	车削 φ28 的外圆
	N140	G02 X34 Z-57 R3	车削 R3 的顺时针圆弧
	N150	G01 X36	车削两圆弧间的连接部分
	N160	G03 X48 Z-63 R6	车削 R6 的逆时针圆弧
	N170	G01 Z-66	平走一刀，保证形状
精车循环	N180	M03 S1200	提高主轴转速，1200r/min
	N190	G70 P90 Q170 F40	精车
	N200	M03 S800	主轴正转，800r/min
	N210	G00 X200 Z200	快速退刀，准备换刀
切槽	N220	T0202	换 02 号切槽刀
	N230	G00 X25 Z-19	定位切槽循环的起点
	N240	G75 R1	G75 切槽循环固定格式
	N250	G75 X19 Z-21 P3000 Q3800 R0 F20	G75 切槽循环固定格式
结束	N260	G00 X200 Z200	快速退刀
	N270	M05	主轴停
	N280	M30	程序结束

(2) 加工右侧带有螺纹的部分

开始	N010	M03 S800	主轴正转，800r/min
	N020	T0101	换 01 号外圆车刀
	N030	G98	指定走刀按照 mm/min 进给

续表

粗车循环	N040	G00 X58 Z3	快速定位循环起点
	N050	G73 U29 W1.5 R20	X 向总吃刀量为 1.5mm,循环 20 次
	N060	G73 P70 Q190 U0.1 W0.1 F80	循环程序段 70~190
轮廓	N070	G00 X-4 Z2	快速定位至相切圆弧起点
	N080	G02 X0 Z0 R2	车削 R2 的过渡顺时针圆弧
	N090	G03 X8 Z-4 R4	车削 R4 的逆时针圆弧
	N100	G01 X12	车削 φ12 外圆的右侧端面
	N110	G01 Z-10	车削 φ12 的外圆
	N120	G01 X18	车削 φ22 外圆的右侧倒角
	N130	G01 X22 Z-12	车削倒角
	N140	G01 Z-25	车削 φ22 的外圆
	N150	G01 X26	车削 φ26 外圆的右侧端面
	N160	G01 Z-28	车削 φ26 的外圆
	N170	G02 X36 Z-33 R5	车削 R5 的顺时针圆弧
	N180	G03 X48 Z-39 R6	车削 R6 的逆时针圆弧
	N190	G01 Z-42	平走一刀,保证形状
精车循环	N200	M03 S1200	提高主轴转速,1200r/min
	N210	G70 P70 Q190 F40	精车
切槽	N220	M03 S800	降低主轴转速,800r/min
	N230	G00 X150 Z150	快速退刀,准备换刀
	N240	T0202	换 02 号切槽刀
	N250	G00 X30 Z-25	快速定位至槽上方
	N260	G01 X18 F20	切槽,速度 20mm/min
	N270	G04 P1000	暂停 1s,清槽底,保证形状
	N280	G01 X30 F40	提刀
螺纹	N290	G00 X150 Z150	快速退刀
	N300	T0303	换 03 号螺纹刀
	N310	G00 X25 Z-7	定位至螺纹循环起点
	N320	G76 P030060 Q80 R0.08	G76 螺纹循环固定格式
	N330	G76 X20.3395 Z-23 P830.25 Q400 R0 F1.5	G76 螺纹循环固定格式
结束	N340	G00 X200 Z200	快速退刀
	N350	M05	主轴停
	N360	M30	程序结束

二十二、双头多槽螺纹件数控车床零件加工工艺分析及编程

双头多槽螺纹零件图如图 5-71 所示。

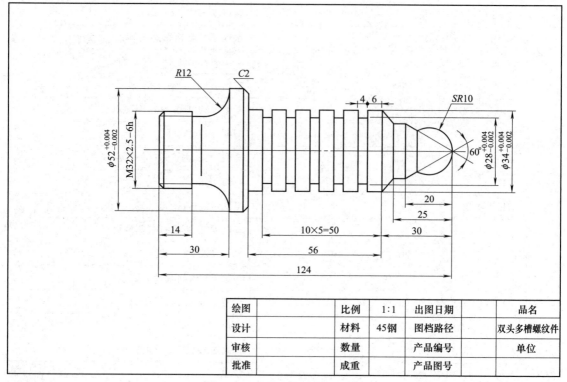

图 5-71 双头多槽螺纹零件图

1. 零件图工艺分析

该零件表面由外圆柱面、多个等距槽及外螺纹等表面组成,其中多个直径尺寸与轴向尺寸有较高的尺寸精度和表面粗糙度要求。零件图尺寸标注完整,符合数控加工尺寸标注要求;轮廓描述清楚完整;零件材料为 45 钢,切削加工性能较好,无热处理和硬度要求。加工时按照从左到右的顺序进行程序编制和加工。

通过上述分析,采取以下几点工艺措施。

① 零件图样上带公差的尺寸,因公差值较小,故编程时不必取其平均值,而取基本尺寸即可。

② 左右端面均为多个尺寸的设计基准,注意尺寸的选择和加工速度的确定。

③ 零件需要掉头加工,注意掉头的对刀和端面找准。

2. 确定装夹方案、加工顺序及走刀路线

① 先加工右侧多个等距槽的部分。

用三爪自动定心卡盘夹紧,加工顺序按由粗到精、由近到远的原则确定,在一次装夹中尽可能加工出较多的工件表面。结合本零件的结构特征,可先粗车外圆表面,然后加工外轮廓表面。由于该零件外圆部分由直线和圆弧面构成,故先用 G71 循环车去大部分外圆轮廓,再用 G73 循环加工前端圆弧较多的外形,可大大提高加工速度。轮廓表面车削走刀路线可沿零件轮廓顺序进行,按路线加工,如图 5-72 所示。

② 加工左侧带有螺纹的部分。

用三爪自动定心卡盘按照图 5-73 所示位置夹紧,加工顺序按由外到内、由粗到精、

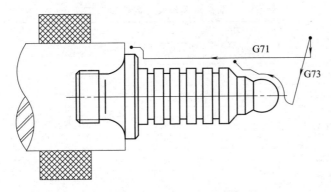

图 5-72　右侧加工走刀路线

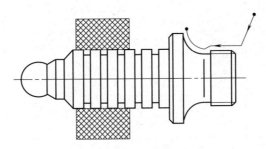

图 5-73　左侧加工走刀路线

由近到远的原则确定,在一次装夹中尽可能加工出较多的工件表面。结合本零件的结构特征,可先粗车外圆表面,然后加工外轮廓表面。由于该零件外圆部分有凹陷的形状,故采用 G73 循环,轮廓表面车削走刀路线可沿零件轮廓顺序进行,按路线加工,如图 5-73 所示。

3. 刀具选择

将所选定的刀具参数填入表 5-43 双头多槽螺纹件数控加工刀具卡中,以便于编程和操作管理。

表 5-43　双头多槽螺纹件数控加工刀具卡

产品名称或代号		数控车工艺分析实例		零件名称	双头多槽螺纹	零件图号	Lathe-22
序号	刀具号	刀具规格名称	数量	加工表面		刀尖半径/mm	备注
1	T01	45°硬质合金外圆车刀	1	车端面		0.5	25mm×25mm
2	T02	宽 4mm 切断刀(割槽刀)	1	宽 4mm			
3	T03	硬质合金 60°外螺纹车刀	1	螺纹			
编制		×××	审核	×××	批准	×××	共 1 页 第 1 页

4. 切削用量选择

根据被加工表面质量要求、刀具材料和工件材料,参考切削用量手册或有关资料选取切削速度与每转进给量,填入表 5-44 工序卡中。

表 5-44 双头多槽螺纹件数控加工工序卡

单位名称	××××	产品名称或代号		零件名称		零件图号	
		数控车工艺分析实例		双头多槽螺纹		Lathe-22	
工序号		程序编号	夹具名称	使用设备		车间	
001		Lathe-22	卡盘和自制心轴	Fanuc 0i		数控中心	
工步号	工步内容	刀具号	刀具规格/mm	主轴转速/(r/min)	进给速度/(mm/min)	背吃刀量/mm	备注
1	G71 粗车外轮廓	T01	25×25	800	80	1.5	自动
2	G73 粗车外轮廓	T01	25×25	800	80	1.5	
3	G70 精车外轮廓	T01	25×25	1200	40	0.2	
4	切槽	T02	20×20	800	20		自动
5	掉头装夹						
6	G73 粗车外轮廓	T01	25×25	800	80	1.5	自动
7	G73 精车外轮廓	T01	25×25	1200	40	0.2	自动
8	螺纹倒角	T01	25×25	800	80	0.2	自动
9	切退刀槽	T02	25×25	800	20	0.2	自动
10	车 M32×2.5 螺纹	T03	20×20	系统配给	系统配给		自动
编制	×××	审核	×××	批准	×××	年 月 日	共1页 第1页

5. 切削用量选择

(1) 先加工右侧多个等距槽的部分

开始	N010	M03 S800	主轴正转,800r/min
	N020	T0101	换 01 号外圆车刀
	N030	G98	指定走刀按照 mm/min 进给
粗车循环	N040	G00 X60 Z3	快速定位循环起点
	N050	G71 U1.5 R1	X 向每次吃刀量为 1.5mm,退刀量为 1mm
	N060	G71 P70 Q110 U0.1 W0.1 F80	循环程序段 70～110
轮廓	N070	G00 X34	快速定位至轮廓右端 3mm 处
	N080	G01 Z-86	车削 φ34 的外圆
	N090	G01 X48	车削至 φ48 的外圆处
	N100	G01 X52 Z-88	车削 C2 倒角
	N110	G01 Z-95	车削 φ52 的外圆
精车	N120	M03 S1200	提高主轴转速,1200r/min
	N130	G70 P70 Q110 F40	精车
粗车循环	N140	M03 S800	主轴正转,800r/min
	N150	G00 X40 Z3	快速定位循环起点
	N160	G73 U20 W1.5 R14	X 向总吃刀量为 20mm,循环 14 次
	N170	G73 P180 Q230 U0.1 W0.1 F80	循环程序段 180～230

续表

轮廓	N180	G00 X-4 Z2	快速定位至相切圆弧起点
	N190	G02 X0 Z0 R2	车削R2的过渡顺时针圆弧
	N200	G03 X17.321 Z-15 R10	车削R10的逆时针圆弧
	N210	G01 X23.094 Z-20	斜向车削至φ23.094的外圆处
	N220	G01 Z-25	车削φ23.094的外圆
	N230	G01 X34 Z-30	斜向车削至φ34的外圆处
精车循环	N240	M03 S1200	提高主轴转速,1200r/min
	N250	G70 P180 Q230 F40	精车
切5个连续槽	N260	M03 S800	降低主轴转速,800r/min
	N270	G00 X150 Z150	快速退刀,准备换刀
	N280	T0202	换02号切槽刀
	N290	G00 X35 Z-40	定位切槽循环的起点
	N300	G75 R1	G75切槽循环固定格式
	N310	G75 X28 Z-80 P3000 Q10000 R0 F20	G75切槽循环固定格式
结束	N320	G00 X200 Z200	提刀
	N330	M05	主轴停
	N340	M30	程序结束

(2) 加工左侧带有螺纹的部分

开始	N010	M03 S800	主轴正转,800r/min
	N020	T0101	换01号外圆车刀
	N030	G98	指定走刀按照mm/min进给
端面	N040	G00 X60 Z0	快速定位至工件端面上方
	N050	G01 X0 F80	做端面,走刀速度80mm/min
粗车循环	N060	G00 X60 Z3	快速定位循环起点
	N070	G73 U16 W1.5 R11	X向总吃刀量为16mm,循环11次
	N080	G73 P90 Q120 U0.1 W0.1 F80	循环程序段90~120
轮廓	N090	G00 X32 Z1	快速定位至轮廓右端1mm处
	N100	G01 Z-14	车削φ32的外圆
	N110	G01 X28 Z-18	斜向车削至φ28的外圆处
	N120	G02 X52 Z-30 R12	车削R12的顺时针圆弧
精车循环	N130	M03 S1200	提高主轴转速,1200r/min
	N140	G70 P90 Q120 F40	精车

续表

倒角	N150	M03 S800	主轴正转,800r/min
	N160	G00 X26 Z1	快速退刀准备换刀
	N170	G01 X32 Z-2 F80	车削倒角
切槽	N180	G00 X150 Z150	快速退刀,准备换刀
	N190	T0202	换02号切槽刀
	N200	G00 X35 Z-18	定位至螺纹退刀槽正上方
	N210	G01 X28 F20	切槽
	N220	G04 P1000	暂停1s,清理槽底
	N230	G01 X35 F40	提刀
螺纹	N240	G00 X150 Z150	快速退刀,准备换刀
	N250	T0303	换03号螺纹刀
	N260	G00 X35 Z3	定位至螺纹循环起点
	N270	G76 P040060 Q100 R0.1	G76螺纹循环固定格式
	N280	G76 X29.2325 Z-16 P1384 Q600 R0 F2.5	G76螺纹循环固定格式
结束	N290	G00 X200 Z200	快速退刀
	N300	M05	主轴停
	N310	M30	程序结束

二十三、掉头内外螺纹轴数控车床零件加工工艺分析及编程

掉头内外螺纹轴零件图如图5-74所示。

1. 零件图工艺分析

该零件表面由内外圆柱面及内外螺纹等表面组成,其中多个直径尺寸与轴向尺寸有较高的尺寸精度和表面粗糙度要求。零件图尺寸标注完整,符合数控加工尺寸标注要求;轮廓描述清楚完整;零件材料为45钢,切削加工性能较好,无热处理和硬度要求。加工时按照从右到左的顺序进行程序编制和加工。

通过上述分析,采取以下几点工艺措施。

① 零件图样上带公差的尺寸,因公差值较小,故编程时取基本尺寸即可。
② 左右端面均为多个尺寸的设计基准,注意尺寸的选择和加工速度的确定。
③ 零件需要掉头加工,注意掉头的对刀和端面找准。先加工右侧,再掉头加工左侧。

2. 确定装夹方案、加工顺序及走刀路线

① 先加工右侧带有外螺纹的部分。

用三爪自动定心卡盘夹紧,加工顺序按由粗到精、由近到远的原则确定,在一次装夹中尽可能加工出较多的工件表面。结合本零件的结构特征,可先粗车外圆表面,然后加工外轮廓表面。由于该零件外圆部分由直线和圆弧面构成,故采用G73循环,轮廓表面车削走刀路线可沿零件轮廓顺序进行,按路线加工。外圆加工好之后再做螺纹倒角和退刀槽。加工路线如图5-75所示。

② 加工左侧带有内螺纹的部分。

用三爪自动定心卡盘按照图5-76所示位置夹紧,加工顺序按由外到内、由粗到精、由近到远的原则确定,在一次装夹中尽可能加工出较多的工件表面。结合本零件的结构特征,

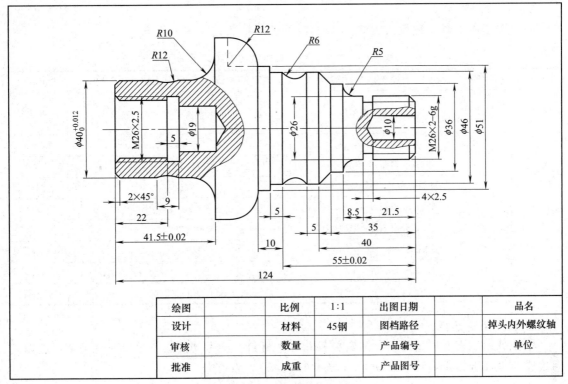

图 5-74 掉头内外螺纹轴零件图

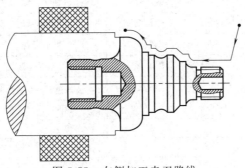

图 5-75 右侧加工走刀路线

可先粗车外圆表面，然后加工外轮廓表面。由于该零件外圆部分出现凹陷形状，为保证工件表面的一致性，故采用 G73 循环，轮廓表面车削走刀路线可沿零件轮廓顺序进行，按路线加工，如图 5-76 所示。内圆部分采取先钻孔后镗孔的方法。

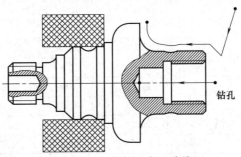

图 5-76 左侧加工走刀路线

3. 刀具选择

将所选定的刀具参数填入表 5-45 掉头内外螺纹轴数控加工刀具卡中。

表 5-45　掉头内外螺纹轴数控加工刀具卡

产品名称或代号		数控车工艺分析实例	零件名称	掉头内外螺纹	零件图号	Lathe-23
序号	刀具号	刀具规格名称	数量	加工表面	刀尖半径/mm	备注
1	T01	45°硬质合金外圆车刀	1	车端面	0.5	25×25
2	T02	宽 4mm 切断刀（割槽刀）	1	宽 4mm		
3	T03	硬质合金 60°外螺纹车刀	0	螺纹		
4	T04	宽 4mm 镗孔刀				2
5	T05	宽 3mm 内割刀（内切槽刀）	1	镗内孔基准面		
6	T06	内螺纹刀	1	宽 3mm		
7	T07	ϕ10mm 中心钻	1			
编制	×××	审核	×××	批准	×××	共1页 第1页

4. 切削用量选择

根据被加工表面质量要求、刀具材料和工件材料，参考切削用量手册或有关资料选取切削速度与每转进给量，填入表 5-46 工序卡中。

表 5-46　掉头内外螺纹轴数控加工工序卡

单位名称		××××	产品名称或代号		零件名称		零件图号	
			数控车工艺分析实例		掉头内外螺纹		Lathe-23	
工序号		程序编号	夹具名称		使用设备		车间	
001		Lathe-23	卡盘和自制心轴		Fanuc 0i		数控中心	
工步号	工步内容	刀具号	刀具规格/mm	主轴转速/(r/min)	进给速度/(mm/min)	背吃刀量/mm	备注	
1	平端面	T01	25×25	800	80		自动	
2	粗车外轮廓	T01	25×25	800	80	1.5	自动	
3	精车外轮廓	T01	25×25	1200	40	0.2	自动	
4	螺纹倒角	T01	25×25	800	80		自动	
5	切槽	T02	20×20	800	20		自动	
6	车 M26×2 螺纹	T03	20×20	系统配给	系统配给		自动	
7	钻孔	T07	ϕ10mm	800	20		自动	
8	镗内孔	T04	25×25	800	15		自动	
9	掉头装夹							
10	粗车外轮廓	T01	25×25	800	80	1.5	自动	
11	精车外轮廓	T01	25×25	1200	40	0.2	自动	
12	钻孔	T07	ϕ10mm	800	20		自动	
13	镗内孔	T04	25×25	800	20		自动	
14	切内槽	T05	25×25	800	15		自动	
15	车内螺纹（M26×2.5）	T06	20×20	系统配给	系统配给		自动	
编制	×××	审核	×××	批准	×××	年 月 日	共1页	第1页

5. 数控程序的编制
（1）先加工右侧带有外螺纹的部分

开始	N010	M03 S800	主轴正转,800r/min
	N020	T0101	换 01 号外圆车刀
	N030	G98	指定走刀按照 mm/min 进给
端面	N040	G00 X82 Z0	快速定位至工件端面上方
	N050	G01 X0　　F80	做端面,走刀速度 80mm/min
粗车循环	N060	G00 X82 Z3	快速定位循环起点
	N070	G73 U28 W1.5 R19	X 向总吃刀量 28mm,循环 19 次(思考:U 和 R 值如何优化,试采用 G71 和 G02 组合编程)
	N080	G73 P90 Q200 U0.1 W0.1 F80	循环程序段 90~200
轮廓	N090	G00 X26 Z1	快速定位至轮廓右端 2mm 处
	N100	G01　　Z-25	车削 φ26 的外圆
	N110	G02 X36 Z-30 R5	车削 R5 的顺时针圆弧
	N120	G01　　Z-35	车削 φ36 的外圆
	N130	G01 X46 Z-40	斜向车削至 φ46 的外圆
	N140	G01　　Z-45	车削 φ46 的外圆
	N150	G02 X46 Z-55 R6	车削 R6 的顺时针圆弧
	N160	G01　　Z-60	车削 φ46 的外圆
	N170	G01 X51	车削至 φ51 的外圆处
	N180	G01　　Z-65	车削 φ51 的外圆
	N190	G03 X75 Z-77 R12	车削 R12 的逆时针圆弧
	N200	G01　　Z-83	车削 φ75 的外圆
精车循环	N210	M03 S1200	提高主轴转速,1200r/min
	N220	G70 P90 Q200 F40	精车
倒角	N230	M03 S800	主轴正转,800r/min
	N240	G00 X20 Z1	快速定位至倒角的延长线处
	N250	G01 X26 Z-2 F80	车削倒角
切槽	N260	G00 X150 Z150	快速退刀,准备换刀
	N270	T0202	换 02 号切槽刀
	N280	G00 X28 Z-21.5	定位至螺纹退刀槽的正上方
	N290	G01 X21　　F20	切槽,速度 20mm/min
	N300	G04 P1000	暂停 1s,清槽底,保证形状
	N310	G01 X28　　F40	提刀
螺纹	N320	G00 X150 Z150	快速退刀
	N330	T0303	换 03 号螺纹刀
	N340	G00 X28 Z3	定位至螺纹循环起点
	N350	G76 P020060 Q100 R0.08	G76 螺纹循环固定格式
	N360	G76 X23.786 Z-19.5 P1107 Q500 R0 F2	G76 螺纹循环固定格式
钻孔	N370	M03 S800	主轴正转,800r/min
	N380	G00 X150 Z150	快速退刀,准备换刀
	N390	T0707	换 07 号钻头
	N400	G00 X0 Z1	快速定位
	N410	G01　　Z-17.5 F15	钻孔
	N420	G01　　Z1 F40	退出孔
结束	N430	G00 X200 Z200	快速退刀,准备换刀
	N440	M05	快速退刀
	N450	M30	主轴停

（2）加工左侧带有内螺纹的部分

开始	N010	M03 S800	主轴正转,800r/min
	N020	T0101	换 01 号外圆车刀
	N030	G98	指定走刀按照 mm/min 进给
端面	N040	G00 X82 Z0	快速定位至工件端面上方
	N050	G01 X0 F80	做端面,走刀速度 80mm/min
粗车循环	N060	G00 X82 Z3	快速定位循环起点
	N070	G73 U24 W1.5 R16	X 向总吃刀量 24mm,循环 16 次
	N080	G73 P90 Q150 U0.1 W0.1 F80	循环程序段 90～150
轮廓	N090	G00 X34 Z1	快速定位至倒角延长线处
	N100	G01 X40 Z-2	车削倒角
	N110	G01 Z-17.5	车削 φ40 的外圆
	N120	G02 X40 Z-26.5 R12	车削 R12 的顺时针圆弧
	N130	G01 Z-31.5	车削 φ40 的外圆
	N140	G02 X60 Z-41.5 R10	车削 R10 的顺时针圆弧
	N150	G01 X75	车削至 φ40 的外圆处
精车循环	N160	M03 S1200	提高主轴转速,1200r/min
	N170	G70 P90 Q150 F40	精车
钻孔	N180	M03 S800	主轴正转,800r/min
	N190	G00 X200 Z200	快速退刀,准备换刀
	N200	T0707	换 07 号钻头
	N210	G00 X0 Z1	快速定位至工件右侧 1mm 处
	N220	G01 X0 Z-42 F15	钻孔
	N230	G01 X0 Z1 F40	退出孔
镗孔	N240	G00 X200 Z200	快速退刀,准备换刀
	N250	T0404	换 04 号镗孔刀
	N260	G00 X16 Z1	定位镗孔循环的起点,镗 φ25 孔
	N270	G74 R1	G74 镗孔循环固定格式
	N280	G74 X19 Z-41.5 P3000 Q2800 R0 F20	G74 镗孔循环固定格式
精车内孔	N290	G00 X26	快速定位至工件右侧 1mm 处
	N300	G01 Z0 F20	接触工件
	N310	G01 X23.2325 Z-2	车削倒角
	N320	G01 Z-27	车削 φ23.25 的内圆
	N330	G01 X19	车削 φ19 的内圆右侧端面
	N340	G01 Z-41.5	车削 φ19 的内圆
	N350	G01 X0	精车孔底
	N360	G01 Z1 F70	退出孔内部

续表

切内槽	N370	G00 X200 Z200	快速退刀,准备换刀
	N380	T0505	换05号内割刀(内切槽刀)
	N390	G00 X20 Z1	快速定位至孔的外端1mm处
	N400	G01 Z-26 F40	定位到内槽的下方
	N410	G01 X27 F15	切内槽
	N420	G04 P1000	暂停1s,清槽底
	N430	G01 X18 F40	提刀
	N440	G01 Z-27	定位到内槽的下一个位置
	N450	G01 X27 F15	切内槽
	N460	G04 P1000	暂停1s,清理槽底
	N470	G01 X20 F40	提刀
	N480	G01 Z1	退出孔内部
内螺纹	N490	G00 X200 Z200	快速退刀,准备换刀
	N500	T0606	换06号内螺纹刀
	N510	G00 X20 Z3	定位螺纹循环的起点
	N520	G76 P020060 R100 Q-0.1	G76螺纹循环固定格式
	N530	G76 X26 Z-24 R0 P1384 Q600F2.5	G76螺纹循环固定格式
结束	N540	G00 X200 Z200	快速退刀,准备换刀
	N550	M05	快速退刀
	N560	M30	主轴停

二十四、螺纹及孔轴数控车床零件加工工艺分析及编程

螺纹及孔轴零件图如图5-77所示。

1. 零件图工艺分析

该零件表面由内外圆柱面及外螺纹等表面组成,其中多个直径尺寸与轴向尺寸有较高的尺寸精度和表面粗糙度要求。零件图尺寸标注完整,符合数控加工尺寸标注要求;轮廓描述清楚完整;零件材料为45钢,切削加工性能较好,无热处理和硬度要求。加工时按照从左到右的顺序进行程序编制和加工。

通过上述分析,采取以下几点工艺措施。

① 零件图样上带公差的尺寸,因公差值较小,故编程时不必取其平均值,而取基本尺寸即可。

② 左右端面均为多个尺寸的设计基准,注意尺寸的选择和加工速度的确定。

③ 零件需要掉头加工,注意掉头的对刀和端面找准。

2. 确定装夹方案、加工顺序及走刀路线

① 先加工右侧带有螺纹的部分。

用三爪自动定心卡盘夹紧,加工顺序按由粗到精、由近到远的原则确定,在一次装夹中

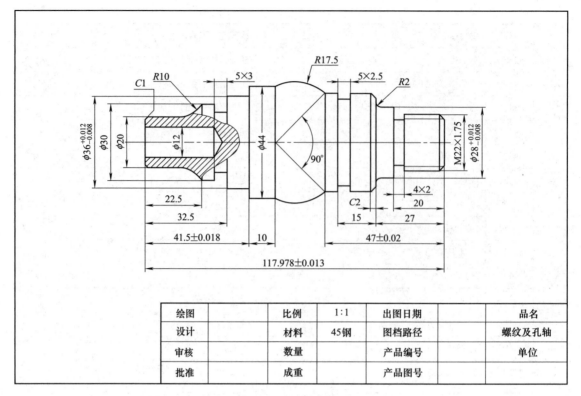

图 5-77 螺纹及孔轴零件图

尽可能加工出较多的工件表面。结合本零件的结构特征，可先粗车外圆表面，然后加工外轮廓表面。由于该零件外圆部分由直线和圆弧面构成，并且加工中出现凹陷的形状，故采用 G73 循环，轮廓表面车削走刀路线可沿零件轮廓顺序进行，按路线加工，如图 5-78 所示。待两个槽切完之后再攻螺纹，以减少换刀次数。

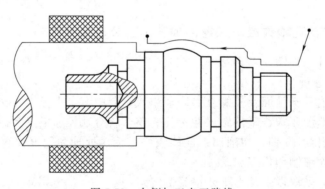

图 5-78 右侧加工走刀路线

② 加工左侧带有内孔的部分。

用三爪自动定心卡盘按照图 5-79 所示位置夹紧，加工顺序按由外到内、由粗到精、由近到远的原则确定，在一次装夹中尽可能加工出较多的工件表面。结合本零件的结构特征，可先粗车外圆表面，然后加工外轮廓表面。由于该零件外圆部分由直线和小段圆弧面构成，可采用 G71 或者 G73 循环，这里以 G73 循环加工，轮廓表面车削走刀路线可沿零件轮廓顺序进行，按路线加工，如图 5-79 所示。内圆部分采取先钻孔后镗孔的方法。

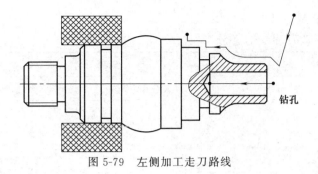

图 5-79 左侧加工走刀路线

3. 刀具选择

将所选定的刀具参数填入表 5-47 螺纹及孔轴零件数控加工刀具卡中,以便于编程和操作管理,必要时可作图检验。

表 5-47 螺纹及孔轴零件数控加工刀具卡

产品名称或代号		数控车工艺分析实例		零件名称	螺纹及孔轴零件	零件图号	Lathe-24
序号	刀具号	刀具规格名称	数量	加工表面		刀尖半径/mm	备注
1	T01	45°硬质合金外圆车刀	1	车端面		0.5	25mm×25mm
2	T02	宽4mm切断刀(割槽刀)	1	宽4mm			
3	T03	硬质合金60°外螺纹车刀	1	螺纹			
4	T04	宽4mm镗孔刀	1				2
5	T05	宽3mm内割刀(内切槽刀)	0	镗内孔基准面			
6	T06	内螺纹刀	0	宽3mm			
7	T07	φ10mm中心钻	1				
编制	×××	审核	×××	批准	×××	共1页	第1页

4. 切削用量选择

根据被加工表面质量要求、刀具材料和工件材料,参考切削用量手册或有关资料选取切削速度与每转进给量,表 5-48 工序卡中。

表 5-48 螺纹及孔轴零件数控加工工序卡

单位名称		××××		产品名称或代号	零件名称	零件图号	
				数控车工艺分析实例	螺纹及孔轴零件	Lathe-24	
工序号		程序编号		夹具名称	使用设备	车间	
001		Lathe-24		卡盘和自制心轴	Fanuc 0i	数控中心	
工步号	工步内容		刀具号	刀具规格/mm	主轴转速/(r/min)	进给速度/(mm/min)	背吃刀量/mm	备注
1	平端面		T01	25×25	800	80		自动
2	粗车外轮廓		T01	25×25	800	80	1.5	自动
3	精车外轮廓		T01	25×25	1200	40	0.2	自动
4	螺纹倒角		T01	25×25	800	80		自动
5	切槽(共2个)		T02	20×20	800	20		自动
6	车 M22×1.75 螺纹		T03	20×20	系统配给	系统配给		自动
7	掉头装夹							
8	粗车外轮廓		T01	25×25	800	80	1.5	自动
9	精车外轮廓		T01	25×25	1200	40	0.2	自动
10	切槽		T02	20×20	800	20		自动
11	钻孔		T07	25×25	800	20	0.2	自动
12	镗内孔		T04	25×25	800	20	2	自动
编制	×××	审核	×××	批准	×××	年 月 日	共1页	第1页

5. 数控程序的编制
(1) 先加工右侧带有螺纹的部分

开始	N010	M03 S800	主轴正转,800r/min
	N020	T0101	换 01 号外圆车刀
	N030	G98	指定走刀按照 mm/min 进给
端面	N040	G00 X55 Z0	快速定位至工件端面上方
	N050	G01 X0 F80	做端面,走刀速度 80mm/min
粗车循环	N060	G00 X55 Z3	快速定位循环起点
	N070	G73 U16.5 W1.5 R11	X 向总吃刀量为 16.5mm,循环 11 次
	N080	G73 P90 Q190 U0.1 W0.1 F80	循环程序段 90～190
轮廓	N090	G00 X22 Z1	快速定位至轮廓右端 1mm 处
	N100	G01 Z−20	车削 $\phi 22$ 的外圆
	N110	G01 X28	车削 $\phi 28$ 外圆的右端面
	N120	G01 Z−25	车削 $\phi 28$ 的外圆
	N130	G02 X32 Z−27 R2	车削 R2 的顺时针圆弧
	N140	G01 X34.957	车削至 $\phi 34.957$ 的外圆处
	N150	G01 X38.957 Z−29	车削倒角
	N160	G01 Z−47	车削 $\phi 38.957$ 的外圆
	N170	G03 X44 Z−66.478 R17.5	车削 R17.5 的逆时针圆弧
	N180	G01 Z−76.5	车削 $\phi 44$ 外圆
	N190	G01 X55	抬刀
精车循环	N200	M03 S1200	提高主轴转速,1200r/min
	N210	G70 P90 Q190 F40	精车
倒角	N220	M03 S800	主轴正转,800r/min
	N230	G00 X16 Z1	快速定位至倒角的延长线上
	N240	G01 X22 Z−2 F80	车削倒角
切槽	N250	G00 X150 Z150	快速退刀,准备换刀
	N260	T0202	换 02 号切槽刀
	N270	G00 X30 Z−20	快速定位至螺纹退刀槽上方
	N280	G01 X18 F20	切槽,速度 20mm/min
	N290	G04 P1000	暂停 1s,清槽底,保证形状
	N300	G01 X40 F60	提刀
	N310	G00 X40 Z−41	快速定位至槽上方
	N320	G01 X33.957 F20	切槽,速度 20mm/min
	N330	G04 P1000	暂停 1s,清槽底,保证形状

续表

切槽	N340	G01 X40　　F60	提刀
	N350	G01 X40 Z－42	定位至槽上方的下一个位置处
	N360	G01 X33.957　F20	切槽,速度20mm/min
	N370	G04 P1000	暂停1s,清槽底,保证形状
	N380	G01 X40　　F60	提刀
螺纹	N390	G00 X150 Z150	快速退刀
	N400	T0303	换03号螺纹刀
	N410	G00 X24 Z3	定位至螺纹循环起点
	N420	G76 P040060 Q100 R0.08	G76螺纹循环固定格式
	N430	G76 X20.063 Z－18 P969 Q500 R0 F1.75	G76螺纹循环固定格式
结束	N440	G00 X200 Z200	快速退刀
	N450	M05	主轴停
	N460	M30	程序结束

(2) 加工左侧带有内孔的部分

开始	N010	M03 S800	主轴正转,800r/min
	N020	T0101	换01号外圆车刀
	N030	G98	指定走刀按照mm/min进给
端面	N040	G00 X55 Z0	快速定位至工件端面上方
	N050	G01 X0　　F80	做端面,走刀速度80mm/min
粗车循环	N060	G00 X55 Z3	快速定位循环起点
	N070	G73 U19.5 W1.5 R13	X向总吃刀量19.5mm,循环13次
	N080	G73 P90 Q140 U0.1 W0.1 F80	循环程序段90～140
轮廓	N090	G00 X16 Z1	快速定位至倒角延长线处
	N100	G01 X20 Z－1	车削倒角
	N110	G01　　Z－13.84	车削φ20的外圆
	N120	G02 X30 Z－22.5 R10	车削R10的顺时针圆弧
	N130	G01　　Z－32.5	车削φ30的外圆
	N132	G01 X36	车削至φ36外圆处
	N134	G01　　Z－41.5	车削φ36外圆
	N140	G01 X44	车削至φ44外圆处
精车循环	N150	M03 S1200	提高主轴转速,1200r/min
	N160	G70 P90 Q140 F40	精车
切槽	N170	M03 S800	主轴正转,800r/min
	N180	G00 X200 Z200	快速退刀,准备换刀
	N210	T0202	换02号切槽刀

续表

	N220	G00 X40 Z-31.5	快速定位至螺纹退刀槽上方
切槽	N230	G01 X24　　F20	切槽,速度20mm/min
	N240	G04 P1000	暂停1s,清槽底,保证形状
	N250	G01 X40　　F80	提刀
	N260	G01 X40 Z-32.5	快速定位至槽上方
	N270	G01 X24　　F20	切槽,速度20mm/min
	N280	G04 P1000	暂停1s,清槽底,保证形状
	N290	G01 X38　　F80	提刀
钻孔	N300	G00 X200 Z200	快速退刀,准备换刀
	N310	T0707	换07号钻头
	N320	G00 X0 Z1	快速定位至工件右侧1mm处
	N330	G01 X0 Z-27.5 F15	钻孔
	N340	G01 X0 Z1　 F40	退出孔
内孔	N350	G00 X200 Z200	快速退刀,准备换刀
	N360	T0404	换04号镗孔刀
	N370	G00 X12 Z1	快速定位至工件外部1mm处
	N380	G01　　 Z-27.5 F15	车削φ12的内孔
	N390	G01　　 Z1　 F40	退出孔
结束	N400	G00 X200 Z200	快速退刀
	N410	M05	主轴停
	N420	M30	程序结束

二十五、球身螺纹长轴数控车床零件加工工艺分析及编程

球身螺纹长轴零件图如图5-80所示。

1. 零件图工艺分析

该零件表面由外圆柱面、弧面及外螺纹等表面组成,其中多个直径尺寸与轴向尺寸有较高的尺寸精度和表面粗糙度要求。零件图尺寸标注完整,符合数控加工尺寸标注要求;轮廓描述清楚完整;零件材料为45钢,切削加工性能较好,无热处理和硬度要求。加工时按照从左到右的顺序进行程序编制和加工。

通过上述分析,采取以下几点工艺措施。

① 零件图样上带公差的尺寸,因公差值较小,故编程时不必取其平均值,而取基本尺寸即可。

② 左右端面均为多个尺寸的设计基准,注意尺寸的选择和加工速度的确定。

③ 零件需要掉头加工,注意掉头的对刀和端面找准。

2. 确定装夹方案、加工顺序及走刀路线

① 先加工右侧带有螺纹的部分。

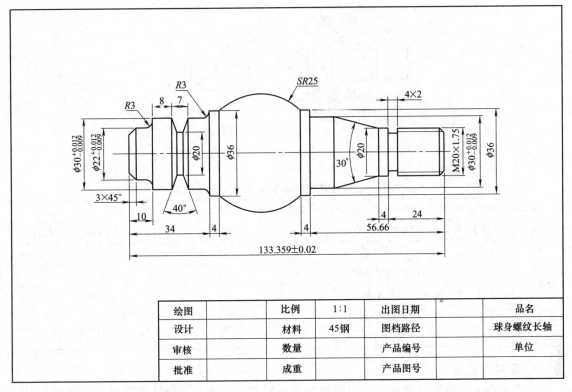

图 5-80 球身螺纹长轴零件图

用三爪自动定心卡盘夹紧,加工顺序按由粗到精、由近到远的原则确定,在一次装夹中尽可能加工出较多的工件表面。结合本零件的结构特征,可先粗车外圆表面,然后加工外轮廓表面。由于该零件外圆部分由直线和圆弧面构成,故采用 G73 循环,轮廓表面车削走刀路线可沿零件轮廓顺序进行,按路线加工,如图 5-81 所示。

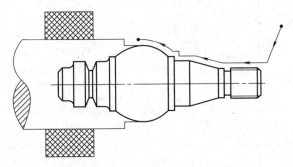

图 5-81 右侧加工走刀路线

② 加工左侧带有梯形槽的部分。

用三爪自动定心卡盘按照图 5-82 所示位置夹紧,加工顺序按由粗到精、由近到远的原则确定,在一次装夹中尽可能加工出较多的工件表面。结合本零件的结构特征,可先粗车外圆表面,然后加工外轮廓表面。由于该零件外圆部分由直线和大段圆弧面构成,故采用 G73 循环,轮廓表面车削走刀路线可沿零件轮廓顺序进行,按路线加工,如图 5-82 所示。

3. 刀具选择

将所选定的刀具参数填入表 5-49 球身螺纹长轴零件数控加工刀具卡中,以便于编程和

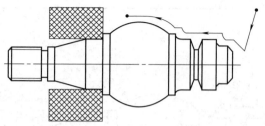

图 5-82 左侧加工走刀路线

操作管理。

表 5-49 球身螺纹长轴零件数控加工刀具卡

产品名称或代号		数控车工艺分析实例		零件名称	球身螺纹长轴	零件图号	Lathe-25
序号	刀具号	刀具规格名称	数量	加工表面		刀尖半径/mm	备注
1	T01	45°硬质合金外圆车刀	1	车端面1		0.5	25mm×25mm
2	T02	宽4mm切断刀(割槽刀)	1	宽4mm			
3	T03	硬质合金60°外螺纹车刀	1	螺纹			
4	T04	宽3mm切断刀(割槽刀)	1	宽3mm		0.5	25mm×25mm
编制	×××	审核	×××	批准	×××	共1页	第1页

4. 切削用量选择

根据被加工表面质量要求、刀具材料和工件材料，参考切削用量手册或有关资料选取切削速度与每转进给量，填入表 5-50 工序卡中。

表 5-50 球身螺纹长轴零件数控加工工序卡

单位名称	××××	产品名称或代号		零件名称		零件图号	
		数控车工艺分析实例		球身螺纹长轴		Lathe-25	
工序号	程序编号	夹具名称		使用设备		车间	
001	Lathe-25	卡盘和自制心轴		Fanuc 0i		数控中心	
工步号	工步内容	刀具号	刀具规格/mm	主轴转速/(r/min)	进给速度/(mm/min)	背吃刀量/mm	备注
1	平端面	T01	25×25	800	80		自动
2	粗车外轮廓	T01	25×25	800	80	1.5	自动
3	精车外轮廓	T01	25×25	1200	40	0.2	自动
4	螺纹倒角	T01	25×25	800	80		自动
5	切槽	T02	20×20	800	20		自动
6	车M20×1.75螺纹	T03	20×20	系统配给	系统配给		自动
7	掉头装夹						
8	粗车外轮廓	T01	25×25	800	80	1.5	自动
9	精车外轮廓	T01	25×25	1200	40	0.2	自动
10	切梯形槽	T02	25×25	800	20	0.2	自动
编制	×××	审核	×××	批准	×××	年 月 日	共1页 第1页

5. 数控程序的编制

(1) 先加工右侧带有螺纹的部分

开始	N010	M03 S800	主轴正转,800r/min
	N020	T0101	换01号外圆车刀
	N030	G98	指定走刀按照mm/min进给
端面	N040	G00 X55 Z0	快速定位至工件端面上方
	N050	G01 X0 F80	做端面,走刀速度80mm/min
粗车循环	N060	G00 X55 Z3	快速定位循环起点
	N070	G73 U17.5 W1.5 R12	X向总吃刀量为17.5mm,循环12次
	N080	G73 P90 Q160 U0.1 W0.1 F80	循环程序段90~160
轮廓	N090	G00 X20 Z1	快速定位至轮廓右端1mm处
	N100	G01 Z-28	车削φ20的外圆
	N110	G01 X30 Z-46.66	车削至φ30的外圆处
	N120	G01 Z-56.66	车削φ30的外圆
	N130	G01 X36	车削φ36外圆的右端面
	N140	G01 Z-60.66	车削φ36的外圆
	N150	G03 X50 Z-78.01 R25	车削R25的逆时针圆弧
	N160	G01 Z-80	平一刀,保证形状
精车循环	N170	M03 S1200	提高主轴转速,1200r/min
	N180	G70 P90 Q160 F40	精车
倒角	N210	M03 S800	主轴正转,800r/min
	N220	G00 X14 Z1	快速定位至倒角的延长线上
	N230	G01 X20 Z-2 F80	车削倒角
切槽	N250	G00 X150 Z150	快速退刀,准备换刀
	N260	T0202	换02号切槽刀
	N270	G00 X25 Z-24	快速定位至螺纹退刀槽上方
	N280	G01 X16 F20	切槽,速度20mm/min
	N290	G04 P1000	暂停1s,清槽底,保证形状
	N300	G01 X25 F60	提刀
螺纹	N310	G00 X150 Z150	快速退刀
	N320	T0303	换03号螺纹刀
	N330	G00 X22 Z3	定位至螺纹循环起点
	N340	G76 P040060 Q100 R0.08	G76螺纹循环固定格式
	N350	G76 X18.063 Z-18 P969 Q500 R0 F1.75	G76螺纹循环固定格式
结束	N360	M05	主轴停
	N370	M30	程序结束

(2) 加工左侧带有梯形槽的部分

开始	N010	M03 S800	主轴正转,800r/min
	N020	T0101	换 01 号外圆车刀
	N030	G98	指定走刀按照 mm/min 进给
端面	N040	G00 X55 Z0	快速定位至工件端面上方
	N050	G01 X0 F80	做端面,走刀速度 80mm/min
粗车循环	N060	G00 X55 Z3	快速定位循环起点
	N070	G73 U19.5 W1.5 R13	X 向每次吃刀量为 1.5mm,退刀量为 1mm
	N080	G73 P90 Q170 U0.1 W0.1 F80	循环程序段 90~170
轮廓	N090	G00 X14 Z1	快速定位至倒角的延长线处
	N100	G01 X22 Z−3	车削 3×45°倒角
	N110	G01 Z−7	车削 φ22 的外圆
	N120	G02 X28 Z−10 R3	车削 R3 的顺时针圆弧
	N130	G01 X30 Z−10	车削 φ30 外圆右侧
	N140	G01 Z−31	车削 φ30 的外圆
	N150	G02 X36 Z−34 R3	车削 R3 的顺时针圆弧
	N160	G01 Z−38	车削 φ30 的外圆
	N170	G03 X50 Z−55.349 R25	车削 R25 的逆时针圆弧
	N180	G01 Z−56	平一刀,保证形状
精车循环	N190	M03 S1200	提高主轴转速,1200r/min
	N210	G70 P90 Q170 F40	精车
切槽	N220	M03 S800	主轴正转,800r/min
	N230	G00 X200 Z200	快速退刀,准备换刀
	N240	T0404	换 02 号切槽刀
	N250	G00 X32 Z−23	快速定位至槽的上方
	N260	G01 X20 F20	切槽,速度 20mm/min
	N270	G04 P1000	暂停 1s,清槽底,保证形状
	N280	G01 X32 F80	提刀
	N290	G01 X32 Z−21	快速定位至槽右端
	N300	G01 X30	接触工件
	N310	G01 X20 Z−22.820 F20	斜向车削梯形槽的右侧
	N320	G01 X32 F80	提刀
	N330	G01 X32 Z−25	快速定位至槽左端
	N340	G01 X30	接触工件
	N350	G01 X20 Z−23.180 F20	斜向车削梯形槽的左侧
	N360	G01 X32 F80	提刀
结束	N370	G00 X200 Z200	快速退刀
	N380	M05	主轴停
	N390	M30	程序结束

二十六、双头孔及弧轴数控车床零件加工工艺分析及编程

双头孔及弧轴零件图如图 5-83 所示。

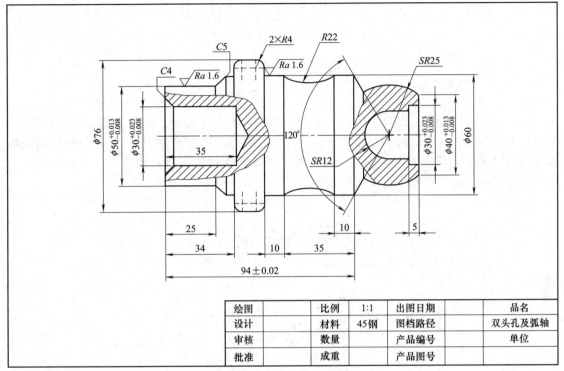

图 5-83 双头孔及弧轴零件图

1. 零件图工艺分析

该零件表面由内外圆柱面及外螺纹等表面组成,其中多个直径尺寸与轴向尺寸有较高的尺寸精度和表面粗糙度要求。零件图尺寸标注完整,符合数控加工尺寸标注要求;轮廓描述清楚完整;零件材料为 45 钢,切削加工性能较好,无热处理和硬度要求。加工时按照从左到右的顺序进行程序编制和加工。

通过上述分析,采取以下几点工艺措施。

① 零件图样上带公差的尺寸,因公差值较小,故编程时不必取其平均值,而取基本尺寸即可。

② 左右端面均为多个尺寸的设计基准,注意尺寸的选择和加工速度的确定。

③ 零件需要掉头加工,注意掉头的对刀和端面找准。

2. 确定装夹方案、加工顺序及走刀路线

① 先加工右侧带有复杂内外圆的部分。

用三爪自动定心卡盘夹紧,加工顺序按由粗到精、由近到远的原则确定,在一次装夹中尽可能加工出较多的工件表面。结合本零件的结构特征,可先粗车外圆表面,然后加工外轮廓表面。由于该零件外圆部分由直线和圆弧面构成,故采用 G73 循环,轮廓表面车削走刀路线可沿零件轮廓顺序进行,按路线加工,如图 5-84 所示。内圆部分先钻孔,后 G72 加工内圆的方法。

② 加工左侧的部分。

用三爪自动定心卡盘按照图 5-85 所示位置夹紧,加工顺序按由外到内、由粗到精、由

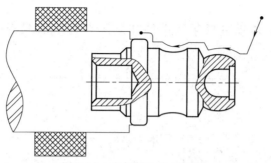

图 5-84 右侧加工走刀路线

近到远的原则确定,在一次装夹中尽可能加工出较多的工件表面。结合本零件的结构特征,可先粗车外圆表面,然后加工外轮廓表面。由于该零件外圆部分由直线和大段圆弧面构成,故采用 G73 循环,轮廓表面车削走刀路线可沿零件轮廓顺序进行,按路线加工,如图 5-85 所示。内圆部分采取先钻孔后镗孔的方法。

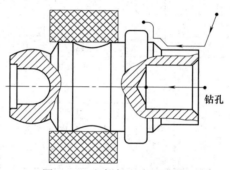

图 5-85 左侧加工走刀路线

3. 刀具选择

将所选定的刀具参数填入表 5-51 双头孔及弧轴零件数控加工刀具卡中。

表 5-51 双头孔及弧轴零件数控加工刀具卡

产品名称或代号		数控车工艺分析实例		零件名称	双头孔及弧轴	零件图号	Lathe-26
序号	刀具号	刀具规格名称	数量	加工表面		刀尖半径/mm	备注
1	T01	45°硬质合金外圆车刀	1	车端面		0.5	25mm×25mm
2	T02	宽 4mm 切断刀(割槽刀)	0	宽 4mm			
3	T03	硬质合金 60°外螺纹车刀	0	螺纹			
4	T04	宽 4mm 镗孔刀					2mm
5	T05	宽 3mm 内割刀(内切槽刀)	1	镗内孔基准面			
6	T06	内螺纹刀	0	宽 3mm			
7	T07	φ10mm 中心钻	1				
8	T08	内圆车刀	1				
编制	×××	审核	×××	批准	×××	共1页	第1页

4. 切削用量选择

根据被加工表面质量要求、刀具材料和工件材料,参考切削用量手册或有关资料选取切削速度与每转进给量,填入表 5-52 工序卡中。

表 5-52 双头孔及弧轴零件数控加工工序卡

单位名称	××××	产品名称或代号	零件名称	零件图号
		数控车工艺分析实例	双头孔及弧轴	Lathe-26
工序号	程序编号	夹具名称	使用设备	车间
001	Lathe-26	卡盘和自制心轴	Fanuc 0i	数控中心

工步号	工步内容	刀具号	刀具规格/mm	主轴转速/(r/min)	进给速度/(mm/min)	背吃刀量/mm	备注
1	粗车外轮廓	T01	25×25	800	80	1.5	自动
2	精车外轮廓	T01	25×25	1200	40	0.2	自动
3	钻孔	T07	φ10mm	800	15	0.2	自动
4	G72粗车内轮廓	T08	25×25	800	60	1.5	自动
5	G72精车外轮廓	T08	25×25	1000	30	0.2	自动
6	掉头装夹						
7	平端面	T01	25×25	800	80		自动
8	粗车外轮廓	T01	25×25	800	80	1.5	自动
9	精车外轮廓	T01	25×25	1200	40	0.2	自动
10	钻孔	T07	φ10mm	800	15		钻孔
11	镗内孔	T04	25×25	800	20		镗内孔
12	精车内孔	T04	25×25	800	20		
编制	×××	审核 ×××	批准 ×××	年 月 日	共 1 页	第 1 页	

5. 数控程序的编制

(1) 先加工右侧带有复杂内外圆的部分

开始	N010	M03 S800	主轴正转,800r/min
	N020	T0101	换 01 号外圆车刀
	N030	G98	指定走刀按照 mm/min 进给
端面	N040	G00 X85 Z0	快速定位至工件端面上方
	N050	G01 X0 F80	做端面,走刀速度 80mm/min
粗车循环	N060	G00 X85 Z3	快速定位循环起点
	N070	G73 U22.5 W1.5 R15	X 向总吃刀量为 22.5mm,循环 15 次
	N080	G73 P90 Q180 U0.1 W0.1 F80	循环程序段 90～180
轮廓	N090	G00 X40 Z1	快速定位至轮廓右端 1mm 处
	N100	G01 Z0	接触工件
	N110	G03 X43.301 Z-27.5 R25	车削 R25 的逆时针圆弧
	N120	G01 X60 Z-32.321	斜向车削至 φ60 的外圆处
	N130	G01 Z-42.321	车削 φ60 的外圆
	N140	G02 X60 Z-67.321 R22	车削 R22 的顺时针圆弧
	N150	G01 Z-77.321	车削 φ60 的外圆
	N160	G01 X68	车削 φ76 外圆的右端
	N170	G03 X76 Z-81.321 R4	车削 R4 的逆时针圆弧
	N180	G01 Z-88.321	车削 φ76 的外圆

续表

精车循环	N190	M03 S1200	提高主轴转速,1200r/min
	N200	G70 P90 Q180 F40	精车
钻孔	N210	M03 S800	主轴正转,800r/min
	N220	G00 X200 Z200	快速退刀,准备换刀
	N230	T0707	换07号钻头
	N240	G00 X0 Z1	快速定位至工件右侧1mm处
	N250	G01 X0 Z-26.8 F15	钻孔,留0.2mm余量
	N260	G01 X0 Z1 F40	退出孔
内圆粗车循环	N270	G00 X200 Z200	快速退刀,准备换刀
	N280	T0808	换08号内圆车刀
	N290	G00 X0 Z1	快速定位循环起点
	N300	G72 W1.5 R1	X向每次吃刀量为1.5mm,切削量为1mm
	N310	G72 P320 Q370 U-0.1 W0.1 F60	循环程序段320～370
内圆轮廓	N320	G01 Z-27	定位至孔的底部
	N330	G02 X24 Z-15 R12	车削$R12$的顺时针圆弧
	N350	G01 Z-5	车削$\phi24$的内圆
	N360	G01 X30	车削$\phi30$的内圆右侧
	N370	G01 Z0	车削$\phi30$的内圆
精车	N380	M03 S1000	提高主轴转速,1000r/min
	N390	G70 P320 Q370 F30	精车
结束	N400	G00 X200 Z200	快速退刀
	N410	M05	主轴停
	N420	M30	程序结束

(2) 加工左侧的部分

开始	N010	M03 S800	主轴正转,800r/min
	N020	T0101	换01号外圆车刀
	N030	G98	指定走刀按照mm/min进给
端面	N040	G00 X85 Z0	快速定位至工件端面上方
	N050	G01 X0 F80	做端面,走刀速度80mm/min
粗车循环	N060	G00 X85 Z3	快速定位循环起点
	N070	G73 U17.5 W1.5 R12	X向总吃刀量为17.5mm,循环12次
	N080	G73 P90 Q150 U0.1 W0.1 F80	循环程序段90～150
轮廓	N090	G00 X50 Z1	快速定位至轮廓右端1mm处
	N100	G01 Z-25	车削$\phi50$的外圆
	N110	G01 X60 Z-30	斜向车削至$\phi60$的外圆处
	N120	G01 Z-34	车削$\phi60$的外圆
	N130	G01 X68	车削$\phi76$外圆的右端
	N140	G03 X76 Z-38 R4	车削$R4$的逆时针圆弧
	N150	G01 Z-40	平一刀,保证形状

			续表
精车循环	N160	M03 S1200	提高主轴转速,1200r/min
	N170	G70 P90 Q150 F40	精车
钻孔	N180	M03 S800	主轴正转,800r/min
	N190	G00 X200 Z200	快速退刀,准备换刀
	N200	T0707	换07号钻头
	N210	G00 X0 Z1	主轴正转,800r/min
	N220	G01 X0 Z-38 F15	钻孔,此处可超出尺寸
	N230	G01 X0 Z1 F40	退出孔
镗孔循环	N240	G00 X200 Z200	暂停1s,清槽底,保证形状
	N250	T0404	换04号镗孔刀
	N260	G00 X16 Z1	用镗孔循环钻孔,有利于排屑
	N270	G74 R1	G74镗孔循环固定格式
	N280	G74 X30 Z-35 P3000 Q3800 R0 F20	G74镗孔循环固定格式
内圆轮廓	N290	G00 X38 Z1	快速定位至倒角外侧
	N300	G01 Z0 F20	接触工件
	N310	G01 X30 Z-4	车削倒角
	N320	G01 Z-35	车削φ30的内圆
	N330	G01 X0	平孔底
	N350	G01 Z1 F80	退出孔
结束	N360	G00 X200 Z200	快速退刀
	N370	M05	主轴停
	N380	M30	程序结束

二十七、球头螺纹手柄数控车床零件加工工艺分析及编程

球头螺纹手柄零件图如图5-86所示。

1. 零件图工艺分析

该零件表面由圆柱、圆锥、顺圆弧、逆圆弧及外螺纹等表面组成。球面$SR20$mm的尺寸公差没有特殊要求。尺寸标注完整,轮廓描述清楚。零件材料为45钢,无热处理和硬度要求。

通过上述分析,采取以下几点工艺措施。

① 对图样上给定的几个精度要求较高的尺寸,全部取其基本尺寸即可。

② 在轮廓曲线上,有三处为相切之圆弧,其中两处为既过象限又改变进给方向的轮廓曲线,因此在加工时应进行机械间隙补偿,以保证轮廓曲线的准确性。

2. 确定装夹方案

左端采用三爪自定心卡盘定心夹紧,如图5-87所示。

3. 确定加工顺序及进给路线

加工顺序按由粗到精、由近到远(由右到左)的原则确定。即先从右到左进行粗车(留0.2mm精车余量),然后从右到左进行精车,最后车削螺纹。

数控车床具有粗车循环和车螺纹循环功能,只要正确使用编程指令,机床数控系统就会

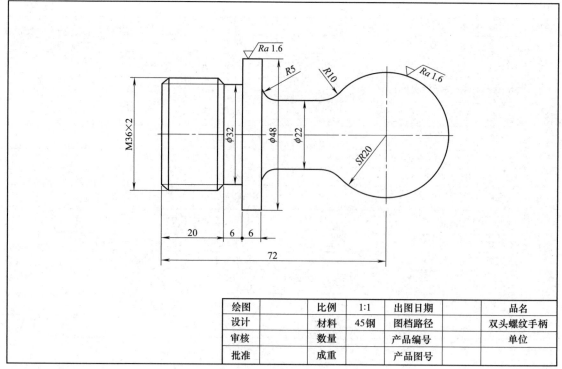

图 5-86 球头螺纹手柄零件图

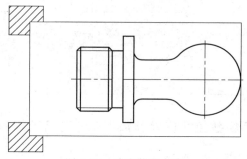

图 5-87 确定装夹方案

自行确定其进给路线,因此,该零件的粗车循环、精车循环和车螺纹循环不需要人为确定其进给路线。该零件是从右到左沿零件表面轮廓进给,槽部分用 G75 切削,用 G01 走精车,如图 5-88 所示。

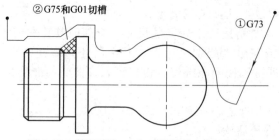

图 5-88 外轮廓加工走刀路线及切槽示意图

4. 刀具选择

将所选定的刀具参数填入表 5-53 球头螺纹手柄零件数控加工刀具卡中,以便于编程和操

表 5-53 球头螺纹手柄零件数控加工刀具卡

产品名称或代号		数控车工艺分析实例		零件名称	球头螺纹手柄	零件图号	Lathe-27
序号	刀具号	刀具规格名称	数量	加工表面		刀尖半径/mm	备注
1	T01	45°硬质合金外圆车刀	1	车端面		0.5	25mm×25mm
2	T02	宽 3mm 切断刀(割槽刀)	0	宽 3mm			
3	T03	硬质合金 60°外螺纹车刀	0	螺纹			
编制	×××	审核	×××	批准	×××	共1页	第1页

作管理。

5. 切削用量选择

根据被加工表面质量要求、刀具材料和工件材料,参考切削用量手册或有关资料选取切削速度与每转进给量,填入表 5-54 工序卡中。

表 5-54 球头螺纹手柄零件数控加工工序卡

单位名称	××××		产品名称或代号	零件名称		零件图号	
			数控车工艺分析实例	球头螺纹手柄		Lathe-27	
工序号	程序编号		夹具名称	使用设备		车间	
001	Lathe-27		卡盘和自制心轴	Fanuc 0i		数控中心	
工步号	工步内容	刀具号	刀具规格/mm	主轴转速/(r/min)	进给速度/(mm/min)	背吃刀量/mm	备注
1	平端面	T01	25×25	800	80		自动
2	粗车外轮廓	T01	25×25	800	80	1.5	自动
3	精车外轮廓	T01	25×25	1200	40	0.2	自动
4	切槽(G75 和 G01)	T02	3×25	800	20		自动
5	车 M36×2 的螺纹	T03	25×25	系统配给	系统配给		自动
6	切断	T02	3×25	800	20		自动
编制	×××	审核	×××	批准	×××	年 月 日	共1页 第1页

6. 数控程序的编制

	N010	M03 S800	主轴正转,800r/min
开始	N020	T0101	换 01 号外圆车刀
	N030	G98	指定走刀按照 mm/min 进给
粗车循环	N060	G00 X60 Z3	快速定位循环起点
	N070	G73 U30 W1.5 R10	X 向总吃刀量为 30mm,循环 10 次
	N080	G73 P90 Q210 U0.1 W0.1 F80	循环程序段 90~210

续表

轮廓	N090	G00 X-4 Z2	快速定位至相切圆弧的起点处
	N100	G02 X0 Z0 R2	相切圆弧的过渡
	N110	G03 X28 Z-34.283 R25	车削 R25 的逆时针圆弧
	N120	G02 X22 Z-41.424 R10	车削 R10 的顺时针圆弧
	N130	G01 Z-55	车削 $\phi22$ 的外圆
	N140	G02 X32 Z-60 R5	车削 R5 的顺时针圆弧
	N150	G01 X48	车削至 $\phi48$ 的外圆处
	N160	G01 Z-66	车削 $\phi48$ 的外圆
	N170	G01 X36 Z-74	斜向车削至 $\phi36$ 的外圆处
	N180	G01 Z-90	车削 $\phi36$ 的外圆
	N190	G01 X32 Z-92	车削螺纹左侧倒角
	N200	G01 Z-100	为攻螺纹和切断让距离
	N210	G01 X50	抬刀
精车循环	N220	M03 S1200	提高主轴转速,1200r/min
	N230	G70 P90 Q210 F40	精车
切槽	N240	M03 S800	主轴正转,800r/min
	N250	G00 X200 Z200	快速退刀,准备换刀
	N260	T0202	换 02 号切槽刀
	N270	G00 X50 Z-69	快速定位至切槽循环起点
	N280	G75 R1	G75 镗孔循环固定格式
	N290	G75 X32 Z-72 P3000 Q2800 R0 F20	G75 镗孔循环固定格式
	N300	G01 X36 Z-74 F40	定位至螺纹的倒角处
	N310	G01 X32 Z-72 F20	车削倒角
	N320	G01 Z-69	清槽底
	N330	G01 X50 F80	抬刀
螺纹	N350	G00 X150 Z150	快速退刀
	N360	T0303	换 03 号螺纹刀
	N370	G00 X50 Z-69	快速定位至螺纹起点上方
	N380	G00 X40 Z-69	定位至螺纹循环起点
	N390	G76 P020060 Q100 R0.08	G76 螺纹循环固定格式
	N400	G76 X33.786 Z-95 P1107 Q500 R0 F2	G76 螺纹循环固定格式
切断	N410	M03 S800	主轴正转,800r/min
	N420	G00 X200 Z200	快速退刀,准备换刀
	N430	T0202	换 02 号 切槽刀(切断刀)
	N450	G00 X50 Z-95	快速定位至工件尾部
	N460	G00 38	快速定位至切断位置上方
	N470	G01 X0 F20	切断
结束	N480	G00 X200 Z200	快速退刀
	N490	M05	主轴停
	N500	M30	程序结束

二十八、圆弧螺纹轴组合件数控车床零件加工工艺分析及编程

圆弧螺纹轴组合件零件图如图 5-89 所示。

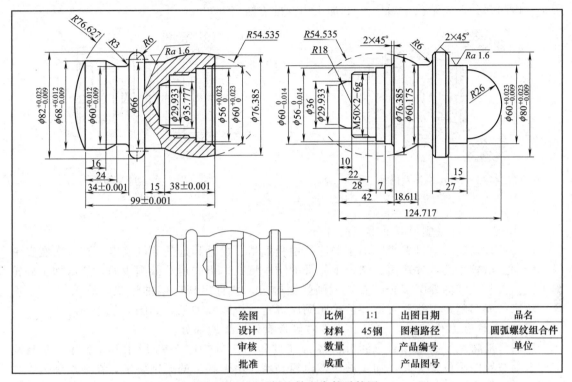

图 5-89　圆弧螺纹轴组合件零件图

1. 零件图工艺分析

由于该零件是由两个独立的工件组合而成，因此加工时注意尺寸配套，以保证工件组合的完整性。该零件表面由内外圆柱面及外螺纹等表面组成，其中多个直径尺寸与轴向尺寸有较高的尺寸精度和表面粗糙度要求。零件图尺寸标注完整，符合数控加工尺寸标注要求；轮廓描述清楚完整；零件材料为 45 钢，切削加工性能较好，无热处理和硬度要求。加工时按照从左到右的顺序进行程序编制和加工。

通过上述分析，采取以下几点工艺措施。

① 零件图样上带公差的尺寸，因公差值较小，故编程时不必取其平均值，而取基本尺寸即可。

② 左右端面均为多个尺寸的设计基准，注意尺寸的选择和加工速度的确定。

③ 零件需要掉头加工，注意掉头的对刀和端面找准。

2. 确定装夹方案、加工顺序及走刀路线

① 先加工 A 工件左侧外圆的部分。

用三爪自动定心卡盘夹紧，加工顺序按由粗到精、由近到远的原则确定，在一次装夹中尽可能加工出较多的工件表面。结合本零件的结构特征，可先粗车外圆表面，然后加工外轮廓表面。由于该零件外圆部分由直线和圆弧面构成，故采用 G73 循环，轮廓表面车削走刀路线可沿零件轮廓顺序进行，按路线加工，如图 5-90 所示。

② 加工 A 工件右侧带有内孔及内螺纹的部分。

用三爪自动定心卡盘按照图 5-91 所示位置夹紧，加工顺序按由外到内、由粗到精、由近到远的原则确定，在一次装夹中尽可能加工出较多的工件表面。结合本零件的结构特征，可先粗车外圆表面，然后加工外轮廓表面。由于该零件外圆部分由直线和大段圆弧面构成，故采用 G73 循环，轮廓表面车削走刀路线可沿零件轮廓顺序进行，按路线加工，如图 5-91 所示。内圆部分，先钻孔，后用 G72 加工内圆的方法。

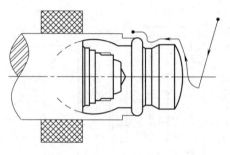

图 5-90　A 工件左侧加工
走刀路线

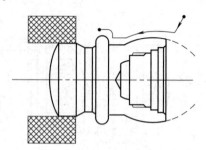

图 5-91　A 工件右侧加工
走刀路线

③ 加工 B 工件左侧带有外螺纹的部分。

用三爪自动定心卡盘夹紧，加工顺序按由粗到精、由近到远的原则确定，在一次装夹中尽可能加工出较多的工件表面。结合本零件的结构特征，可先粗车外圆表面，然后加工外轮廓表面。由于该零件外圆部分由直线和圆弧面构成，并且出现凹陷的形状，故采用 G73 循环，轮廓表面车削走刀路线可沿零件轮廓顺序进行，按路线加工，如图 5-92 所示。

④ 将 A 件和 B 件旋紧，加工 B 工件右侧带有外螺纹的部分。

用润滑液将螺纹的内孔部分润滑，将 A 工件和 B 工件如图 5-93 所示旋紧。用三爪自动定心卡盘按照图示位置夹紧，加工顺序按由粗到精、由近到远的原则确定，在一次装夹中尽可能加工出较多的工件表面。结合本零件的结构特征，可先粗车外圆表面，然后加工外轮廓表面。由于该零件外圆部分由直线和圆弧面构成，并且出现凹陷的形状，故采用 G73 循环，轮廓表面车削走刀路线可沿零件轮廓顺序进行，按路线加工，如图 5-93 所示。加工完球头部分外圆之后，再精车组合部分的圆弧，以保证工件形状的一致性。

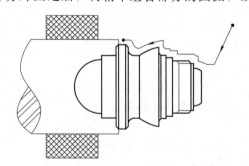

图 5-92　B 工件左侧加工走刀路线

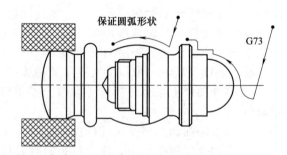

图 5-93　A 件和 B 件旋紧，B 工件右侧加工
和精车组合部分的走刀路线

3. 刀具选择

将所选定的刀具参数填入表 5-55 圆弧螺纹轴组合件数控加工刀具卡中，以便于编程和操作管理。注意：车削外轮廓时，为防止副后刀面与工件表面发生干涉，应选择较大的副偏角。

表 5-55　圆弧螺纹轴组合件数控加工刀具卡

产品名称或代号		数控车工艺分析实例	零件名称	圆弧螺纹轴组合件	零件图号	Lathe-28
序号	刀具号	刀具规格名称	数量	加工表面	刀尖半径/mm	备注
1	T01	35°硬质合金外圆车刀	1	车端面	0.5	25mm×25mm
2	T02	宽4mm切断刀（割槽刀）	1	宽4mm		
3	T03	硬质合金60°外螺纹车刀	0	螺纹		
4	T04	内圆车刀	1			2mm
5	T05	宽4mm镗孔刀	1	镗内孔基准面		
6	T06	硬质合金60°内螺纹车刀	1	螺纹		
7	T07	φ10mm中心钻	1			
编制		×××	审核	×××	批准	×××	共1页	第1页

4. 切削用量选择

根据被加工表面质量要求、刀具材料和工件材料，参考切削用量手册或有关资料选取切削速度与每转进给量，填入表 5-56 工序卡中。

表 5-56　圆弧螺纹轴组合件数控加工工序卡

单位名称	××××	产品名称或代号		零件名称		零件图号	
		数控车工艺分析实例		圆弧螺纹轴组合件		Lathe-28	
工序号	程序编号	夹具名称		使用设备		车间	
001	Lathe-28	卡盘和自制心轴		Fanuc 0i		数控中心	
工步号	工步内容	刀具号	刀具规格/mm	主轴转速/(r/min)	进给速度/(mm/min)	背吃刀量/mm	备注
①A工件							
1	粗车外轮廓	T01	25×25	800	80	1.5	自动
2	精车外轮廓	T01	25×25	1200	40	0.2	自动
3	掉头装夹						
4	平端面	T01	25×25	800	80		自动
5	粗车外轮廓	T01	25×25	800	80	1.5	自动
6	精车外轮廓	T01	25×25	1200	40	0.2	自动
7	钻底孔	T07	φ10mm	800	20		自动
8	粗车内轮廓	T04	25×25	800	80	0.2	自动
9	精车内轮廓	T04	20×20	1000	30		自动
10	车 M50×2 内螺纹	T06	20×20	系统配给	系统配给		自动
②B工件							
1	平端面	T01	25×25	800	80		自动
2	粗车外轮廓	T01	25×25	800	80	1.5	自动
3	精车外轮廓	T01	25×25	1200	40	0.2	自动
4	车 M50×2 螺纹	T03	20×20	系统配给	系统配给		自动
5	将A件和B件旋紧，夹紧A件部分						
6	粗车外轮廓	T01	25×25	800	80	1.5	自动
7	精车外轮廓	T01	25×25	1200	40	0.2	自动
8	精车组合部分圆弧	T01	25×25	1200	40	0.2	自动
编制	×××	审核	×××	批准	×××	年 月 日	共1页 第1页

5. 数控程序的编制

（1）先加工 A 工件左侧外圆的部分（见图 5-94）

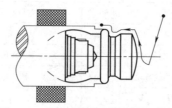

图 5-94　A 工件左侧外圆加工路径

开始	N010	M03 S800	主轴正转，800r/min
	N020	T0101	换 01 号外圆车刀
	N030	G98	指定走刀按照 mm/min 进给
粗车循环	N040	G00 X95 Z3	快速定位循环起点
	N050	G73 U47.5 W1.5 R32	X 向总吃刀量为 47.5mm，循环 32 次
	N060	G73 P70 Q160 U0.1 W0.1 F80	循环程序段 70～160
轮廓	N070	G00 X-4 Z2	快速定位至相切圆弧的起点处
	N080	G02 X0 Z0 R2	相切圆弧的过渡
	N090	G03 X68 Z-7.956 R76.627	车削 $R76.627$ 的逆时针圆弧
	N100	G01　　Z-23.956	车削 $\phi 68$ 外圆
	N110	G01 X60 Z-31.956	斜向车削至 $\phi 60$ 的外圆处
	N120	G01　　Z-38.956	车削 $\phi 60$ 的外圆
	N130	G02 X66 Z-41.956 R3	车削 $R3$ 圆角
	N140	G01 X70	车削至 $\phi 70$ 的外圆处
	N150	G03 X82 Z-47.956 R6	车削 $R6$ 的逆时针圆弧
	N160	G01　　Z-50	让一段距离，避免接缝
精车循环	N170	M03 S1200	提高主轴转速至 1200r/min
	N180	G70 P70 Q160 F40	精车
结束	N190	G00 X200 Z200	快速退刀
	N200	M05	主轴停
	N210	M30	程序结束

（2）加工 A 工件右侧带有内孔及内螺纹的部分（见图 5-95）

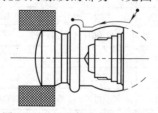

图 5-95　A 工件右侧加工路径

	N010	M03 S800	主轴正转,800r/min
开始	N020	T0101	换 01 号外圆车刀
	N030	G98	指定走刀按照 mm/min 进给
端面	N040	G00 X95 Z0	快速定位至端面正上方
	N050	G01 X0 F80	车削端面
粗车循环	N060	G00 X95 Z3	快速定位循环起点
	N070	G73 U14.5 W1.5 R10	X 向总吃刀量为 14.5mm,循环 10 次
	N080	G73 P90 Q150 U0.1 W0.1 F80	循环程序段 90~150
轮廓	N090	G00 X76.385 Z1	快速定位至外圆右侧 1mm 处
	N100	G01 Z0	接触工件
	N110	G03 X66 Z-38 R54.535	车削 $R54.535$ 的逆时针圆弧
	N120	G01 Z-53	车削 $\phi 66$ 的外圆
	N130	G01 X70	车削至 $\phi 70$ 的外圆处
	N140	G03 X82 Z-59 R6	车削 $R6$ 的逆时针圆弧
	N150	G01 Z-62	多切一段,避免掉头的接缝
精车循环	N160	M03 S1200	提高主轴转速至 1200r/min
	N170	G70 P90 Q150 F40	精车
钻头	N180	G00 X200 Z200	快速退刀
	N190	T0707	换 07 号钻头
	N200	G00 X0 Z1	快速定位至中心孔位置右侧
	N210	G01 X0 Z-42 F15	钻孔
	N220	G01 X0 Z1 F40	退出孔
内圆粗车循环	N230	G00 X200 Z200	快速退刀
	N240	T0404	换 04 号内圆车刀
	N250	G00 X0 Z1	定位循环起点
	N260	G72 W1 R1	Z 向吃刀量为 1mm,退刀量为 1mm
	N270	G72 P280 Q390 U-0.1 W0.1 F60	循环程序段 280~390
内圆轮廓	N280	G01 Z-42	进刀至内圆尾部
	N290	G01 X29.933	车削至 $\phi 29.933$ 的内圆处
	N300	G02 X35.777 Z-34 R18	车削 $R18$ 的顺时针圆弧
	N310	G01 X47.786	车削至 $\phi 47.786$ 的外圆处
	N320	G01 Z-20	车削 $\phi 47.786$ 的外圆
	N330	G01 X50 Z-18	车削螺纹倒角
	N340	G01 Z-14	车削 $\phi 50$ 的外圆
	N350	G01 X56.0115	车削至 $\phi 56.0115$ 的内圆处
	N360	G01 Z-7	车削 $\phi 56$ 的内圆
	N370	G01 X60.0115	车削至 $\phi 60.0115$ 的内圆处
	N380	G01 Z-2	车削 $\phi 56.0115$ 的内圆
	N390	G01 X64 Z0	车削 $2\times 45°$ 的倒角

	N400	M03 S1000	提高主轴转速至1000r/min
精车	N410	G70 P280 Q390 F30	精车
	N420	G00 X200 Z200	快速退刀
	N430	T0606	换06号内螺纹刀
	N440	G00 X45 Z1	快速定位至孔外侧
内螺纹	N450	G01 X45 Z-15 F40	定位至螺纹循环起点
	N460	G76 P020060 Q100 R-0.08	G76螺纹循环固定格式
	N470	G76 X50 Z-30 P1107 Q500 R0 F2	G76螺纹循环固定格式
	N480	G01 X45 Z1 F40	退出孔内
	N490	G00 X200 Z200	快速退刀
结束	N500	M05	主轴停
	N510	M30	程序结束

（3）加工B工件左侧带有外螺纹的部分（见图5-96）

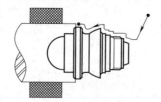

图5-96 B工件左侧外螺纹部分加工路径

	N010	M03 S800	主轴正转,800r/min
开始	N020	T0101	换01号外圆车刀
	N030	G98	指定走刀按照mm/min进给
端面	N040	G00 X95 Z0	快速定位至端面正上方
	N050	G01 X0 F80	车削端面
	N060	G00 X95 Z3	快速定位循环起点
粗车循环	N070	G73 U32.5335 W1.5 R22	X总吃刀量为32.5335mm,循环22次(注:机床如不识别该精度,则需要四舍五入选取合适数值)
	N080	G73 P90 Q250 U0.1 W0.1 F80	循环程序段90~250
	N090	G00 X29.933 Z1	快速定位至轮廓右端2mm处
	N100	G01 Z1	接触工件
	N110	G03 X36 Z-10 R18	车削R18的逆时针圆弧
轮廓	N120	G01 X46	车削至倒角起点
	N130	G01 X50 Z-12	车削螺纹倒角
	N140	G01 Z-28	车削φ50的外圆
	N150	G01 X55.993	车削至φ55.993的外圆处

续表

	N160	G01 Z−35	车削 φ55.993 的外圆
	N170	G01 X59.993	车削至 φ59.993 的外圆处
	N180	G01 Z−40	车削 φ59.993 的外圆
	N190	G01 X64 Z−42	斜向车削倒角
轮廓	N200	G01 X76.385	车削至 φ76.385 的外圆处
	N210	G03 X60.175 Z−60.611 R54.535	车削 R54.535 的逆时针圆弧
	N220	G01 Z−65.717	车削 φ60.175 的外圆
	N230	G02 X72.175 Z−71.717 R6	车削 R6 的逆时针圆弧
	N240	G01 X76	车削至 φ76 的外圆处
	N250	G01 X80 Z−73.717	车削倒角
精车循环	N260	M03 S1200	提高主轴转速至 1200r/min
	N270	G70 P90 Q250 F40	精车
	N280	G00 X150 Z150	快速退刀
	N290	T0202	换 06 号内螺纹刀
螺纹	N300	G00 X52 Z−7	定位至螺纹循环起点
	N310	G76 P040260 Q100 R0.08	G76 螺纹循环固定格式
	N320	G76 X47.786 Z−22 P1107 Q500 R0 F2	G76 螺纹循环固定格式
	N330	G00 X200 Z200	快速退刀
结束	N340	M05	主轴停
	N350	M30	程序结束

（4）将 A 件和 B 件旋紧，加工 B 工件右侧带有外螺纹的部分（见图 5-97）

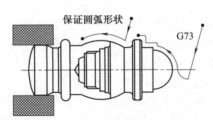

图 5-97 B 工件右侧外螺纹部分加工路径

	N010	M03 S800	主轴正转，800r/min
开始	N020	T0101	换 01 号外圆车刀
	N030	G98	指定走刀按照 mm/min 进给
粗车循环	N040	G00 X95 Z3	快速定位循环起点
	N050	G73 U47.5 W1.5 R32	X 向总吃刀量为 47.5mm，循环 32 次
	N060	G73 P70 Q140 U0.1 W0.1 F80	循环程序段 70～140

续表

	N070	G00 X-4 Z2	快速定位至相切圆弧的起点处
轮廓	N080	G02 X0 Z0 R2	相切圆弧的过渡
	N090	G03 X52 Z-26 R26	车削 R26 的逆时针圆弧
	N100	G01 X60	车削至 ϕ36 的外圆处
	N110	G01　　　Z-41	车削 ϕ60 的外圆
	N120	G01 X76	车削至 ϕ76 的外圆处
	N130	G01 X80 Z-43	车削倒角
	N140	G01　　　Z-51	车削 ϕ80 的外圆
精车循环	N150	M03 S1200	提高主轴转速至 1200r/min
	N160	G70 P70 Q140 F40	精车
精车圆弧	N170	G00 X100 Z-60	快速定位,准备精车圆弧
	N180	G01 X60.175 Z-64.106 F60	接触圆弧起点
	N190	G03 X66 Z-120.717 R54.535 F40	精车 R54.535 的逆时针圆弧
	N200	G00 X150	抬刀
结束	N210	G00 X200 Z200	快速退刀
	N220	M05	主轴停
	N230	M30	程序结束

二十九、三件套圆弧组合件数控车床零件加工工艺分析及编程

三件套圆弧组合件零件图如图 5-98 所示。

1. 零件图工艺分析

由于该零件是由三个独立的工件组合而成，因此加工时注意尺寸配套，以保证工件组合的完整性。该零件表面由多个直径尺寸与轴向尺寸有较高的尺寸精度和表面粗糙度要求。零件图尺寸标注完整，符合数控加工尺寸标注要求；轮廓描述清楚完整；零件材料为 45 钢，切削加工性能较好，无热处理和硬度要求。加工时按照从左到右的顺序进行程序编制和加工。

通过上述分析，采取以下几点工艺措施。

① 零件图样上带公差的尺寸，因公差值较小，故编程时不必取其平均值，而取基本尺寸即可。

② 左右端面均为多个尺寸的设计基准，注意尺寸的选择和加工速度的确定。

③ 零件需要掉头加工，注意掉头的对刀和端面找准。

2. 确定装夹方案、加工顺序及走刀路线

① 先加工 A 工件左侧外圆的部分。

用三爪自动定心卡盘按照图 5-99 所示位置夹紧，加工顺序按由粗到精、由近到远的原则确定，在一次装夹中尽可能加工出较多的工件表面。结合本零件的结构特征，可先粗车外圆表面，然后加工外轮廓表面。由于该零件外圆部分由直线和圆弧面构成，为保证圆弧部分的精确性，故采用 G73 循环，轮廓表面车削走刀路线可沿零件轮廓顺序进行，按路线加工，加工如图 5-99 所示。

② 加工 A 工件右侧带有内轮廓和内螺纹的部分。

用三爪自动定心卡盘按照图 5-100 所示位置夹紧，加工顺序按由外到内、由粗到精、由近到远的原则确定，在一次装夹中尽可能加工出较多的工件表面。结合本零件的结构特征，可先粗车外圆表面，然后加工外轮廓表面。由于该零件需加工形状较为复杂的内圆轮廓，故采用 G72 循环，内轮廓表面车削走刀路线可沿零件轮廓顺序进行，按路线加工，如图 5-100 所示。

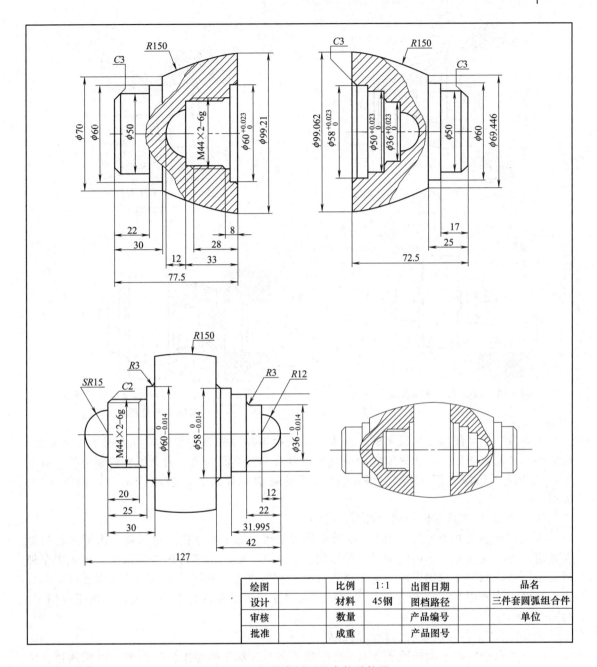

图 5-98 三件套圆弧组合件零件图

③ 加工 B 工件左侧带有外螺纹的部分。

用三爪自动定心卡盘夹紧，加工顺序按由粗到精、由近到远的原则确定，在一次装夹中尽可能加工出较多的工件表面。结合本零件的结构特征，可先粗车外圆表面，然后加工外轮廓表面。由于该零件外圆部分由直线和圆弧面构成，为保证外轮廓形状，故采用 G73 循环，轮廓表面车削走刀路线可沿零件轮廓顺序进行，按路线加工，如图 5-101 所示。

④ 将 A 件和 B 件旋紧，加工 B 工件右侧带有外轮廓的部分。

为保证螺纹的形状，用润滑液将螺纹的内孔部分润滑，将 A 工件和 B 工件如图 5-102 所示旋紧。用三爪自动定心卡盘按照图示位置夹紧，加工顺序按由粗到精、由近到远的原则确定，

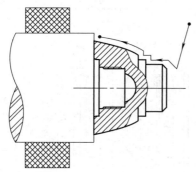

图 5-99　A 工件左侧加工走刀路线

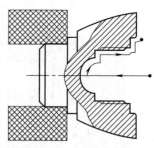

图 5-100　A 工件右侧加工
走刀路线

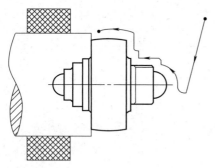

图 5-101　B 工件左侧加工走刀路线

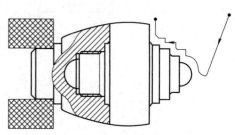

图 5-102　A 件和 B 件旋紧，B 工件右
侧加工走刀路线

在一次装夹中尽可能加工出较多的工件表面。结合本零件的结构特征，可先粗车外圆表面，然后加工外轮廓表面。由于该零件外圆部分由直线和圆弧面构成，为保证外轮廓形状，故采用 G73 循环，轮廓表面车削走刀路线可沿零件轮廓顺序进行，按路线加工，如图 5-102 所示。

⑤ 先加工 C 工件右侧外圆的部分。

用三爪自动定心卡盘按照图 5-103 所示位置夹紧，加工顺序按由粗到精、由近到远的原则确定，在一次装夹中尽可能加工出较多的工件表面。结合本零件的结构特征，可先粗车外圆表面，然后加工外轮廓表面。由于该零件外圆部分由直线和圆弧面构成，为保证圆弧部分的精确性，故采用 G73 循环，轮廓表面车削走刀路线可沿零件轮廓顺序进行，按路线加工，如图 5-103 所示。

⑥ 加工 C 工件左侧带有内轮廓的部分。

用三爪自动定心卡盘按照图 5-104 所示位置夹紧，加工顺序按由外到内、由粗到精、由近到远的原则确定，在一次装夹中尽可能加工出较多的工件表面。结合本零件的结构特征，

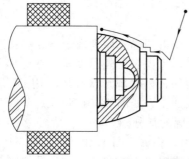

图 5-103　C 工件右侧加工走刀路线

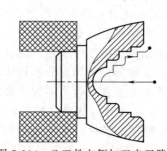

图 5-104　C 工件左侧加工走刀路线

可先粗车外圆表面,然后加工外轮廓表面。由于该零件需加工形状较为复杂的内圆轮廓,故采用 G72 循环,内轮廓表面车削走刀路线可沿零件轮廓顺序进行,按路线加工,如图 5-104 所示。

3. 刀具选择

将所选定的刀具参数填入表 5-57 三件套圆弧组合件数控加工刀具卡中,以便于编程和操作管理。

表 5-57 三件套圆弧组合件数控加工刀具卡

产品名称或代号		数控车工艺分析实例		零件名称	三件套圆弧组合件	零件图号	Lathe-29
序号	刀具号	刀具规格名称	数量	加工表面		刀尖半径/mm	备注
1	T01	35°硬质合金外圆车刀	1	车端面		0.5	25mm×25mm
2	T02	宽 4mm 切断刀(割槽刀)	1	宽 4mm			
3	T03	硬质合金 60°外螺纹车刀	1	螺纹			
4	T04	内圆车刀	1				2mm
5	T05	宽 4mm 镗孔刀	0	镗内孔基准面			
6	T06	硬质合金 60°内螺纹车刀	1	螺纹			
7	T07	φ10mm 中心钻	1				
编制	×××	审核	×××	批准	×××	共1页	第1页

4. 切削用量选择

根据被加工表面质量要求、刀具材料和工件材料,参考切削用量手册或有关资料选取切削速度与每转进给量,填入表 5-58 工序卡中。

表 5-58 三件套圆弧组合件数控加工工序卡

单位名称	××××	产品名称或代号		零件名称		零件图号	
		数控车工艺分析实例		三件套圆弧组合件		Lathe-29	
工序号	程序编号	夹具名称		使用设备		车间	
001	Lathe-29	卡盘和自制心轴		Fanuc 0i		数控中心	
工步号	工步内容	刀具号	刀具规格/mm	主轴转速/(r/min)	进给速度/(mm/min)	背吃刀量/mm	备注
①A 工件							
1	平端面	T01	25×25	800	80		自动
2	粗车外轮廓	T01	25×25	800	80	1.5	自动
3	精车外轮廓	T01	25×25	1200	40	0.2	自动
4	掉头装夹						
5	平端面	T01	25×25	800	80		自动
6	钻底孔	T07	φ10mm	800	20		自动
7	粗车内轮廓	T01	25×25	800	80	1.5	自动
8	精车内轮廓	T01	25×25	1200	40	0.2	自动
9	车 M44×2 内螺纹	T06	20×20	系统配给	系统配给		自动
②B 工件							
1	粗车外轮廓	T01	25×25	800	80	1.5	自动
2	精车外轮廓	T01	25×25	1200	40	0.2	自动
3	车 M44×2 外螺纹	T03	20×20	系统配给	系统配给		自动
4	将 A 件和 B 件旋紧,掉头装夹加工 B 工件右侧带有外轮廓的部分						
5	粗车外轮廓	T01	25×25	800	80	1.5	自动
6	精车外轮廓	T01	25×25	1200	40	0.2	自动
③C 工件							
1	平端面	T01	25×25	800	80		自动
2	粗车外轮廓	T01	25×25	800	80	1.5	自动
3	精车外轮廓	T01	25×25	1200	40	0.2	自动
4	掉头装夹						
5	平端面	T01	25×25	800	80		自动
6	钻底孔	T07	φ10mm	800	20		自动
7	粗车内轮廓	T01	25×25	800	80	1.5	自动
8	精车内轮廓	T01	25×25	1200	40	0.2	自动
编制	×××	审核	×××	批准	×××	年 月 日	共1页 第1页

5. 数控程序的编制
（1）A工件左侧（见图5-105）

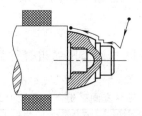

图5-105　A工件左侧加工路径

开始	N010	M03 S800	主轴正转，800r/min
	N020	T0101	换01号外圆车刀
	N030	G98	指定走刀按照mm/min进给
端面	N040	G00 X110 Z0	快速定位至端面正上方
	N050	G01 X0　　F80	车削端面
粗车循环	N060	G00 X110 Z3	快速定位循环起点
	N070	G73 U34 W1.5 R23	X向总吃刀量为34mm，循环23次
	N080	G73 P90 Q150 U0.1 W0.1 F80	循环程序段90～150
轮廓	N090	G00 X42 Z1	快速定位至倒角延长线处
	N100	G01 X50 Z-3	车削倒角
	N110	G01　　Z-22	车削φ50的外圆
	N120	G01 X60	车削至φ60的外圆处
	N130	G01　　Z-30	车削φ60的外圆
	N140	G01 X70	车削至φ70的外圆处
	N150	G03 X99.21 Z-77.5 R150	车削R26的逆时针圆弧
精车循环	N160	M03 S1200	提高主轴转速至1200r/min
	N170	G70 P90 Q150 F40	精车
结束	N180	G00 X200 Z200	快速退刀
	N190	M05	主轴停
	N200	M30	程序结束

（2）A工件右侧（见图5-106）

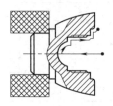

图5-106　A工件右侧加工路径

开始	N010	M03 S800	主轴正转,800r/min
	N020	T0101	换01号外圆车刀
	N030	G98	指定走刀按照mm/min进给
端面	N040	G00 X110 Z0	快速定位至端面正上方
	N050	G01 X0 F80	车削端面
钻孔	N060	G00 X200 Z200	快速退刀
	N070	T0707	换07号钻头
	N080	G00 X0 Z1	快速定位至中心孔位置右侧
	N090	G01 Z-44 F15	钻孔
	N100	G01 Z1 F40	退出孔
粗车循环	N110	G00 X200 Z200	快速退刀
	N120	T0404	换04号内圆车刀
	N130	G00 X0 Z1	定位循环起点
	N140	G72 W1 R1	Z向吃刀量为1mm,退刀量为1mm
	N150	G72 P160 Q240 U-0.1 W0.1 F60	循环程序段160~240
轮廓	N160	G01 Z-45	进刀至内圆尾部
	N170	G02 X29.394 Z-33 R15	车削R15的顺时针圆弧
	N180	G01 X41.786	车削至φ41.786的内圆处
	N190	G01 Z-10	车削φ41.786的内圆
	N200	G01 X44 Z-8	车削内螺纹的倒角
	N210	G01 Z-5	车削φ44的内圆
	N220	G01 X60.0115	车削至φ60.0115的内圆处
	N230	G01 Z-3	车削φ60.0115的内圆
	N240	G03 X66 Z0 R3	车削R3的逆时针圆弧
精车循环	N250	M03 S1000	提高主轴转速至1000r/min
	N260	G70 P160 Q260 F30	精车
螺纹	N270	G00 X150 Z150	快速退刀
	N280	T0606	换06号内螺纹刀
	N290	G00 X40 Z-1	快速定位至孔外侧
	N300	G01 X40 Z-7 F60	定位至螺纹循环起点
	N310	G76 P020260 Q100 R-0.08	G76螺纹循环固定格式
	N320	G76 X44 Z-28 P1107 Q500 R0 F1.5	G76螺纹循环固定格式
结束	N330	G00 X200 Z200	快速退刀
	N340	M05	主轴停
	N350	M30	程序结束

(3) B 工件左侧（见图 5-107）

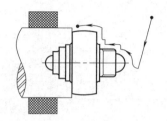

图 5-107　B 工件左侧加工路径

开始	N010	M03 S800	主轴正转,800r/min
	N020	T0101	换 01 号外圆车刀
	N030	G98	指定走刀按照 mm/min 进给
粗车循环	N040	G00 X110 Z3	快速定位循环起点
	N050	G73 U55 W1.5 R37	X 向总吃刀量为 55mm,循环 37 次（思考：U、R 值如何优化）
	N060	G73 P70 Q170 U0.1 W0.1 F80	循环程序段 70～170
轮廓	N070	G00 X-4 Z2	快速定位至相切圆弧的起点处
	N080	G02 X0 Z0 R2	相切圆弧的过渡
	N090	G03 X30 Z-15 R15	车削 R15 的逆时针圆弧
	N100	G01 X40	车削至 φ40 的外圆处
	N110	G01 X44 Z-17	车削螺纹倒角
	N120	G01　　Z-40	车削 φ44 的外圆
	N130	G01 X59.993	车削至 φ59.993 的外圆处
	N140	G01　　Z-42	车削 φ59.993 的外圆
	N150	G02 X66 Z-45 R3	车削 R15 的顺时针圆弧
	N160	G01 X99.21	车削至外圆弧的起点
	N170	G03 X99.062 Z-85 R150	车削 R150 的逆时针圆弧
精车循环	N180	M03 S1200	提高主轴转速至 1200r/min
	N190	G70 P70 Q170 F40	精车
螺纹	N200	G00 X150 Z150	快速退刀
	N210	T0202	换 02 号螺纹刀
	N220	G00 X50 Z-7	定位至螺纹循环起点
	N230	G76 P020260 Q100 R0.08	G76 螺纹循环固定格式
	N240	G76 X41.786 Z-35 P1107 Q500 R0 F1.5	G76 螺纹循环固定格式
结束	N250	G00 X200 Z200	快速退刀
	N260	M05	主轴停
	N270	M30	程序结束

(4) B 工件右侧（见图 5-108）

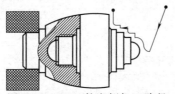

图 5-108　B 工件右侧加工路径

开始	N010	M03 S800	主轴正转,800r/min
	N020	T0101	换 01 号外圆车刀
	N030	G98	指定走刀按照 mm/min 进给
粗车循环	N040	G00 X110 Z3	快速定位循环起点
	N050	G73 U55 W1.5 R37	X 向总吃刀量为 55mm,循环 37 次
	N060	G73 P70 Q180 U0.1 W0.1 F80	循环程序段 70～180
轮廓	N070	G00 X-4 Z2	快速定位至相切圆弧的起点处
	N080	G02 X0 Z0 R2	相切圆弧的过渡
	N090	G03 X24 Z-12 R12	车削 R12 的逆时针圆弧
	N100	G01 X35.993	车削至 φ35.993 的外圆处
	N110	G01　　Z-19	车削 φ35.993 的外圆
	N120	G02 X42 Z-22 R3	车削 R3 的顺时针圆弧
	N130	G01 X49.993	车削至 φ49.993 的外圆处
	N140	G01　　Z-31.995	车削 φ49.993 的外圆
	N150	G01 X57.993	车削至 φ57.993 的外圆处
	N160	G01　　Z-39	车削 φ57.993 的外圆
	N170	G01 X64 Z-42	车削倒角
	N180	G01 X99.062	车削至 φ57.993 的外圆弧处
精车循环	N190	M03 S1200	提高主轴转速至 1200r/min
	N200	G70 P70 Q180 F40	精车
结束	N210	G00 X200 Z200	快速退刀
	N220	M05	主轴停
	N230	M30	程序结束

(5) C 工件右侧（见图 5-109）

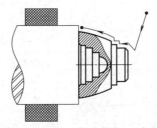

图 5-109　C 工件右侧加工路径

开始	N010	M03 S800	主轴正转,800r/min
	N020	T0101	换 01 号外圆车刀
	N030	G98	指定走刀按照 mm/min 进给
端面	N040	G00 X110 Z0	快速定位至端面正上方
	N050	G01 X0 F80	车削端面
粗车循环	N060	G00 X110 Z3	快速定位循环起点
	N070	G73 U34 W1.5 R23	X 向总吃刀量为 34mm,循环 23 次
	N080	G73 P90 Q150 U0.1 W0.1 F80	循环程序段 90~150
轮廓	N090	G00 X42 Z1	快速定位至倒角延长线处
	N100	G01 X50 Z-3	车削倒角
	N110	G01 Z-17	车削 φ50 的外圆
	N120	G01 X60	车削至 φ60 的外圆处
	N130	G01 Z-25	车削 φ60 的外圆
	N140	G01 X69.446	车削至 φ69.446 的外圆处
	N150	G03 X99.062 Z-72.5.5 R150	车削 R26 的逆时针圆弧
精车循环	N160	M03 S1200	提高主轴转速至 1200r/min
	N170	G70 P90 Q150 F40	精车
结束	N180	G00 X200 Z200	快速退刀
	N190	M05	主轴停
	N200	M30	程序结束

（6）C 工件左侧（见图 5-110）

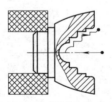

图 5-110　C 工件左侧加工路径

开始	N010	M03 S800	主轴正转,800r/min
	N020	T0101	换 01 号外圆车刀
	N030	G98	指定走刀按照 mm/min 进给
端面	N040	G00 X110 Z0	快速定位至端面正上方
	N050	G01 X0 F80	车削端面
钻孔	N060	G00 X200 Z200	快速退刀
	N070	T0707	换 07 号钻头
	N080	G00 X0 Z1	快速定位至中心孔位置右侧
	N090	G01 Z-42 F15	钻孔
	N100	G01 Z1 F40	退出孔

续表

	N110	G00 X200 Z200	快速退刀
粗车循环	N120	T0404	换 04 号内圆车刀
	N130	G00 X0 Z1	定位循环起点
	N140	G72 W1 R1	Z 向吃刀量为 1mm,退刀量为 1mm
	N150	G72 P160 Q250 U−0.1 W0.1 F60	循环程序段 160~240
内轮廓	N160	G01　　Z−42	进刀至内圆尾部
	N170	G02 X24 Z−30 R12	车削 R12 的顺时针圆弧
	N180	G01 X36.0115	车削至 ϕ36.0115 的内圆处
	N190	G01　　Z−23	车削 ϕ36.0115 的内圆
	N200	G03 X42 Z−20 R3	车削 R12 的逆时针圆弧
	N210	G01 X50.0115	车削至 ϕ50.0115 的内圆处
	N220	G01　　Z−10.005	车削 ϕ50.0115 的内圆
	N230	G01 X58.0115	车削至 ϕ58.0115 的内圆处
	N240	G01　　Z−3	车削 ϕ58.0115 的内圆
	N250	G01 X64 Z0	车削倒角
精车循环	N260	M03 S1000	提高主轴转速至 1000r/min
	N270	G70 P160 Q250 F30	精车
结束	N280	G00 X200 Z200	快速退刀
	N290	M05	主轴停
	N300	M30	程序结束

三十、复合轴组合件数控车床零件加工工艺分析及编程

复合轴组合件零件图如图 5-111 所示。

1. 零件图工艺分析

该零件表面由内外圆柱面及内外螺纹等表面组成，其中多个直径尺寸与轴向尺寸有较高的尺寸精度和表面粗糙度要求。零件图尺寸标注完整，符合数控加工尺寸标注要求；轮廓描述清楚完整；零件材料为 45 钢，切削加工性能较好，无热处理和硬度要求。加工时按照从左到右的顺序进行程序编制和加工。

通过上述分析，采取以下几点工艺措施。

① 零件图样上带公差的尺寸，因公差值较小，故编程时不必取其平均值，而取基本尺寸即可。

② 左右端面均为多个尺寸的设计基准，注意尺寸的选择和加工速度的确定。

③ 零件需要掉头加工，注意掉头的对刀和端面找准。

④ 注意 3 个工件的加工配合问题。

2. 确定装夹方案、加工顺序及走刀路线

① 先加工 B 工件左侧带有外螺纹的部分。

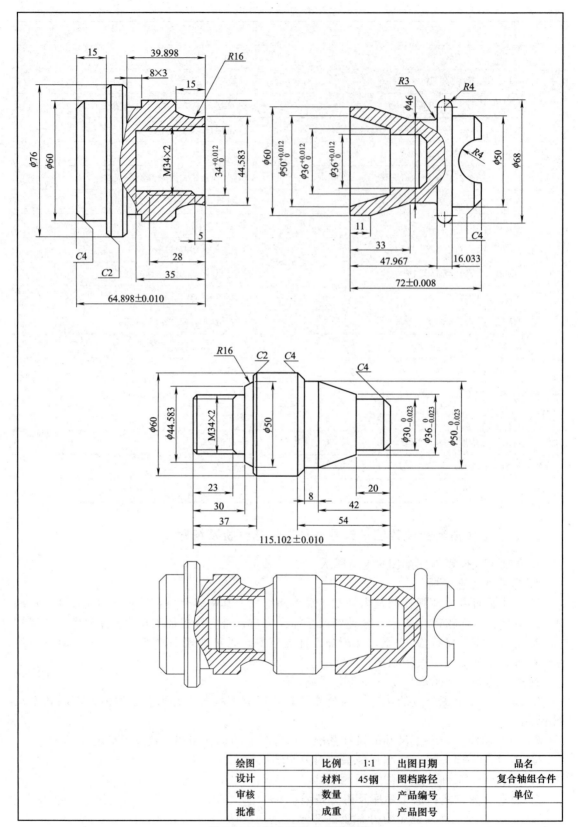

图 5-111 复合轴组合件零件图

用三爪自动定心卡盘夹紧，加工顺序按由粗到精、由近到远的原则确定，在一次装夹中尽可能加工出较多的工件表面。结合本零件的结构特征，可先粗车外圆表面，然后加工外轮廓表面。由于该零件外圆部分仅由直线构成，故采用 G71 循环，轮廓表面车削走刀路线可沿零件轮廓顺序进行，按路线加工加工如图 5-112 所示。

② 加工 B 工件右侧外轮廓的部分。

用三爪自动定心卡盘按照图 5-113 所示位置夹紧，螺纹部分用铜皮包裹，加工顺序按由粗到精、由近到远的原则确定，在一次装夹中尽可能加工出较多的工件表面。结合本零件的结构特征，可先粗车外圆表面，然后加工外轮廓表面。由于该零件外圆部分仅由直线构成，故采用 G71 循环，轮廓表面车削走刀路线可沿零件轮廓顺序进行，按路线加工，如图 5-113 所示。

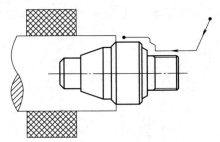

图 5-112　B 工件左侧加工走刀路线

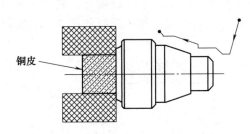

图 5-113　B 工件右侧加工走刀路线

③ 加工 A 工件右侧外轮廓和内螺纹部分。

用三爪自动定心卡盘按照图 5-114 所示位置夹紧，加工顺序按由外及内、由粗到精、由近到远的原则确定，在一次装夹中尽可能加工出较多的工件表面。结合本零件的结构特征，可先粗车外圆表面，然后加工外轮廓表面。由于该零件外圆部分仅由直线和凹陷圆弧构成，故采用 G73 循环，轮廓表面车削走刀路线可沿零件轮廓顺序进行，按路线加工，如图 5-114 所示。内孔采用 G74 镗孔循环，图示略。

④ 将 A 件和 B 件旋紧，加工 A 工件左侧带有外轮廓的部分。

因为 A 工件尺寸较短，不适合掉头装夹的加工方式，故用润滑液将螺纹的内孔部分润滑，将 A 工件和 B 工件如图 5-115 所示旋紧。用三爪自动定心卡盘按照图 5-115 所示位置夹紧，加工顺序按由粗到精、由近到远的原则确定，在一次装夹中尽可能加工出较多的工件表面。结合本零件的结构特征，可先粗车外圆表面，然后加工外轮廓表面。由于该零件外圆部分仅由直线构成，故采用 G71 循环，轮廓表面车削走刀路线可沿零件轮廓顺序进行，按路线加工，如图 5-115 所示。

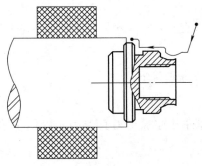

图 5-114　A 工件右侧加工走刀路线

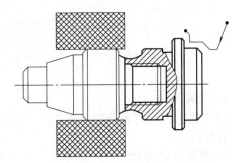

图 5-115　将 A 件和 B 件旋紧，A 工件左侧加工走刀路线

⑤ 加工 C 工件左侧外轮廓的部分。

用三爪自动定心卡盘按照图 5-116 所示位置夹紧，加工顺序按由粗到精、由近到远的原则确定，在一次装夹中尽可能加工出较多的工件表面。结合本零件的结构特征，可先粗车外圆表面，然后加工外轮廓表面。由于该零件外圆部分虽然仅由直线构成，但出现凹陷，故采用 G73 循环，轮廓表面车削走刀路线可沿零件轮廓顺序进行，按路线加工，如图 5-116 所示。

⑥ 加工 C 工件右侧外轮廓的部分。

用三爪自动定心卡盘按照图 5-117 所示位置夹紧，加工顺序按由粗到精、由近到远的原则确定，在一次装夹中尽可能加工出较多的工件表面。结合本零件的结构特征，可先粗车外圆表面，然后加工外轮廓表面。由于该零件外圆部分虽然仅由直线构成，但为保证圆弧部分的衔接形状，故采用 G73 循环，轮廓表面车削走刀路线可沿零件轮廓顺序进行，内圆加工采用 G72 的方式。加工路线如图 5-117 所示。

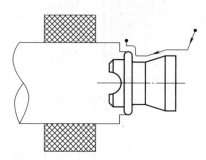

图 5-116　C 工件左侧加工走刀路线

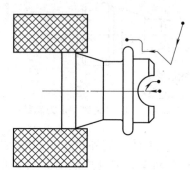

图 5-117　C 工件右侧加工
走刀路线

⑦ 加工 C 工件左侧内轮廓的部分。

因为涉及装夹问题，C 工件左侧内轮应放到此处加工，可防止装夹时夹坏工件形状。用三爪自动定心卡盘按照图 5-118 所示位置夹紧，加工顺序按由粗到精、由近到远的原则确定，在一次装夹中尽可能加工出较多的工件表面。结合本零件的结构特征，只能采用 G72 循环，轮廓车削走刀路线可沿零件内轮廓顺序进行。加工路线如图 5-118 所示。

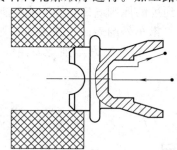

图 5-118　加工 C 工件左侧内轮廓的部分

3. 刀具选择

将所选定的刀具参数填入表 5-59 三件套圆弧组合件数控加工刀具卡中，以便于编程和操作管理。

4. 切削用量选择

根据被加工表面质量要求、刀具材料和工件材料，参考切削用量手册或有关资料选取切削速度与每转进给量，填入表 5-60 工序卡中。

表 5-59 三件套圆弧组合件数控加工刀具卡

产品名称或代号		数控车工艺分析实例		零件名称	三件套圆弧组合件	零件图号	Lathe-30
序号	刀具号	刀具规格名称	数量	加工表面		刀尖半径/mm	备注
1	T01	35°硬质合金外圆车刀	1	车端面		0.5	25mm×25mm
2	T02	宽 4mm 切断刀(割槽刀)	1	宽 4mm			
3	T03	硬质合金 60°外螺纹车刀	1	螺纹			
4	T04	内圆车刀	1				2mm
5	T05	宽 4mm 镗孔刀	1	镗内孔基准面			
6	T06	硬质合金 60°内螺纹车刀	1	螺纹			
7	T07	φ10mm 中心钻	1				
编制		×××	审核	×××	批准 ×××	共1页	第1页

表 5-60 三件套圆弧组合件数控加工工序卡

单位名称	××××	产品名称或代号		零件名称		零件图号	
		数控车工艺分析实例		三件套圆弧组合件		Lathe-30	
工序号	程序编号	夹具名称		使用设备		车间	
001	Lathe-30	卡盘和自制心轴		Fanuc 0i		数控中心	
工步号	工步内容	刀具号	刀具规格/mm	主轴转速/(r/min)	进给速度/(mm/min)	背吃刀量/mm	备注
①B 工件							
1	平端面	T01	25×25	800	80		自动
2	粗车外轮廓	T01	25×25	800	80	1.5	自动
3	精车外轮廓	T01	25×25	1200	40	0.2	自动
4	车 M44×2 外螺纹	T03	20×20	系统配给	系统配给		自动
5	掉头装夹,螺纹部分用铜皮包裹						
6	平端面	T01	25×25	800	80		自动
7	粗车外轮廓	T01	25×25	800	80	1.5	自动
8	精车外轮廓	T01	25×25	1200	40	0.2	自动
②A 工件							
1	平端面	T01	25×25	800	80		自动
2	粗车外轮廓	T01	25×25	800	80	1.5	自动
3	精车外轮廓	T01	25×25	1200	40	0.2	自动
4	切槽	T02	宽 4mm	800	20		自动
5	钻底孔	T07	φ10mm	800	20		自动
6	镗孔内轮廓	T05	25×25	800	80	1.5	自动
7	精车内轮廓	T05	25×25	1200	40	0.2	自动
8	车 M34×2 外螺纹	T03	20×20	系统配给	系统配给		自动
9	将 A 件和 B 件旋紧,掉头装夹加工 A 工件左侧带有外轮廓的部分						
10	平端面	T01	25×25	800	80		自动
11	粗车外轮廓	T01	25×25	800	80	1.5	自动
12	精车外轮廓	T01	25×25	1200	40	0.2	自动
③C 工件							
1	平端面	T01	25×25	800	80		自动
2	粗车外轮廓	T01	25×25	800	80	1.5	自动
3	精车外轮廓	T01	25×25	1200	40	0.2	自动
4	掉头装夹						
5	平端面	T01	25×25	800	80		自动
6	钻底孔	T07	φ10mm	800	20		自动
7	粗车内轮廓	T01	25×25	800	80	1.5	自动
8	精车内轮廓	T01	25×25	1200	40	0.2	自动
9	再次掉头装夹						
10	钻底孔	T07	φ10mm	800	20		自动
11	粗车内轮廓	T01	25×25	800	80	1.5	自动
12	精车内轮廓	T01	25×25	1200	40	0.2	自动
编制	×××	审核	×××	批准	×××	年 月 日 共1页	第1页

5. 数控程序的编制
（1）B 工件左侧（见图 5-119）

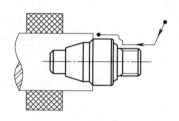

图 5-119 B 工件左侧加工路径

开始	N010	M03 S800	主轴正转，800r/min
	N020	T0101	换 01 号外圆车刀
	N030	G98	指定走刀按照 mm/min 进给
端面	N040	G00 X70 Z0	快速定位至端面正上方
	N050	G01 X0 F80	车削的端面
粗车循环	N060	G00 X70 Z3	快速定位循环起点
	N070	G71 U1.5 R1	X 向每次吃刀量为 1.5mm，退刀量为 1mm
	N080	G71 P90 Q150 U0.1 W0.1 F80	循环程序段 90～150
轮廓	N090	G00 X34	快速定位
	N100	G01 Z-30	车削 ϕ34 的外圆
	N110	G01 X44.583	车削至 ϕ44.583 的外圆处
	N120	G02 X50 Z-35 R16	车削 R16 的顺时针圆弧
	N130	G01 X56	车削至 ϕ56 的外圆处
	N140	G01 X60 Z-37	车削倒角
	N150	G01 Z-62	车削 ϕ60 的外圆
精车循环	N160	M03 S1200	提高主轴转速至 1200r/min
	N170	G70 P90 Q150 F40	精车
倒角	N180	M03 S800	降低主轴转速
	N190	G00 X28 Z1	定位至倒角延长线上
	N200	G01 X34 Z-2 F80	车削倒角
螺纹	N210	G00 X150 Z150	快速退刀
	N220	T0303	换 03 号螺纹刀
	N230	G00 X38 Z3	定位至螺纹循环起点
	N240	G76 P020260 Q100 R0.08	G76 螺纹循环固定格式
	N250	G76 X31.786 Z-23 P1107 Q500 R0 F1.5	G76 螺纹循环固定格式
结束	N260	G00 X200 Z200	快速退刀
	N270	M05	主轴停
	N280	M30	程序结束

(2) B 工件右侧（见图 5-120）

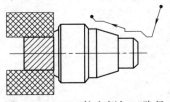

图 5-120　B 工件右侧加工路径

开始	N010	M03 S800	主轴正转，800r/min
	N020	T0101	换 01 号外圆车刀
	N030	G98	指定走刀按照 mm/min 进给
端面	N040	G00 X70 Z0	快速定位至端面正上方
	N050	G01 X0　F80	车削的端面
粗车循环	N060	G00 X70 Z3	快速定位循环起点
	N070	G71 U1.5　R1	X 向每次吃刀量为 1.5mm，退刀量为 1mm
	N080	G71 P90 Q170 U0.1 W0.1 F80	循环程序段 90～170
轮廓	N090	G00 X22	快速定位
	N100	G01　　Z0	接触工件
	N110	G01 X29.9885 Z−4	车削倒角
	N120	G01　　Z−20	车削 φ29.9885 的外圆
	N130	G01 X35.9885	车削至 φ35.9885 的外圆处
	N140	G01 X49.9885 Z−42	斜向车削至 φ49.9885 的外圆处
	N150	G01　　Z−50	车削 φ49.9885 的外圆
	N160	G01 X52	车削至 φ52 的外圆处
	N170	G01 X60 Z−54	车削倒角
精车循环	N180	M03 S1200	提高主轴转速至 1200r/min
	N190	G70 P90 Q170 F40	精车
结束	N200	G00 X200 Z200	快速退刀
	N210	M05	主轴停
	N220	M30	程序结束

(3) A 工件右侧（见图 5-121）

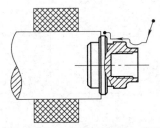

图 5-121　A 工件右侧加工路径

	N010	M03 S800	主轴正转,800r/min
开始	N020	T0101	换 01 号外圆车刀
	N030	G98	指定走刀按照 mm/min 进给
端面	N040	G00 X90 Z0	快速定位至端面正上方
	N050	G01 X0 F80	车削的端面
粗车循环	N060	G00 X90 Z3	快速定位循环起点
	N070	G73 U23.51 W1.5 R16	X 向总吃刀量为 23.51mm,循环 16 次（思考：U 和 R 值如何优化）
	N080	G73 P90 Q170 U0.1 W0.1 F80	循环程序段 90～170
轮廓	N090	G00 X44.583 Z1	快速定位至轮廓右端 1mm 处
	N100	G01 Z0	接触工件
	N110	G02 X50 Z-15 R16	车削 R16 的顺时针圆弧
	N120	G01 X56	车削至 φ36 的外圆处
	N130	G01 X60 Z-17	车削倒角
	N140	G01 Z-39.898	车削 φ60 的外圆
	N150	G01 X72	车削至 φ72 的外圆处
	N160	G01 X76 Z-41.898	车削倒角
	N170	G01 Z-48	车削 φ76 的外圆
精车	N180	M03 S1200	提高主轴转速至 1200r/min
	N190	G70 P90 Q170 F40	精车
切槽	N200	M03S800	降低主轴转速
	N210	G00 X200 Z200	快速退刀
	N220	T0202	换 02 号切槽刀
	N230	G00 X80 Z-35.898	定位至切槽循环起点
	N240	G75 R1	G75 切槽循环固定格式
	N250	G75 X54 Z-39.898 P3000 Q3800 R0 F20	G75 切槽循环固定格式
钻孔	N260	G00 X200 Z200	快速退刀
	N270	T0707	换 07 号钻头
	N280	G00 X0 Z1	快速定位至中心孔位置右侧
	N290	G01 Z-35 F15	钻孔
	N300	G01 Z1 F40	退出孔
	N310	G00 X200 Z200	快速退刀
镗孔循环	N320	T0505	换 05 号镗孔刀
	N330	G00 X16 Z1	定位至镗孔循环起点
	N340	G74 R1	G74 镗孔循环固定格式
	N350	G74 X31.786 Z-35 P3000 Q3800 R0 F20	G74 镗孔循环固定格式

续表

精车内轮廓	N360	G00 X34.006 Z1	快速定位至内圆外侧1mm处
	N370	G01 Z-5 F20	车削φ34.006的内圆
	N380	G01 X31.786 Z-7	车削内螺纹的倒角
	N390	G01 Z1	车削φ31.786的内圆
内螺纹	N400	G00 X150 Z150	快速退刀
	N410	T0606	换06号内螺纹刀
	N420	G00 X30 Z0	定位至螺纹循环起点
	N430	G76 P020260 Q100 R-0.08	G76螺纹循环固定格式
	N440	G76 X34 Z-28 P1107 Q500 R0 F1.5	G76螺纹循环固定格式
结束	N450	G00 X200 Z200	快速退刀
	N460	M05	主轴停
	N470	M30	程序结束

（4）A工件左侧（见图5-122）

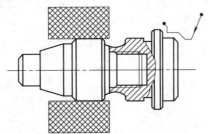

图5-122 A工件左侧加工路径

开始	N010	M03 S800	主轴正转,800r/min
	N020	T0101	换01号外圆车刀
	N030	G98	指定走刀按照mm/min进给
端面	N040	G00 X90 Z0	快速定位至端面正上方
	N050	G01 X0 F80	车削的端面
粗车循环	N060	G00 X90 Z3	快速定位循环起点
	N070	G71 U1.5 R1	X向每次吃刀量为1.5mm,退刀量为1mm
	N080	G71 P90 Q140 U0.1 W0.1 F80	循环程序段90~140
轮廓	N090	G00 X52	快速定位
	N100	G01 Z0	接触工件
	N110	G01 X60 Z-4	车削倒角
	N120	G01 Z-15	车削φ60的外圆
	N130	G01 X72	车削至φ72的外圆处
	N140	G01 X76 Z-17	车削倒角
精车循环	N150	M03 S1200	提高主轴转速至1200r/min
	N160	G70 P90 Q140 F40	精车
结束	N170	G00 X200 Z200	快速退刀
	N180	M05	主轴停
	N190	M30	程序结束

(5) C 工件左侧外轮廓（见图 5-123）

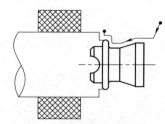

图 5-123　C 工件左侧外轮廓加工路径

开始	N010	M03 S800	主轴正转,800r/min
	N020	T0101	换 01 号外圆车刀
	N030	G98	指定走刀按照 mm/min 进给
端面	N040	G00 X90 Z0	快速定位至端面正上方
	N050	G01 X0　　F80	车削的端面
粗车循环	N060	G00 X90 Z3	快速定位循环起点
	N070	G73 U22　W1 R20	X 向总吃刀量为 22mm,循环 20 次
	N080	G73 P90 Q150 U0.1 W0.1 F80	循环程序段 90～150
轮廓	N090	G00 X60 Z1	快速定位至轮廓右端 1mm 处
	N100	G01　　Z-11	车削 $\phi 60$ 的外圆
	N110	G01 X46 Z-33	斜向车削至 $\phi 46$ 的外圆处
	N120	G01　　Z-44.967	车削 $\phi 46$ 的外圆
	N130	G02 X52 Z-47.967 R3	车削 R3 的顺时针圆弧
	N140	G01 X60	车削至 $\phi 60$ 的外圆处
	N150	G03 X68 Z-51.967 R4	车削 R4 的逆时针圆弧
精车循环	N160	M03 S1200	提高主轴转速至 1200r/min
	N170	G70 P90 Q150 F40	精车
结束	N180	G00 X200 Z200	快速退刀
	N190	M05	主轴停
	N200	M30	程序结束

(6) C 工件右侧（见图 5-124）

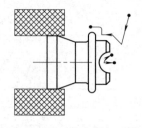

图 5-124　C 工件右侧加工路径

开始	N010	M03 S800	主轴正转,800r/min
	N020	T0101	换 01 号外圆车刀
	N030	G98	指定走刀按照 mm/min 进给
端面	N040	G00 X90 Z0	快速定位至端面正上方
	N050	G01 X0 F80	车削的端面
粗车循环	N060	G00 X90 Z3	快速定位循环起点
	N070	G73 U29 W1.5 R20	X 向总吃刀量为 29mm,循环 20 次(思考:U 和 R 值如何优化;采用 G71 指令如何编程)
	N080	G73 P90 Q140 U0.1 W0.1 F80	循环程序段 90~140
轮廓	N090	G00 X40 Z1	快速定位至倒角延长线处
	N100	G01 X50 Z−4	车削倒角
	N110	G01 Z−16.033	车削 ϕ50 的外圆的右端面
	N120	G01 X60	车削至 ϕ60 的外圆
	N130	G03 X68 Z−20.033 R4	车削 R4 的逆时针圆弧
	N140	G01 Z−22	多车削一段,避免接缝
精车	N150	M03 S1200	提高主轴转速至 1200r/min
	N160	G70 P90 Q140 F40	精车
钻孔	N170	M03 S800	降低主轴转速
	N180	G00 X200 Z200	快速退刀
	N190	T0707	换 07 号钻头
	N200	G00 X0 Z1	快速定位至中心孔位置右侧
	N210	G01 Z−11.5 F15	钻孔
	N220	G01 Z1 F40	退出孔
粗车循环	N230	G00 X200 Z200	快速退刀
	N240	T0404	换 04 号内圆车刀
	N250	G00 X0 Z1	快速定位循环起点
	N260	G72 W1 R1	X 向每次吃刀量 1.5mm,退刀量为 1mm
	N270	G72 P280 Q290 U−0.1 W0.1 F40	循环程序段 280~290
内轮廓	N280	G01 Z−12	进刀至内圆尾部
	N290	G01 X24 Z0 R12	车削 R12 的顺时针圆弧
精车	N300	M03 S1200	提高主轴转速至 1200r/min
	N310	G70 P90 Q140 F40	精车
结束	N320	G00 X200 Z200	快速退刀
	N330	M05	主轴停
	N230	M30	程序结束

(7) C 工件左侧内轮廓（见图 5-125）

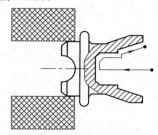

图 5-125　C 工件左侧内轮廓加工路径

开始	N010	M03 S800	主轴正转,800r/min
	N020	T0707	换 07 号钻头
	N030	G98	指定走刀按照 mm/min 进给
钻孔	N040	G00 X0 Z1	快速定位至中心孔位置右侧
	N050	G01 Z-42 F15	钻孔
	N060	G01 Z1 F40	退出孔
粗车循环	N070	G00 X200 Z200	快速退刀
	N080	T0404	换 04 号内圆车刀
	N090	G00 X0 Z1	快速定位循环起点
	N100	G72 W1 R1	X 向每次吃刀量为 1.5mm,退刀量为 1mm
	N110	G72 P120 Q170 U-0.1 W0.1 F60	循环程序段 120～170
内轮廓	N120	G01　Z-42	进刀至内圆尾部
	N130	G01 X22	车削至 $\phi22$ 的内圆处
	N140	G01 X30.006 Z-38	车削倒角
	N150	G01　Z-22	车削 $\phi30.006$ 的内圆
	N160	G01 X36.006	车削至 $\phi36.006$ 的内圆
	N170	G01 X50.006 Z0	斜向车削至 $\phi50.006$ 的内圆
精车	N180	M03 S1200	提高主轴转速至 1200r/min
	N190	G70 P120 Q160 F40	精车
结束	N200	G00 X200 Z200	快速退刀
	N210	M05	主轴停
	N220	M30	程序结束

综合训练

编制如图 5-126～图 5-131 所示 6 个零件的完整加工程序，包括零件图分析、加工路线确定、刀具选择、加工工序卡和完整的程序。毛坯均为铝棒，刀具根据实际情况定义。

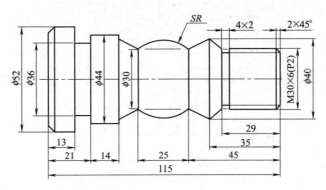

图 5-126　综合训练一

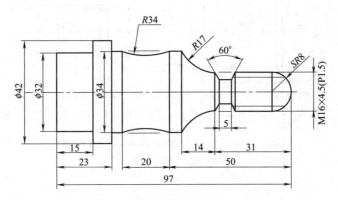

图 5-127　综合训练二

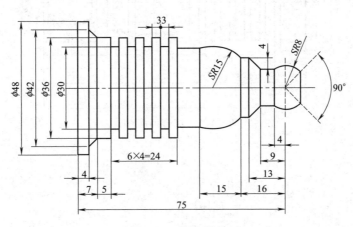

图 5-128　综合训练三

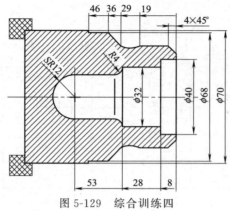

图 5-129　综合训练四

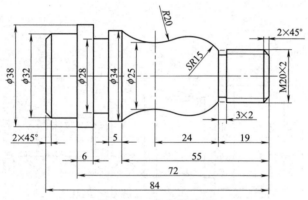

图 5-130　综合训练五

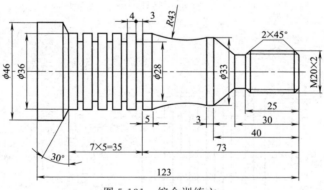

图 5-131　综合训练六

第六章 数控车床编程与加工工程应用案例

工程案例一 角磨机输出轴主轴

1. 工程知识

角磨机,又称研磨机或盘磨机,是用玻璃钢切削和打磨的一种磨具,具有用途广泛、轻便、操作灵活等优点。可以对钢铁、石材、木材、塑料等多种材料进行加工。

角磨机更换不同的锯片和附件,可以打磨、锯切、抛光、钻孔等,从而达到想要的效果,比如想要用角磨机进行抛光,可以选择安装合适规格的羊毛轮,想要用角磨机切割石材,可以安装砂轮锯片或者云石切割片,想要使用角磨机打磨,可以使用水磨片。

图 6-1 (a) 为角磨机切割圆管作业,图 6-1 (b) 为角磨机切割钢板作业,图 6-1 (c) 为角磨机打磨作业,图 6-1 (d) 为角磨机修磨作业。

(a) 角磨机切割圆管作业

(b) 角磨机切割钢板作业

(c) 角磨机打磨作业

(d) 角磨机修磨作业

图 6-1 角磨机作业

2. 案例说明

本案例重点讲述博世 GWS20-180 型角磨机的电机主轴的数控车加工部分。

GWS20-180型角磨机的额定功率为2000W，空载转速为8500r/min，机器长度490mm，宽度110mm，高度140mm，质量5.2kg。

图6-2为博世GWS20-180型角磨机的组成，图6-3为本案例所需要加工的博世GWS20-180型角磨机电机主轴。

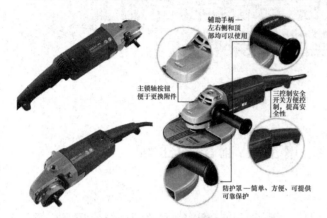

图6-2 博世GWS20-180型角磨机的组成

图6-3 博世GWS20-180型角磨机电机主轴

3. 加工图纸及要求

数控车削加工如图6-4所示GWS20-180型角磨机的电机主轴，编制其加工的数控程序。

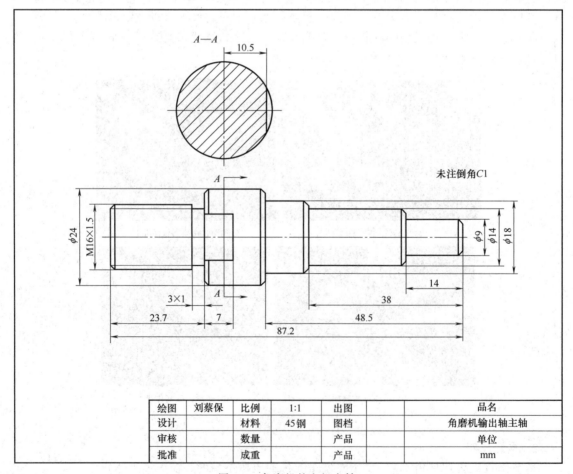

图6-4 角磨机的电机主轴

4. 工艺分析和模型

（1）工艺分析　该零件表面由外圆柱面、倒角、槽、螺纹等表面组成，零件图尺寸标注完整，符合数控加工尺寸标注要求；轮廓描述清楚完整；零件材料为 45 钢，切削加工性能较好，无热处理和硬度要求。

（2）毛坯选择　零件材料为 45 钢，ϕ30mm 棒料。

（3）刀具选择　见表 6-1。

表 6-1　刀具选择

刀具号	刀具规格名称	加工内容	刀具特征	备注
T01	硬质合金 35°外圆车刀	车端面及车轮廓		
T02	切断刀（割槽刀）	切槽和切断	宽 3mm	
T03	螺纹刀	外螺纹	60°牙型	

（4）几何模型　本例需要两次装夹，轮廓部分采用 G71 的循环编程，其两次装夹的加工路径的模型设计如图 6-5 所示。

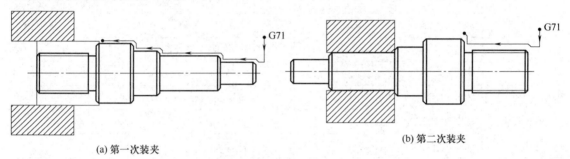

(a) 第一次装夹　　　　(b) 第二次装夹

图 6-5　几何模型和编程路径示意

（5）数学计算　工件尺寸和坐标值明确，可直接进行编程。

5. 数控程序

（1）第一次装夹的数控程序

走刀路径：

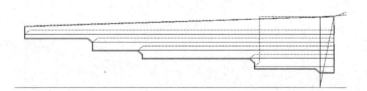

程序：

开始	M03 S800	主轴正转,800r/min
	T0101	换 1 号外圆车刀
	G98	指定走刀按照 mm/min 进给
端面	G00 X35 Z0	快速定位至工件端面上方
	G01 X0 F80	车端面,走刀速度 80mm/min
G71 粗车循环	G00 X35 Z3	快速定位至循环起点
	G71 U2 R1	X 向每次吃刀量为 2mm,退刀量为 1mm
	G71 P10 Q20 U0.4 W0.1 F100	循环程序段 10~20

外轮廓	N10 G00 X7	快速定位至工件右侧
	G01 Z0	接触工件
	X9 Z-1	车削C1倒角
	Z-14	车削φ9的外圆
	X12	车削φ14外圆的右端面
	X14 Z-15	车削C1倒角
	Z-38	车削φ14的外圆
	X16	车削φ18外圆的右端
	X18 Z-39	车削C1倒角
	Z-48.5	车削φ18的外圆
	X22	车削φ24外圆的右端
	X24 Z-49.5	车削C1倒角
	Z-63	车削φ24的外圆
	N20 X30	抬刀
精车循环	M03 S1200	提高主轴转速,1200r/min
	G70 P10 Q20 F40	精车
	G00 X200 Z200	快速退刀
结束	M05	主轴停
	M30	程序结束

(2) 第二次掉头装夹的数控程序

走刀路径：

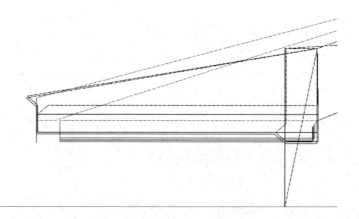

程序：

开始	M03 S800	主轴正转,800r/min
	T0101	换1号外圆车刀
	G98	指定走刀按照 mm/min 进给

续表

端面	G00 X35 Z0	快速定位至工件端面上方
	G01 X0 F80	车端面,走刀速度80mm/min
G71 粗车循环	G00 X35 Z3	快速定位循环起点
	G71 U2 R1	X向每次吃刀量为2mm,退刀量为1mm
	G71 P10 Q20 U0.4 W0.1 F100	循环程序段10~20
外轮廓	N10 G00 X14	快速定位至工件右侧
	G01 Z0	接触工件
	X16 Z-1	车削C1倒角
	Z-23.7	车削φ16的外圆
	X22	车削φ24外圆的右端
	N20 X24 Z-24.7	车削C1倒角
精车循环	M03 S1200	提高主轴转速,1200r/min
	G70 P10 Q20 F40	精车
	G00 X200 Z200	快速退刀
退刀槽	T0202	换切断刀,即切槽刀
	M03S800	主轴正转,800r/min
	G00 X19 Z-22	快速定位至退刀槽附近
	Z-23.7	定位至退刀槽上方
	G01 X14 F20	切槽
	X24 F300	抬刀
	G00 X100Z100	快速退刀,准备换刀
G76车螺纹	T0303	换3号螺纹刀
	G00 X19 Z3	定位螺纹循环起点
	G76 P010060 Q100 R0.1	G76螺纹循环固定格式
	G76 X14.3395 Z-21.5 P830 Q400 R0 F2	G76螺纹循环固定格式
	G00 X200 Z200	快速退刀
结束	M05	主轴停
	M30	程序结束

工程案例二 金刚石水钻机输出轴

1. 工程知识

金刚石水钻机,俗称水钻,属于电动打孔钻眼工具的一种。目前,水钻在家庭生活和工程施工的打孔钻眼工作中广泛应用。例如,安装上下水系统的预留打孔、安装消防水暖打孔、安装机械设备的地锚打孔、安装通风系统打孔等。加长加大水钻头进行地铁、高铁、楼宇、桥梁、铁路、水坝、机场、隧道、公路等工程打孔、钻孔。

图 6-6（a）为手持式水钻机墙面钻孔，图 6-6（b）为固定式水钻机墙面钻孔，图 6-6（c）为台式水钻机地面钻孔，图 6-6（d）为利用水钻机进行工程取芯。

图 6-6　水钻打孔

2. 案例说明

本案例重点讲述博深 90/110 金刚石水钻机主轴的数控车削加工部分。

博深 90/110 金刚石水钻机的额定功率为 1350W 和 1650W，空载转速为 1700～2000r/min，最大钻孔直径 110mm，质量 4.5kg。

图 6-7 为博深 90/110 金刚石水钻机的组成，图 6-8 为本案例所需要加工的博深 90/110 金刚石水钻机输出轴。

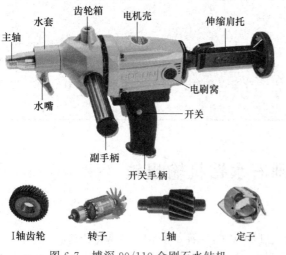

图 6-7　博深 90/110 金刚石水钻机

图 6-8　博深 90/110 金刚石水钻机输出轴

3. 加工图纸及要求

数控车削加工如图 6-9 所示博深 90/110 金刚石水钻机输出轴，编制其加工的数控程序。

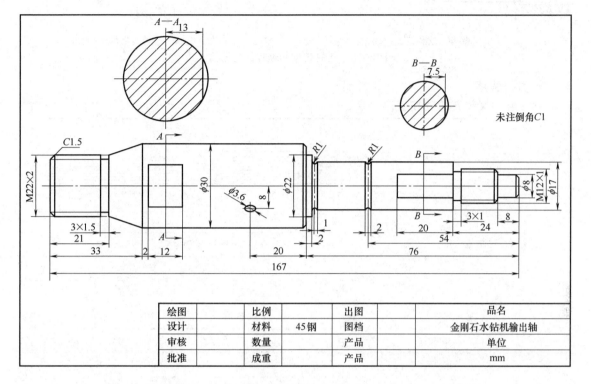

图 6-9 水钻机输出轴

4. 工艺分析和模型

（1）工艺分析　该零件表面由外圆柱面、斜锥面、倒角、槽、螺纹等表面组成，零件图尺寸标注完整，符合数控加工尺寸标注要求；轮廓描述清楚完整；零件材料为 45 钢，切削加工性能较好，无热处理和硬度要求。

（2）毛坯选择　零件材料为 45 钢，$\phi 35mm$ 棒料。

（3）刀具选择　见表 6-2。

表 6-2　刀具选择

刀具号	刀具规格名称	加工内容	刀具特征	备注
T01	硬质合金 45°外圆车刀	车端面及车轮廓		
T02	切断刀（割槽刀）	切断和退刀槽	宽 3mm	
T03	螺纹刀	外螺纹	60°	
T04	半圆槽刀	半圆槽	R1	

（4）几何模型　需要两次装夹，轮廓部分采用 G71 的循环编程，其两次装夹的加工路径的模型设计如图 6-10 所示。

（5）数学计算　工件尺寸和坐标值明确，可直接进行编程。

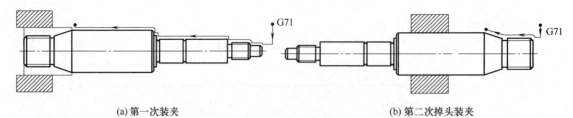

(a) 第一次装夹　　　　　　　　　(b) 第二次掉头装夹

图 6-10　几何模型和编程路径示意

5. 数控程序

（1）第一次装夹的数控程序

走刀路径：

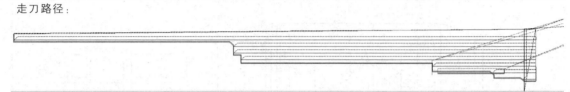

程序：

开始	M03 S800	主轴正转,800r/min
	T0101	换 1 号外圆车刀
	G98	指定走刀按照 mm/min 进给
端面	G00 X38 Z0	快速定位至工件端面上方
	G01 X0 F80	车端面,走刀速度 80mm/min
G71 粗车循环	G00 X38 Z3	快速定位循环起点
	G71 U2 R1	X 向每次吃刀量为 2mm,退刀量为 1mm
	G71 P10 Q20 U0.4 W0.1 F100	循环程序段 10～20
外轮廓	N10 G00 X6	快速定位至工件右侧
	G01 Z0	接触工件
	X8 Z-1	车削 C1 倒角
	Z-8	车削 φ8 的外圆
	X10	车削螺纹的右端面
	X12 Z-9	车削螺纹倒角
	Z-24	车削 φ12 的外圆
	X17	车削 φ17 外圆的右端
	Z-74	车削 φ17 的外圆
	X22	车削 φ22 外圆的右端
	Z-76	车削 φ22 的外圆
	X28	车削 φ30 外圆的右端
	X30 Z-77	车削 C1 倒角
	Z-134	车削 φ30 的外圆
	N20 X35	抬刀

续表

精车循环	M03 S1200	提高主轴转速,1200r/min
	G70 P10 Q20 F40	精车
	G00 X200 Z200	快速退刀
退刀槽	T0202	换切断刀,即切槽刀
	M03S800	主轴正转,800r/min
	G00 X19 Z-24	快速定位至退刀槽上方
	G01 X10 F20 F20	切槽
	X19 F300	抬刀
	G00 X100Z100	快速退刀,准备换刀
G76车螺纹	T0303	换3号螺纹刀
	G00 X14 Z-5	定位螺纹循环起点
	G76 P010060 Q30 R0.1	G76螺纹循环固定格式
	G76 X10.893 Z-22.5 P554 Q300 R0 F1	G76螺纹循环固定格式
	G00 X200 Z200	快速退刀
半圆槽	T0404	换半圆槽刀
	M03 S800	主轴正转,800r/min
	G00 X20 Z-54	定位第1个半圆槽上方
	G01 X15 F20	切槽
	X20 F300	抬刀
	G00 X20 Z-71	快速移动至第2个半圆槽附近
	G01 Z-73 F60	定位第2个半圆槽上方
	G01 X15 F20	切槽
	X20 F300	抬刀
	G00 X200 Z200	快速退刀
结束	M05	主轴停
	M30	程序结束

(2) 第二次掉头装夹的数控程序

走刀路径:

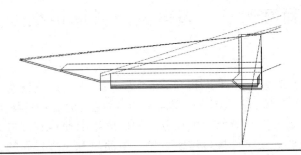

续表

程序:

开始	M03 S800	主轴正转,800r/min
	T0101	换1号外圆车刀
	G98	指定走刀按照 mm/min 进给
端面	G00 X38 Z0	快速定位至工件端面上方
	G01 X0 F80	车端面,走刀速度80mm/min
G71 粗车循环	G00 X38 Z3	快速定位循环起点
	G71 U2 R1	X 向每次吃刀量为2mm,退刀量为1mm
	G71 P10 Q20 U0.4 W0.1 F100	循环程序段10～20
外轮廓	N10 G00 X19	快速定位至工件右侧
	G01 Z0	接触工件
	X22 Z-1.5	车削 C1.5 倒角
	Z-21	车削 $\phi22$ 的外圆
	N20 X30 Z-33	车削锥面
精车循环	M03 S1200	提高主轴转速,1200r/min
	G70 P10 Q20 F40	精车
	G00 X200 Z200	快速退刀
退刀槽	T0202	换切断刀,即切槽刀
	M03S800	主轴正转,800r/min
	G00 X25 Z-21	快速定位至切断处
	G01 X19 F20 F20	切槽
	X24 F300	抬刀
	G00 X100Z100	快速退刀,准备换刀
G76 车螺纹	T0303	换3号螺纹刀
	G00 X25 Z3	定位螺纹循环起点
	G76 P010060 Q100 R0.1	G76 螺纹循环固定格式
	G76 X19.786 Z-19.5 P1107 Q500 R0 F2	G76 螺纹循环固定格式
	G00 X200 Z200	快速退刀
结束	M05	主轴停
	M30	程序结束

工程案例三 超声波塑料焊接机连接轴

1. 工程知识

超声波塑料焊接机是超声波焊接机的一个子类型,其原理是同发生器产生 20kHz(15kHz 或 40kHz)的高压、高频信号,通过换能系统,把信号转换为高频机械振动,加压于塑焊制品工件上,通过工件表面及内在分子间的摩擦而使传到接口处的温度升高,当温度到此工件本身的熔点时,使工件接口迅速熔化,继而填充于接口间的空隙,当振动停止,工件同时在一定的压力下冷却定形，达到完美的焊接效果。超声波塑料焊接机在焊接塑料制品时，既不添加任何黏结剂、填料或熔剂，也不消耗大量热源，具有操作简便、焊接速度快、焊接强度高、生产效率高等优点。

图 6-11 为超声波塑料焊接机的封口焊接，图 6-12 为超声波塑料焊接机的熔合焊接。

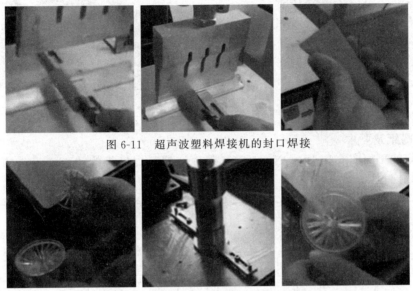

图 6-11　超声波塑料焊接机的封口焊接

图 6-12　超声波塑料焊接机的熔合焊接

2. 案例说明

本案例重点讲述 NC-1800P 超声波塑料焊接机的超声波焊接机连接轴的数控车削加工。

NC-1800P 超声波塑料焊接机输出功率 1800W，默认频率 20kHz，焊头行程 75mm，输出时间控制 0.01～9.99s，主机尺寸 600mm×410mm×1100mm，净重 88kg。

图 6-13 为 NC-1800P 超声波塑料焊接机的结构，图 6-14 为超声波塑料焊接机焊接头部

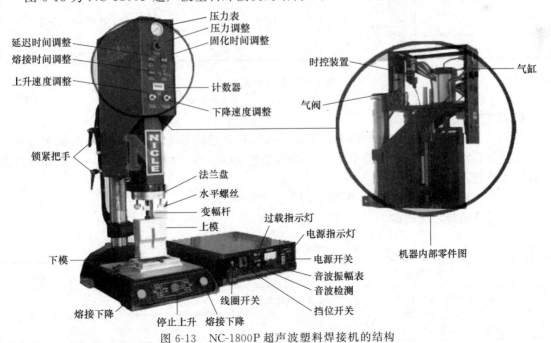

图 6-13　NC-1800P 超声波塑料焊接机的结构

分,图 6-15 为本案例所需要加工的焊接头连接轴。

图 6-14 超声波塑料焊接机焊接头部分

图 6-15 焊接头连接轴

3. 加工图纸及要求

数控车削加工如图 6-16 所示 NC-1800P 超声波塑料焊接机的超声波焊头的连接轴,编制其加工的数控程序。

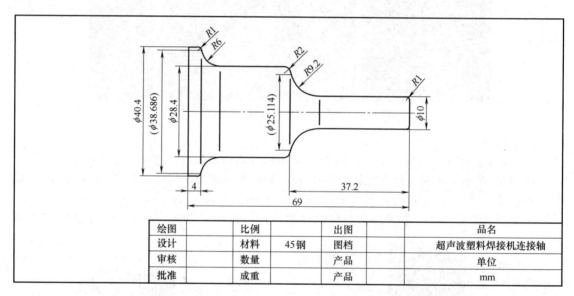

图 6-16 焊接机连接轴

4. 工艺分析和模型

(1) 工艺分析　该零件表面由外圆柱面、顺圆弧、逆圆弧等表面组成,零件图尺寸标注完整,符合数控加工尺寸标注要求;轮廓描述清楚完整;零件材料为 45 钢,切削加工性能较好,无热处理和硬度要求。

(2) 毛坯选择　零件材料为 45 钢,ϕ45mm 棒料。

(3) 刀具选择　见表 6-3。

表 6-3　刀具选择

刀具号	刀具规格名称	加工内容	刀具特征	备注
T01	硬质合金 45°外圆车刀	车端面及车轮廓		
T02	切断刀(割槽刀)	切断	宽 3mm	

(4) 几何模型　一次性装夹,轮廓部分采用 G71、的循环联合编程,其加工路径的模型设计如图 6-17 所示。

(5) 数学计算　需要计算圆弧的坐标值,可采用三角函数、勾股定理等几何知识计算,也可使用计算机制图软件（如 AutoCAD、UG、Mastercam、Solidworks 等）的标注方法来计算。

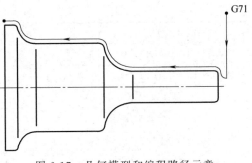

图 6-17　几何模型和编程路径示意

5. 数控程序

走刀路径:

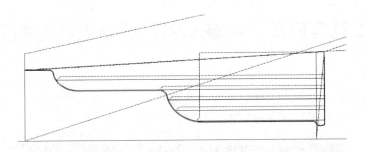

程序:

开始	M03 S800	主轴正转,800r/min
	T0101	换 1 号外圆车刀
	G98	指定走刀按照 mm/min 进给
端面	G00 X50 Z0	快速定位至工件端面上方
	G01 X0 F80	车端面,走刀速度 80mm/min
G71 粗车循环	G00 X50 Z2	快速定位循环起点,注意 Z 值和切入圆弧起点的匹配
	G71 U3 R1	X 向每次吃刀量为 3mm,退刀量为 1mm
	G71 P10 Q20 U0.4 W0.1 F100	循环程序段 10~20
外轮廓	N10 G00 X8	快速定位至相切圆弧起点
	G02 X8 Z0 R2	R2 的过渡顺时针圆弧
	G03 X10 Z−1 R1	车削 R1 的圆角
	G01 Z−28	车削 φ10 的外圆
	G02 X25.114 Z−37.052 R9.2	车削 R9.2 的顺逆时针圆弧
	G03 X28.4 Z−39.020 R2	车削 R2 的圆角
	G01 Z−59	车削 φ28.4 的外圆
	G02 X38.686 Z−64.938 R6	车削 R6 的顺逆时针圆弧
	G03 X40.4 Z−65.928 R1	车削 R1 的圆角
	N20 G01 Z−72	车削 φ40.4 的外圆
精车循环	M03 S1200	提高主轴转速,1200r/min
	G70 P10 Q20 F40	精车
	G00 X200 Z200	快速退刀

续表

切断	T0202	换切断刀,即切槽刀
	M03 S800	主轴正转,800r/min
	G00 X50 Z-72	快速定位至切断处
	G01 X0 F20	切断
	G00 X200 Z200	快速退刀
结束	M05	主轴停
	M30	程序结束

工程案例四　隐蔽式沉降观测点凸起测头

1. 工程知识

沉降观测点是指对被观测物体的高程变化进行测量所使用的观测点。沉降观测点的施测精度应符合高程测量精度等级有关规定。沉降观测点如图 6-18 所示。

图 6-18　沉降观测点

在工业与民用建筑中，为了掌握建筑物的沉降情况，及时发现对建筑物不利的下沉现象，以便采取措施，保证建筑物安全使用，同时也为今后合理设计提供资料，因此，在建筑物施工过程中和投产使用后，必须进行沉降观测。

沉降观测点的作用：通过持续或周期性对建筑物沉降观测点进行观测，确定沉降观测点沉降量及变化趋势，分析建筑物沉降变形速率及最终沉降量，合理确定和调整建筑物沉降预防措施和方案，确保建筑物运营期间的安全。

2. 案例说明

隐藏式沉降观测点，采用不锈钢材加工制作，用于建筑物的沉降观测，如图 6-19 所示，其安装如图 6-20 所示。图 6-21 为本案例所需要加工的隐藏式沉降观测点凸起测头。

图 6-19　隐藏式沉降观测点

3. 加工图纸及要求

数控车削加工如图 6-22 所示隐藏式沉降观测点凸起测头，编制其加工的数控程序，螺纹断口处无需编程。

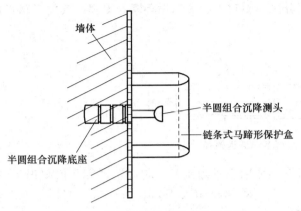

图 6-20 隐藏式沉降观测点安装示意

图 6-21 隐藏式沉降观测点凸起测头

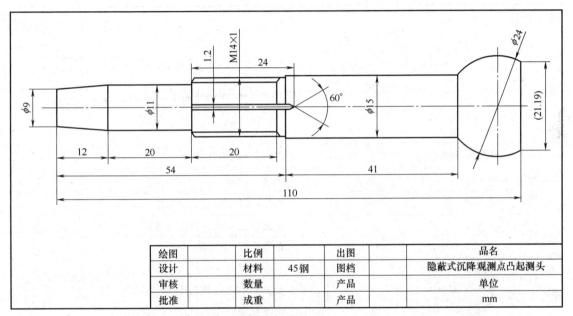

图 6-22 凸起测头

4. 工艺分析和模型

（1）工艺分析　该零件表面由外圆柱面、斜锥面、倒角、圆弧、螺纹等表面组成，零件图尺寸标注完整，符合数控加工尺寸标注要求；轮廓描述清楚完整；零件材料为 45 钢，切削加工性能较好，无热处理和硬度要求。

（2）毛坯选择　零件材料为 45 钢，$\phi 35mm$ 棒料。

（3）刀具选择　见表 6-4。

表 6-4　刀具选择

刀具号	刀具规格名称	加工内容	刀具特征	备注
T01	硬质合金 35°外圆车刀	车端面及车轮廓		
T02	切断刀（割槽刀）	切槽和切断	宽 3mm	
T03	螺纹刀	外螺纹	60°牙型	

（4）几何模型　一次性装夹，轮廓部分采用 G71、G73 的循环联合编程，其加工路径的模型设计如图 6-23 所示。

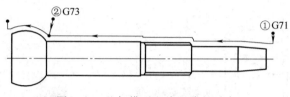

图 6-23　几何模型和编程路径示意

（5）数学计算　需要计算圆弧的坐标值，可采用三角函数、勾股定理等几何知识计算，也可使用计算机制图软件（如 AutoCAD、NX、Mastercam、Solidworks 等）的标注方法来计算。

5. 数控程序

走刀路径：

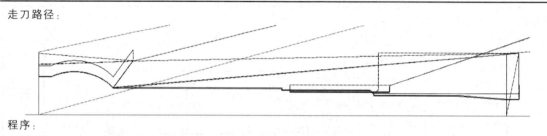

程序：

开始	M03 S800	主轴正转,800r/min
	T0101	换 1 号外圆车刀
	G98	指定走刀按照 mm/min 进给
端面	G00 X40 Z0	快速定位至工件端面上方
	G01 X0 F80	车端面,走刀速度 80mm/min
G71 粗车循环	G00 X40 Z3	快速定位循环起点
	G71 U2 R1	X 向每次吃刀量为 3mm,退刀量为 1mm
	G71 P10 Q20 U0.4 W0.1 F100	循环程序段 10～20
外轮廓	N10 G00 X9	快速定位至工件右侧
	G01 Z0	接触工件
	X11 Z－12	车削锥面
	Z－32	车削 ϕ11 的外圆
	X12	车削螺纹的右端面
	X14 Z－33	车削螺纹倒角,该倒角值自定
	Z－54	车削 ϕ14 的外圆
	X15	车削 ϕ15 外圆的右端
	N20 Z－95	车削 ϕ15 的外圆
精车循环	M03 S1200	提高主轴转速,1200r/min
	G70 P10 Q20 F40	精车
G73 粗车循环	M03 S800	主轴正转,800r/min
	G00 X30 Z－90	快速定位循环起点

续表

G73 粗车循环	G73 U4 W0 R2	X 向总每次吃刀量为 4mm,循环 2 次
	G73 P30 Q40 U0.2 W0 F100	循环程序段 30～40
外轮廓	N30 G01 X15 Z-95	移动至圆弧右侧
	G03 X21.19 Z-110 R12	车削 R2(φ24)的逆时针圆弧
	G01 Z-113	车削切槽的位置
	N40 X28	抬刀
精车循环	M03 S1200	提高主轴转速,1200r/min
	G70 P30 Q40 F40	精车
	G00 X200 Z200	快速退刀
G76 车螺纹	T0303	换 3 号螺纹刀
	G00 X17 Z-28	定位螺纹循环起点
	G76 P010060 Q30 R0.1	G76 螺纹循环固定格式
	G76 X12.893 Z-52 P554 Q300 R0 F1	G76 螺纹循环固定格式
	G00 X200 Z200	快速退刀
切断	T0202	换切断刀,即切槽刀
	M03 S800	主轴正转,800r/min
	G00 X35 Z-113	快速定位至切断处
	G01 X0 F20	切断
	G00 X200 Z200	快速退刀
结束	M05	主轴停
	M30	程序结束

工程案例五 汽车发电机单向轮

1. 工程知识

汽车发电机单向轮即汽车发电机单向皮带轮,缓解车辆在急加减速时发电机的冲击及对发电量的调节,减少发动机因加速或者减速、变速箱变挡瞬间给发动机造成的负荷,从而也减少了发电机皮带负荷,增加皮带的使用寿命,减少发动机的振动和噪声。

图 6-24 为发电机单向轮总成。

2. 案例说明

本案例采用不锈钢材加工制作,是一种通用型的汽车发电机单向轮,如图 6-25 所示。

图 6-24 发电机单向轮总成

国家标准规定了三角带的型号有 O、A、B、C、D、E、F 七种型号,相应的带轮轮槽角度有 34°、36°、38°三种,同时规定了每种型号三角带对应每种轮槽角度的小带轮的最小直径。

相应的,对于车削 V 形槽,选取相应角度的 V 形槽刀进行车削,如图 6-26 所示。

图 6-25 汽车发电机单向轮　　　　　　图 6-26　V形槽刀

3. 加工图纸及要求

数控车削加工如图 6-27 所示通用型汽车发电机单向轮，编制其加工的数控程序。

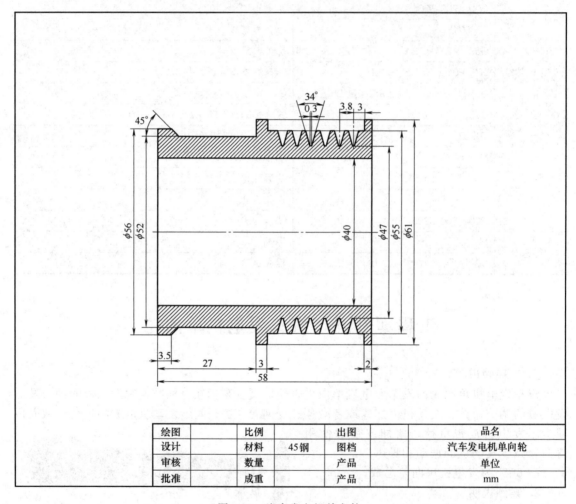

图 6-27　汽车发电机单向轮

4. 工艺分析和模型

（1）工艺分析　该零件表面由外圆柱面、内圆柱面、V形槽等表面组成，零件图尺寸标注完整，符合数控加工尺寸标注要求；轮廓描述清楚完整；零件材料为 45 钢，切削加工性能较好，无热处理和硬度要求。

（2）毛坯选择　零件材料为 45 钢，φ65mm 棒料。

（3）刀具选择　见表 6-5。

表 6-5　刀具选择

刀具号	刀具规格名称	加工内容	刀具特征	备注
T01	硬质合金 35°外圆车刀	车端面及车轮廓		
T02	割槽刀	切槽	宽 3mm	
T03	V 形槽刀	切 V 形槽刀	34°牙型	
T04	钻头	钻孔	118°麻花钻	
T05	内圆车刀(或镗孔刀)	车内圆轮廓	水平安装	注意内圆车刀和镗孔刀对刀的刀位点

（4）几何模型　一次性装夹，轮廓部分采用 G71、G01、G75 的循环联合编程，其加工路径的模型设计如图 6-28 所示。

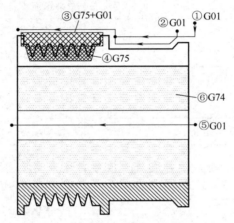

图 6-28　几何模型和编程路径示意

（5）数学计算　需要计算圆弧的坐标值，可采用三角函数、勾股定理等几何知识计算，也可使用计算机制图软件（如 AutoCAD、NX、Mastercam、Solidworks 等）的标注方法来计算。

5. 数控程序

走刀路径：

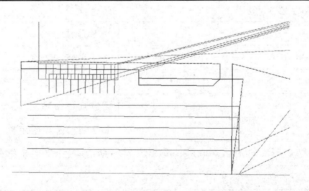

程序：

开始	M03 S800	主轴正转,800r/min
	T0101	换 1 号外圆车刀
	G98	指定走刀按照 mm/min 进给
端面	G00 X70 Z0	快速定位至工件端面上方
	G01 X0 F80	车端面,走刀速度 80mm/min

续表

G01 外圆	G00 X56 Z3	快速定位循环起点
	G01 Z-27 F50	车削 φ28 的外圆
	X61	车削 φ61 外圆的右端
	Z-61	车削 φ61 的外圆
	G00 X65	抬刀
	Z-3.5	Z 向定位
G01 外圆	G01 X56 F50	接触工件
	X52 Z-5.5	车削锥面
	Z-27	车削 φ52 的外圆
	X61	车削 φ61 外圆的右端
	G00 X200 Z200	快速退刀
宽槽	T0202	换切断刀,即切槽刀
	G00 X64 Z-33	定位切槽循环起点
	G75 R1	G75 切槽循环固定格式
	G75 X55 Z-56 P3000 Q2000 R0 F20	G75 切槽循环固定格式
	M03 S1200	提高主轴转速,1200r/min
	G01 X55 F100	移至槽底
	Z-56 F40	精修槽底
	X100 F300	抬刀
	G00 X200 Z200	快速退刀
V 形槽	T0303	换 V 形槽刀
	M03S800	主轴正转,800r/min
	G00 X64 Z-34	移至 V 形槽的上方
	X58	定位切槽循环起点
	G75 R1	G75 切槽循环固定格式
	G75 X47 Z-53 P2000 Q3800 R0 F20	G75 切槽循环固定格式
	G00 X200 Z200	快速退刀
钻孔	T0404	换 04 号钻头
	G00 X0 Z2	定位孔
	G01 Z-35 F15	钻孔
	Z2 F100	退出孔
	G00 X200 Z200	快速退刀

		续表
镗孔	T0505	换05号镗孔刀
	M03 S800	主轴正转,800r/min
	G00 X14 Z2	定位镗孔循环起点
	G74 R1	G74镗孔循环固定格式
	G74 X40 Z-59 P3000 Q3000 R0 F20	G74镗孔循环固定格式
	G00 X200 Z200	快速退刀
切断	T0202	换切断刀,即切槽刀
	G00 X65 Z-61	快速定位至切断处
	G01 X39 F20	切断
	G00 X200 Z200	快速退刀
结束	M05	主轴停
	M30	程序结束

工程案例六 和面机和面轴

1. 工程知识

和面机属于面食机械的一种,其主要就是将面粉和水进行均匀混合,分为卧式、立式、单轴、双轴、半轴等。图6-29为HS20 SD-20T型和面机。

和面机由搅拌缸、搅钩(选装打蛋球和搅拌拍)、传动装置、电器盒、机座等部分组成。螺旋搅钩由传动装置带动在搅拌缸内回转,同时搅拌缸在传动装置带动下以恒定速度转动。缸内面粉不断地被推、拉、揉、压,充分搅和,迅速混合,使干性面粉得到均匀的水化作用,扩展面筋,成为具有一定弹性、伸缩性和流动均匀的面团。

2. 案例说明

本案例讲解HS20 SD-20T和面机和面轴(图6-30)数控车削部分。

图6-29 HS20 SD-20T型和面机

图6-30 HS20 SD-20T和面机和面轴

3. 加工图纸及要求

数控车削加工如图6-31所示HS20 SD-20T和面机和面轴,编制其加工的数控程序(仅编制数控车削的外圆部分)。

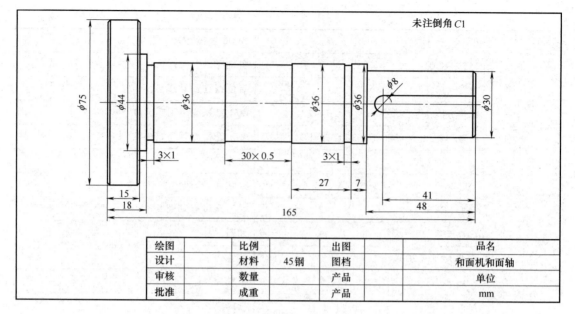

图 6-31 和面机和面轴

4. 工艺分析和模型

（1）工艺分析　该零件表面由外圆柱面、槽、螺纹等表面组成，零件图尺寸标注完整，符合数控加工尺寸标注要求；轮廓描述清楚完整；零件材料为 45 钢，切削加工性能较好，无热处理和硬度要求。

（2）毛坯选择　零件材料为 45 钢，$\phi 80$mm 棒料。

（3）刀具选择　见表 6-6。

表 6-6　刀具选择

刀具号	刀具规格名称	加工内容	刀具特征	备注
T01	硬质合金 35°外圆车刀	车端面及车轮廓		
T02	切断刀（割槽刀）	切槽和切断	宽 3mm	

（4）几何模型　一次性装夹，轮廓部分采用 G71 的循环编程，其加工路径的模型设计如图 6-32 所示。

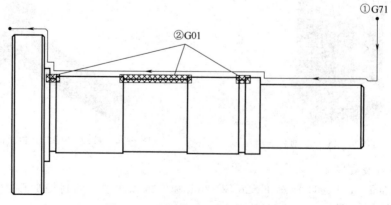

图 6-32　几何模型和编程路径示意

（5）数学计算　工件尺寸和坐标值明确，可直接进行编程。

5. 数控程序

走刀路径：

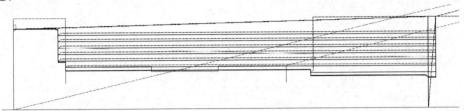

程序：

开始	M03 S800	主轴正转，800r/min
	T0101	换1号外圆车刀
	G98	指定走刀按照mm/min进给
端面	G00 X85 Z0	快速定位至工件端面上方
	G01 X0 F80	车端面，走刀速度80mm/min
G71粗车循环	G00 X85 Z3	快速定位循环起点
	G71 U3 R1	X向每次吃刀量为3mm，退刀量为1mm
	G71 P10 Q20 U0.4 W0.1 F100	循环程序段10~20
外轮廓	N10 G00 X28	快速定位至工件右侧
	G01 Z0	接触工件
	X30 Z-1	车削C1倒角
	Z-48	车削φ30的外圆
	X36	车削φ36外圆的右端面
	Z-147	车削φ36的外圆
	X44	车削φ44外圆的右端面
	Z-150	车削φ44的外圆
	X73	车削φ75外圆的右端面
	X75 Z-151	车削C1倒角
	N20 Z-168	车削φ75的外圆
精车循环	M03 S1200	提高主轴转速，1200r/min
	G70 P10 Q20 F40	精车
	G00 X200 Z200	快速退刀
第1个槽	T0202	换切断刀，即切槽刀
	M03 S800	主轴正转，800r/min
	G00 X40 Z-58	定位至第1个槽上方
	G01 X24 F20	切槽
	X40 F300	抬刀
第2个宽槽	G00 Z-85	定位至第2个宽槽上方
	G01 X35 F40	向下切槽
	M03 S1200	提高主轴转速，1200r/min
	Z-112	向左车削槽，并精修
	X40 F300	抬刀

续表

第3个槽	G00 Z-145	接近第3个槽上方
	G01 Z-147 F80	定位至第3个槽上方
	X24 F20	切槽
	X85 F500	抬刀
倒角	G00 Z-168	快速定位至尾部上方
	G01 X73 F20	切倒角让刀槽
	X79 F100	抬刀
	Z-167	定位至倒角上方
	X75	接触工件
	X73 Z-168 F20	切削C1倒角
切断	G01 X0 F20	切断
	G00 X200 Z200	快速退刀
结束	M05	主轴停
	M30	程序结束

下篇 数控车床操作

第七章 FANUC 数控系统操作

第一节 FANUC 0i 系列标准数控系统

一、操作界面简介

1. 设定（输入面板）与显示器（见图 7-1）

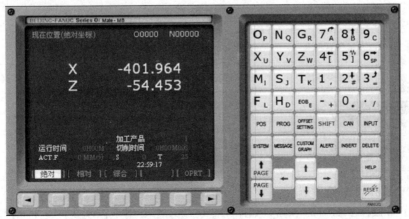

图 7-1 设定（输入面板）与显示器

地址和数字键

按键	名称	说明
(地址和数字键)	地址和数字键	按这些键可输入字母,数字以及其他字符
EOB	回车换行键	结束一行程序的输入并且换行
SHIFT	换挡键	在有些键的顶部有两个字符,按<SHIFT>键来选择字符。如一个特殊字符在屏幕上显示时,表示键面右下角的字符可以输入

编辑区

按键	名称	说明
CAN	取消键	按此键可删除当前输入位置的最后一个字符或符号。当显示键入位置数据为:N001 X10Z__ 时,按<CAN>键,则字符 Z 被取消,并显示:N001 X10
INPUT	输入键	当按了地址键或数字键后,数据被输入到缓冲器,并在 CRT 屏幕上显示出来。为了把键入到输入缓冲器中的数据拷贝到寄存器,按<INPUT>键。这个键相当于软键的[INPUT]键,按此二键的结果是一样的
ALTER	替换	把输入域的内容替代光标所在的代码
INSERT	插入	把输入域的内容插入到光标所在代码后面
DELETE	删除	删除光标所在的代码

光标区

按键	名称	说明
PAGE↑	翻页键	这个键用于在屏幕上朝后翻一页
PAGE↓	翻页键	这个键用于在屏幕上朝前翻一页
←↑↓→	光标键	这些键用于将光标朝各个方向移动

功能键与软键

功能键用于选择要显示的屏幕(功能画面)类型。按了功能键之后,再按软键(选择软键),与已选功能相对应的屏幕(画面)就被选中(显示)

按键	名称	说明
POS	位置显示页面	按此键显示位置页面,即不同坐标显示方式
PROG	程序显示与编辑页面	按此键进入程序页面
PAGE↓	参数输入页面	按此键显示刀偏/设定(SETTING)页面即其他参数设置
OFFSET SETTING	系统参数页面	按此键显示刀偏/设定(SETTING)画面
MESSAGE	信息页面	按此键显示信息页面
CUSTOM GRAPH	图形参数设置页面	按此键显示用户宏页面(会话式宏画面)或图形显示画面
(软键栏) 返回菜单 / 软键 / 继续菜单		软键的一般操作: ①在 MDI 面板上按功能键,属于选择功能的软键出现; ②按其中一个选择软键,与所选的相对应的页面出现,如果目标的软键未显示,则按继续菜单键(下一个菜单键); ③为了重新显示,按返回菜单键

2. FANUC 0i 机床操作面板

机床操作面板位于窗口的下侧,如图 7-2 所示,主要用于控制机床运行状态,由模式选择按钮、运行控制开关等多个部分组成,每一部分的详细说明如下。

第七章 FANUC数控系统操作 275

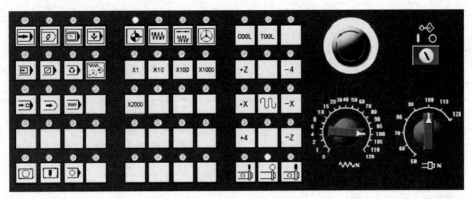

图 7-2 机床操作面板

基本操作			
		急停	紧急停止旋钮
		程序编辑锁开关	只有置于 ◯ 位置,才可编辑或修改程序(需使用钥匙开启)
		进给速度(F)调节旋钮	调节程序运行中的进给速度,调节范围从 0~120%
		主轴转速度调节旋钮	调节主轴转速,调节范围从 0~120%
		冷却液开关	
		刀具选择按钮	
		手动开机床主轴正转	
		手动开机床主轴反转	
		手动停止主轴	
模式切换			
		AUTO	自动加工模式
		EDIT	编辑模式,用于直接通过操作面板输入数控程序和编辑程序
		MDI	手动数据输入
		DNC	用 232 电缆线连接 PC 机和数控机床,选择程序传输加工
		REF	回参考点
		JOG	手动模式,手动连续移动台面和刀具

续表

		INC	增量进给
		HND	手轮模式移动台面或刀具
机床运行控制			
		单步运行	每按次执行一条数控指令
		程序段跳读	自动方式按下次键,跳过程序段开头带有"/"程序
		选择性停止	自动方式下,遇有 M00 程序停止
		手动示教	
		程序重启动	由于刀具破损等原因自动停止后,程序可以从指定的程序段重新启动
		机床锁定开关	按下此键,机床各轴被锁住,只能程序运行
		机床空转	按下此键,各轴以固定的速度运动
		程序运行停止	在程序运行中,按下此按钮停止程序运行
		程序运行开始	模式选择旋钮在"AUTO"和"MDI"位置时按下有效,其余时间按下无效
		程序暂停	
主轴手动控制开关			
		手动开机床主轴正转	
		手动开机床主轴反转	
		手动停止主轴	
工作台移动			
		手动移动机床台面	用与自动方式下移动工作台面,或手动方式下为手轮指示移动方向 +4 和 -4 是微调,即微量移动  〰 是快速移动
		单步进给倍率选择按钮	选择移动机床轴时,每一步的距离:×1 为 0.001mm,×10 为 0.01mm,×100 为 0.1mm,×1000 为 1mm

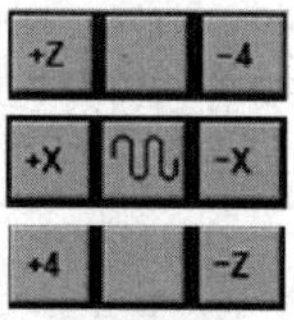

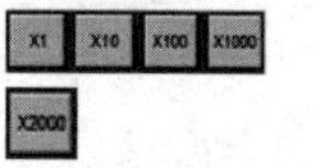

二、FANUC 0i 标准系统的操作

(1) 回参考点

① 置模式旋钮在 ⊙ 位置。

② 选择各 X Z ,按住按钮,即回参考点。

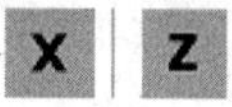

移动手动移动机床轴的方法有三种。

方法一:快速移动 〰 ,这种方法用于较长距离的工作台移动。

① 置模式旋钮在"JOG"位置。

② 选择各轴，点击方向键 [+] [−]，机床各轴移动，松开后停止移动。

③ 按 [🔲] 键，各轴快速移动。

方法二：增量移动 [🔲]，这种方法用于微量调整，如用在对基准操作中。

① 置模式旋钮在 [🔲] 位置：选择 [X 1] [X 10] [X 100] [X 1000] 步进量。

② 选择各轴，每按一次，机床各轴移动一步。

方法三：操纵"手脉" [🔲]，这种方法用于微量调整。在实际生产中，使用手轮可以让操作者容易控制和观察机床移动。

（2）开、关主轴

① 置模式旋钮在"JOG"位置。

② 按 [🔲] [🔲] 机床主轴正反转，按 [🔲] 主轴停转。

（3）启动程序加工零件

① 置模式旋钮在"AUTO" [🔲] 位置。

② 选择一个程序（参照下面介绍选择程序方法）。

③ 按程序启动按钮 [🔲]。

（4）试运行程序

试运行程序时，机床和刀具不切削零件，仅运行程序。

① 置在 [🔲] 模式。

② 选择一个程序如 O0001 后按 [↓] 调出程序。

③ 按程序启动按钮 [🔲]。

（5）单步运行

① 置单步开关 [🔲] 于"ON"位置。

② 程序运行过程中，每按一次 [🔲] 执行一条指令。

（6）选择一个程序

有两种方法进行选择。

按程序号搜索：

① 置模式旋钮在"EDIT"位置。

② 按 [PROG] 键输入字母"O"。

③ 按 [7] 键输入数字"7"，输入搜索的号码："O7"。

④ 按 CURSOR: [↓] 开始搜索；找到后，"O7"显示在屏幕右上角程序号位置，"O7"。NC 程序显示在屏幕上。

置模式旋钮在"AUTO" [🔲] 位置：

① 按 [PROG] 键入字母"O"。

② 按 [7] 键入数字"7"，键入搜索的号码："O7"。

③ 按［N检索］搜索程序段。

(7) 删除一个程序

① 置模式旋钮在"EDIT"位置。

② 按 PROG 键输入字母"O"。

③ 按 7 键输入数字"7"，输入要删除的程序的号码："O7"。

④ 按 DELETE "O7" NC程序被删除。

(8) 删除全部程序

① 置模式旋钮在"EDIT"位置。

② 按 PROG 键输入字母"O"。

③ 输入"−9999"。

④ 按 DELETE 全部程序被删除。

(9) 搜索一个指定的代码

一个指定的代码可以是一个字母或一个完整的代码。例如："N0010""M""F""G03"等。搜索应在当前程序内进行。操作步骤如下。

① 置模式旋钮在"AUTO" → 或"EDIT" ◇ 位置。

② 按 PROG 。

③ 选择一个NC程序。

④ 输入需要搜索的字母或代码，如："M""F""G03"。

⑤ 按［操作］，然后按［检索］，开始在当前程序中搜索。

(10) 编辑NC程序（删除、插入、替换操作）

① 置模式旋钮在"EDIT" ◇ 位置。

② 选择 PROG 。

③ 输入被编辑的NC程序名如"O7"，按 INSERT 即可编辑。

④ 移动光标。

方法一：按 PAGE ↑ 或 PAGE ↓ 翻页，按 CURSOR ↑ ↓ ← → 移动光标。

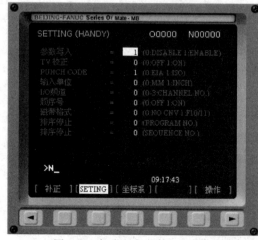

图7-3 自动生成程序段号界面

方法二：用搜索一个指定的代码的方法移动光标。

⑤ 输入数据：用鼠标点击数字/字母键，数据被输入到输入域 CAN 键用于删除输入域内的数据。

⑥ 自动生成程序段号输入：按 OFFSET SETTING ［SETTING］如图7-3所示，在参数页面顺序号中输入"1"，所编程序自动生成程序段号，如：N10... N20...

按 DELETE 键，删除光标所在的代码。

按 CAN 键，把输入区的内容插入到光标所在代码后面。

按 [ALTER] 键，把输入区的内容替代光标所在的代码。

通过操作面板手动输入 NC 程序：

① 置模式旋钮在"EDIT" [图] 位置。

② 按 [PROG] 键，按 [DIR] 进入程序页面。

③ 按 [7] 输入"O7"程序名（输入的程序名不可以与已有程序名重复）。

④ 按 [EOB] [INSERT] 键，开始程序输入。

⑤ 按 [EOB] [INSERT] 键换行后再继续输入。

（11）从计算机输入一个程序

NC 程序可在计算机上建文本文件编写，文本文件（*.txt）后缀名必须改为 *.nc 或 *.cnc。

① 置模式旋钮在"EDIT"位置，按 [PROG] 键切换到程序页面。

② 新建程序名"Oxxxx"按 [INSERT] 进入编程页面。

③ 按 [OFFSET SETTING] 键进入参数设定页面，按"坐标系"，如图 7-4 所示。

④ [PAGE↓] [PAGE↑] 或 [↑] [↓] [←] [→] 选择坐标系。输入地址字（X/Y/Z）和数值到输入域。方法参考"输入数据"操作。

⑤ 按 [INPUT] 键，把输入域中间的内容输入到所指定的位置。

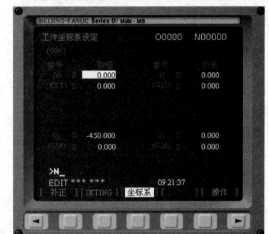

图 7-4 参数设定页面

（12）输入刀具补偿参数

① 按 [OFFSET SETTING] 键进入参数设定页面，按"[补正]"。

② 用 [PAGE↓] 和 [PAGE↑] 键选择长度补偿，半径补偿。

③ 用 CURSOR [↑] [↓] [←] [→] 键选择补偿参数编号，如图 7-5 所示。

④ 输入补偿值到长度补偿 H 或半径补偿 D。

⑤ 按 [INPUT] 键，把输入的补偿值输入到所指定的位置。

（13）位置显示

按 [POS] 键切换到位置显示页面。用 [PAGE↓] 和 [PAGE↑] 键或者软键切换。

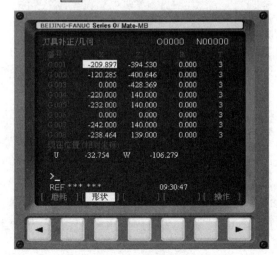

图 7-5 补偿参数页面

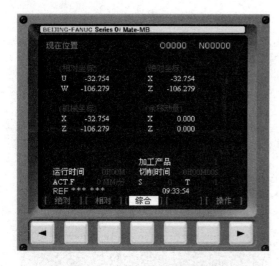

图 7-6 零件坐标系位置页面

(14) MDI 手动数据输入

① 按 [图] 键,切换到"MDI"模式。

② 按 [PROG] 键,按 [MDI] [EOB] 分程序段号"N10",输入程序如:G0X50。

③ 按 [INSERT] "N10G0X50"程序被输入。

④ 按 [图] 程序启动按钮。

(15) 零件坐标系(绝对坐标系)位置

绝对坐标系:显示机床在当前坐标系中的位置。相对坐标系:显示机床坐标相对于前一位置的坐标。综合显示:同时显示机床在以下坐标系中的位置。

绝对坐标系中的位置(ABSOLUTE)、相对坐标系中的位置(RELATIVE)、机床坐标系中的位置(MACHINE)、当前运动指令的剩余移动量(DISTANCE TO GO),如图 7-6 显示。

三、零件编程加工的操作步骤

1. 程序的新建和输入

① 接通电源,打开电源开关,旋起急停按钮 [图],打开程序保护锁 [图]。

② 控制面板中,选择 EDIT(编辑)模式 [图]。

③ 输入面板中,选择程序 [PROG],选择软键中的 [DIR] 打开程序列表,输入一个新的程序名称,如 O0010,再按输入面板中的插入键 [INSERT],这样就新建了一个名称为"O0010"的新程序。(注:如果要删除一个程序,只需在输入程序名称后,按输入面板中的删除键 [DELETE] 即可。)

④ 输入程序。程序的输入和编辑操作详见前面的叙述,输入过程略。程序在输入的过程中自动保存,正常关机后不会丢失。

2. 零件的加工

程序的加工遵循对刀→对刀检验→图形检验→加工的步骤。

(1) 对刀的操作

① 在刀架上安装刀具,分别为:1 号外圆车刀,2 号切断刀,3 号螺纹刀。

② 控制面板中,选择 MDI(数据输入)模式 [图]。

③ 输入面板中,选择程序 [PROG],在显示器中输入程序,如图 7-7 所示,使主轴开启

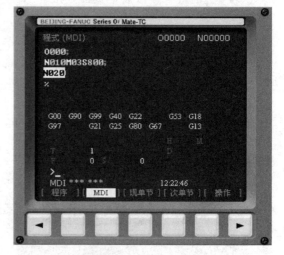

图 7-7 数据输入页面

（注意：结尾有分号，即换行）。

按操作面板上的 [▶]，运行程序，主轴启动。

【外圆车刀】

④ 按操作面板上的 [TOOL]，选择第一把 01 号外圆车刀，准备试切对刀。

先对 Z 向：使用手轮配合 [+X] [-X]、[+Z] [-Z]、[RAPID] 进行试切。

如图 7-8 所示，将 1 号外圆车刀移动至端面正上方，试切端面，保持 Z 向不变然后退刀。

(a) 移刀　　　　　(b) 试切端面　　　　(c) 退刀

图 7-8　车刀移动顺序

按下操作面板上的 [■]，停主轴。在输入面板中，选择参数设置 [CUSTOM GRAPH]，选择软键 [补正]，选择 [形状]，进入 [刀具补正/几何] 界面（见图 7-9），在相应的位置输入 Z0，按下软键 [测量]，得到新的对完刀后的 Z 值，完成 1 号外圆车刀的 Z 向对刀。

再对 X 向：按下操作面板上的主轴正转 [▶]，重新开启主轴。

使用手轮配合 [+X] [-X]、[-Z] [+Z]、[〰] 进行试切。

如图 7-10 所示，将 1 号外圆车刀移动至外圆表面的右侧，试切外圆，保持 X 向不变然后退刀。

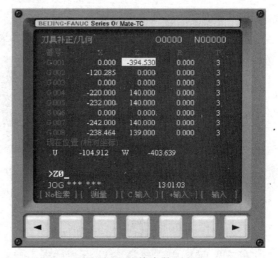

图 7-9　补偿参数页面

(a) 移刀　　　　　(b) 试切外圆　　　　(c) 退刀

图 7-10　车刀移动顺序

图 7-11 补偿参数页面

按下操作面板上的 ⬛,停主轴。

用游标卡尺(千分尺或其他测量工具)测量试切后的外圆直径,记录下来,在输入面板中,选择参数设置 ⬛,选择软键〔补正〕,选择〔形状〕,进入〔刀具补正/几何〕界面(见图7-11),在相应的位置输入测量到的X值(如X36.52),按下〔测量〕,得到新的X值,完成1号外圆车刀的X向对刀。

至此,完成了1号外圆车刀的对刀。

【切断刀】

⑤ 按下操作面板上的主轴正转 ⬛,重新开启主轴。

按操作面板上的 ⬛,选择第一把02号切断刀,准备试切对刀。

先对Z向:使用手轮配合 +X -X 、 -Z +Z 、 ⬛ 进行试切。

如图7-12所示,将2号切断刀移动至端面正上方,试切端面,保持Z向不变然后退刀。

(a)移刀　　　　　(b)试切端面　　　　　(c)退刀

图 7-12 切断刀移动顺序

按下操作面板上的 ⬛,停主轴。

在输入面板中,选择参数设置 ⬛,选择软键〔补正〕,选择〔形状〕,进入〔刀具补正/几何〕界面(见图7-13),在相应的位置输入Z0,按下软键〔测量〕,得到新的对完刀后的Z值,完成2号切断刀的Z向对刀。

再对X向:按下操作面板上的主轴正转 ⬛,重新开启主轴。

使用手轮配合 +X -X 、 -Z +Z 、 ⬛ 进行试切。

如图7-14所示,将2号切断刀移动至外圆表面的右侧,试切外圆,保持X向不变然后

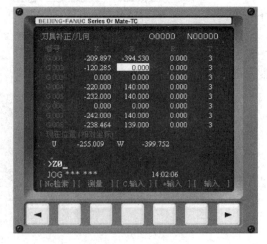

图 7-13 补偿参数页面

退刀。

按下操作面板上的，停主轴。

(a) 移刀

(b) 试切外圆

(c) 退刀

图 7-14　切断刀移动顺序

用游标卡尺（千分尺或其他测量工具）测量试切后的外圆直径，记录下来。

在输入面板中，选择参数设置 OFFSET SETTING，选择软键［补正］，选择［形状］，进入［刀具补正/几何］界面（见图7-15），在相应的位置输入测量到的 X 值（如 X36.40），按下［测量］，得到新的对完刀后的 X 值，完成2号切断刀的 X 向对刀至此，完成了2号切断刀的对刀。

【螺纹刀】

⑥ 按下操作面板上的主轴正转，重新开启主轴。

按操作面板上的 TOOL，选择第一把3号螺纹刀，准备试切和接触对刀。

图 7-15　补偿参数页面

先对 Z 向：使用手轮配合 +X -X 、 -Z +Z 、 进行试切。

如图7-16所示，将3号螺纹刀移动至端面正上方，由于螺纹刀的结构，其无法试切端面，故采取碰端面的方法，使螺纹刀的刀尖接触端面外圆即可，保持 Z 向不变，然后退刀。

(a) 移刀

(b) 接触端面外圆

(c) 退刀

图 7-16　螺纹刀移动顺序

图 7-17　补偿参数页面

按下操作面板上的 [图标]，停主轴。在输入面板中，选择参数设置 [OFFSET SETTING]，选择软键 [补正]，选择 [形状]，进入 [刀具补正/几何] 界面（见图 7-17），在相应的位置输入 Z0，按下软键 [测量]，得到新的对完刀后的 Z 值，完成 3 号螺纹刀的 Z 向对刀。

再对 X 向：按下操作面板上的主轴正转 [图标]，重新开启主轴。

使用手轮配合 [+X] [-X]、[-Z] [+Z]、[图标] 进行试切。

如图 7-18 所示，将 3 号螺纹刀移动至外圆表面的右侧，试切外圆，保持 X 向不变然后退刀。

按下操作面板上的 [图标]，停主轴。

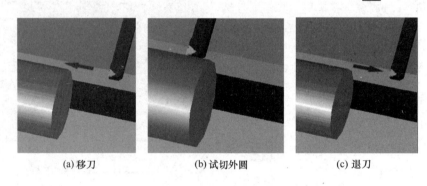

(a) 移刀　　　　　(b) 试切外圆　　　　　(c) 退刀

图 7-18　螺纹刀移动顺序

用游标卡尺（千分尺或其他测量工具）测量试切后的外圆直径，记录下来，在输入面板中，选择参数设置 [图标]，选择软键 [补正]，选择 [形状]，进入 [刀具补正/几何] 界面（见图 7-19），在相应的位置输入测量到的 X 值（如 X35.33），按下 [测量]，得到新的对完刀后的 X 值，完成 3 号螺纹刀的 X 向对刀。

至此，完成了 3 号螺纹刀的对刀也完成了 3 把刀的对刀。

(2) 对刀的检测

① 返回参考点。

控制面板中，选择 REF（回参考点）模式 [图标]，同时按下 [+X]、[+Z] 不松，刀架会自动回退到刀架参考点，待刀架不动时即可。此时可打开 [POS]，选择软键 [综合]，查看机械坐标 X、Z 均显示为 0 即退刀位，如图 7-20 所示。

② 程序检测。

控制面板中，选择 MDI（数据输入）模式 [图标]，输入面板中，选择程序 [PROG]，在显示器中输入程序，如图 7-21 所示，使主轴开启（注意：结尾有分号，即换行）。

此时用手控制进给速度倍率旋钮，观测刀具的运行情况，待刀具停止运行时，按操作面

板上的 ⬚，主轴停转。用测量工具测量当前刀具位置，与程序中的 X、Z 的值相同则表示对刀成功。测量完毕，控制面板中，选择 REF（回参考点）模式，使刀具返回刀架参考点（方法见前述）。

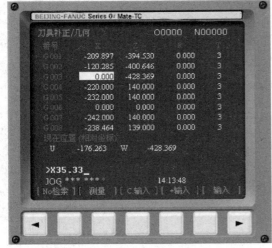

图 7-19　补偿参数页面

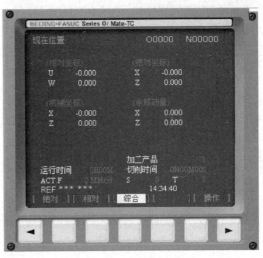

图 7-20　位置页面

（3）图形检验

① 控制面板中，选择 EDIT（编辑）模式 ⬚。

② 输入面板中，选择程序 PROG，选择软键中的 [DIR] 打开程序列表，输入一个已有的程序名称，如 O0010，再按输入面板中的下箭头 ⬚，这样就打开了一个名称为"O0010"的新程序，如图 7-22 所示。

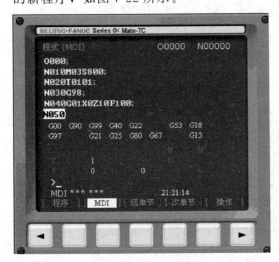

图 7-21　程序输入页面

图 7-22　程序页面

按下机床锁定开关 ⬚，机床各轴被锁住。选择 AUTO（自动运行）模式 ⬚，按下空运行 ⬚ 准备进行快速走刀，按下开始按钮 ⬚，运行程序，此时程序运行刀架不动，但可以换刀。

③ 选择输入面板上的 [CUSTOM GRAPH]，设置相应的参数，如图 7-23 所示。

按下软键 [图形] 在图形区域内，观察图形检验的零件加工形状，如图 7-24。

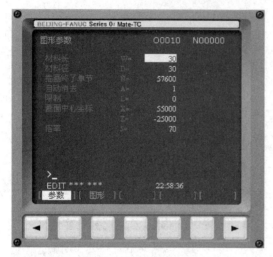
图 7-23　图形参数页面

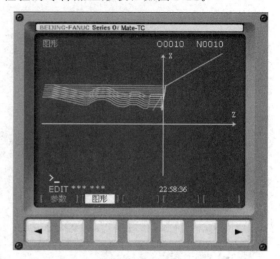
图 7-24　图形页面

此时，观察图形模拟是否与工件要求一致，待确认程序正确后进入下一步操作。

（4）加工零件

输入面板中，选择程序 [PROG]，返回到程序中，打开机床锁定开关 [→]，保持 AUTO（自动运行）模式 [→]，取消空运行 [WWW] 准备按实际进给速度加工，按下开始按钮 [▷]，运行程序，注意观察零件加工的情况。

第二节　FANUC 0i Mate-TC 数控系统操作

一、操作界面简介

1. 设定（输入面板）与显示器（见图 7-25）

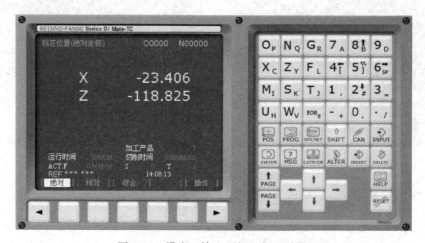
图 7-25　设定（输入面板）与显示器

地址和数字键		
	地址和数字键	按这些键可输入字母,数字以及其他字符
	回车换行键	结束一行程序的输入并且换行
	换挡键	在有些键的顶部有两个字符,按<SHIFT>键来选择字符。如一个特殊字符 E 在屏幕上显示时,表示键面右下角的字符可以输入

编辑区		
	取消键	按此键可删除当前输入位置的最后一个字符或符号 当显示键入位置数据为:N001 X10Z__时,按<CAN>键,则字符 Z 被取消,并显示:N001 X10
	输入键	当按了地址键或数字键后,数据被输入到缓冲器,并在 CRT 屏幕上显示出来。为了把键入到输入缓冲器中的数据拷贝到寄存器,按<INPUT>键。这个键相当于软键的[INPUT]键,按此二键的结果是一样的
	替换	把输入域的内容替代光标所在的代码
	插入	把输入域的内容插入到光标所在代码后面
	删除	删除光标所在的代码

光标区		
	翻页键	这个键用于在屏幕上朝后翻一页
	翻页键	这个键用于在屏幕上朝前翻一页
	光标键	这些键用于将光标朝各个方向移动

功能键与软键

　　功能键用于选择要显示的屏幕(功能画面)类型。按了功能键之后,再按软键(选择软键),与已选功能相对应的屏幕(画面)就被选中(显示)

	位置显示页面	按此键显示位置页面,即不同坐标显示方式
	程序显示与编辑页面	按此键进入程序页面
	参数输入页面	按此键显示刀偏/设定(SETTING)页面即其他参数设置
	系统参数页面	按此键显示刀偏/设定(SETTING)画面
	信息页面	按此键显示信息页面
	图形参数设置页面	按此键显示用户宏页面(会话式宏画面)或图形显示画面
		软键面的一般操作: ①在 MDI 面板上按功能键。属于选择功能的软键出现。 ②按其中一个选择软键。与所选的相对应的页面出现。如果目标的软键未显示,则按继续菜单键(下一个菜单键)。 ③为了重新显示选择软键,按返回菜单键

2. 外部机床控制面板（见图7-26）

图7-26 外部机床控制面板

模式切换			
	⊕	EDIT	编辑状态
	▶	MDI	手动数据输入
	∽	JOG	手动连续进给
	1...100	INC	增量（手轮）进给
	→	MEM	自动运行
	⊕	REF	回参考点
操作按钮与手轮			
ON		系统电源打开按钮	机床上电后，要先按下此按钮，使系统上电
OFF		系统电源关闭按钮	按下此按钮，系统失电，退出数控系统
PROTECT		数据保护按钮	有效时，一些数据与程序无法修改与保存
SBK		单步执行	被按下有效时，程序单段执行
DNC		直接加工	从输入/输出设备读入程序使系统运行
DRN		空运行	被按下有效时，程序按所设定的最高进给速度执行
CW/CCW		主轴正/反转	
STOP		主轴停	
		复位	可使CNC复位，用以返回程序头、消除报警等
		程序运行暂停	程序运行时，按下此按钮，程序运行停止

续表

◇	程序运行开始		
COOL	冷却液打开/关闭		
TOOL	换刀		
DRIVE	驱动电源开关	被打开有效时,刀架才能移动(需用钥匙开关)	
X+/X-	X轴点动		
Z+/Z-	Z轴点动		
RAPID	快速运行叠加开关	被按下有效时,机床快速移动	
	急停		手轮
	进给速度修调		

二、零件编程加工的操作步骤

1. 程序的新建和输入

① 接通电源,打开电源开关 ,旋起急停按钮 ,打开程序保护锁 。

② 控制面板中,选择 EDIT (编辑) 模式 。

③ 输入面板中,选择程序 ,选择软键中的 [DIR] 打开程序列表,输入一个新的程序名称,如 O0010,再按输入面板中的插入键 ,这样就新建了一个名称为"O0010"的新程序。(注:如果要删除一个程序,只需在输入程序名称后,按输入面板中的删除键 即可。)

④ 输入程序。程序的输入和编辑操作详见前面的叙述,输入过程略。程序在输入的过程中自动保存,正常关机后不会丢失。

2. 零件的加工

程序的加工遵循:对刀→对刀检验→图形检验→加工的步骤。

(1) 对刀的操作

① 在刀架上安装刀具,分别为:1号外圆车刀,2号切断刀,3号螺纹刀。

② 控制面板中,选择 MDI (数据输入) 模式 。

③ 输入面板中,选择程序 ,在显示器

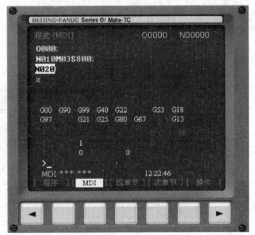

图 7-27 程序输入页面

中输入程序,如图 7-27 所示,使主轴开启(注意:结尾有分号,即换行)。

按操作面板上的 ■,开启主轴。

【外圆车刀】

④ 按操作面板上的 ■,选择第一把 01 号外圆车刀,准备试切对刀。

先对 Z 向:使用手轮配合 X+/X- 、Z+/Z- 、RAPID 进行试切。

如图 7-28 所示,将 1 号外圆车刀移动至端面正上方,试切端面,保持 Z 向不变然后退刀。

　　(a) 移刀　　　　　　(b) 试切端面　　　　　　(c) 退刀

图 7-28　外圆车刀移动顺序

按下操作面板上的 ■,停主轴。在输入面板中,选择参数设置 ■,选择软键 [补正],选择 [形状],进入 [刀具补正/几何] 界面(见图 7-29),在相应的位置输入 Z0,按下软键 [测量],得到新的对完刀后的 Z 值,完成 1 号外圆车刀的 Z 向对刀。

再对 X 向:按下操作面板上的主轴正转 ■,重新开启主轴。

图 7-29　补偿参数页面

使用手轮配合 X+/X- 、Z+/Z- 、RAPID 进行试切。

如图 7-30 所示,将 1 号外圆车刀移动至外圆表面的右侧,试切外圆,保持 X 向不变然后退刀。

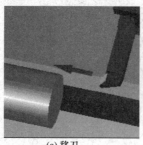  

　　(a) 移刀　　　　　　(b) 试切外圆　　　　　　(c) 退刀

图 7-30　外圆车刀移动顺序

按下操作面板上的 [STOP]，停主轴。

用游标卡尺（千分尺或其他测量工具）测量试切后的外圆直径，记录下来，在输入面板中，选择参数设置 [OFS/SET]，选择软键［补正］，选择［形状］，进入［刀具补正/几何］界面（见图7-31），在相应的位置输入测量到的X值（如X36.52），按下［测量］，得到新的对完刀后的X值，完成1号外圆车刀的X向对刀。

至此，完成了1号外圆车刀的对刀。

【切断刀】

按下操作面板上的主轴正转 [C.W]，重新开启主轴。按操作面板上的 [TOOL]，选择第一把02号切断刀，准备试切对刀。

图7-31 补偿参数页面

先对Z向：使用手轮配合 **X+/X-** 、 **Z+/Z-**、 **RAPID** 进行试切。

如图7-32所示，将2号切断刀移动至端面正上方，试切端面，保持Z向不变，然后退刀。

(a) 移刀

(b) 试切端面

(c) 退刀

图7-32 切断刀移动顺序

图7-33 补偿参数页面

按下操作面板上的 [STOP]，停主轴。在输入面板中，选择参数设置 [OFS/SET]，选择软键［补正］，选择［形状］，进入［刀具补正/几何］界面（见图7-33），在相应的位置输入Z0，按下软键［测量］，得到新的对完刀后的Z值，完成2号切断刀的Z向对刀。

再对X向：按下操作面板上的主轴正转 [C.W]，重新开启主轴。

使用手轮配合 **X+/X-** 、 **Z+/Z-**、 **RAPID** 进行试切。如图7-34所示，将2号切断刀移动至外圆表面的右侧，试切外圆，保持X向不变，然后退刀。

(a) 移刀

(b) 试切外圆

(c) 退刀

图 7-34　切断刀移动顺序

图 7-35　补偿参数页面

按下操作面板上的 STOP，停主轴。

用游标卡尺（千分尺或其他测量工具）测量试切后的外圆直径，记录下来，在输入面板中，选择参数设置 OFS/SET，选择软键［补正］，选择［形状］，进入［刀具补正/几何］界面（见图 7-35），在相应的位置输入测量到的 X 值（如 X36.40），按下［测量］，得到新的对完刀后的 X 值，完成 2 号切断刀的 X 向对刀。

至此，完成了 2 号切断刀的对刀。

【螺纹刀】

按下操作面板上的主轴正转 C.W，重新开启主轴。按操作面板上的 TOOL，选择 3 号螺纹刀，准备试切和接触对刀。

先对 Z 向：使用手轮配合 **X+/X-**、**Z+/Z-**、**RAPID** 进行试切。

如图 7-36 所示，将 3 号螺纹刀移动至端面正上方，由于螺纹刀的结构，其无法试切端面，故采取碰端面的方法，使螺纹刀的刀尖接触端面外圆即可，保持 Z 向不变，然后退刀。

(a) 移刀

(b) 接触端面外圆

(c) 退刀

图 7-36　螺纹刀移动顺序

按下操作面板上的 ![], 停主轴。在输入面板中, 选择参数设置 ![], 选择软键 [补正], 选择 [形状], 进入 [刀具补正/几何] 界面 (见图 7-37), 在相应的位置输入 Z0, 按下软键 [测量], 得到新的对完刀后的 Z 值, 完成 3 号螺纹刀的 Z 向对刀。

再对 X 向: 按下操作面板上的主轴正转 ![], 重新开启主轴。

使用手轮配合 **X+/X-**、**Z+/Z-**、**RAPID** 进行试切。

如图 7-38 所示, 将 3 号螺纹刀移动至外圆表面的右侧, 试切外圆, 保持 X 向不变, 然后退刀。

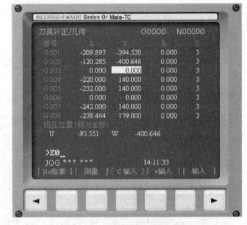

图 7-37　补偿参数页面

(a) 移刀　　　　　　(b) 试切外圆　　　　　　(c) 退刀

图 7-38　螺纹刀移动顺序

图 7-39　补偿参数页面

按下操作面板上的 ![], 停主轴。

用游标卡尺 (千分尺或其他测量工具) 测量试切后的外圆直径, 记录下来, 在输入面板中, 选择参数设置 ![], 选择软键 [补正], 选择 [形状], 进入 [刀具补正/几何] 界面 (见图 7-39), 在相应的位置输入测量到的 X 值 (如 X36.33), 按下 [测量], 得到新的对完刀后的 X 值, 完成 3 号螺纹刀的 X 向对刀。

至此, 完成了 3 号螺纹刀的对刀, 也完成了 3 把刀的对刀。

(2) 对刀的检测

① 返回参考点。

控制面板中, 选择 REF (回参考点) 模式 , 同时按下 X+、Z+ 不松, 刀架会自动回退到刀架参考点, 待刀架不动时即可。此时可打开 ![], 选择软键 [综合], 查看机械坐标 X、Z 均显示为 0 即退刀位, 如

图 7-40 所示。

② 程序检测。

控制面板中，选择 MDI（数据输入）模式，输入面板中，选择程序，在显示器中输入程序，如图 7-41 所示，使主轴开启（注意：结尾有分号，即换行）。

图 7-40 位置页面

图 7-41 程序输入页面

此时用手控制进给速度倍率旋钮，观测刀具的运行情况，待刀具停止运行时，按操作面板上的 ，主轴停转。用测量工具测量当前刀具位置，与程序中的 X、Z 的值相同则表示对刀成功。测量完毕，控制面板中，选择 REF（回参考点）模式，使刀具返回刀架参考点（方法见前述）。

(3) 图形检验

① 控制面板中，选择 EDIT（编辑）模式。

② 输入面板中，选择程序，选择软键中的 [DIR] 打开程序列表，输入一个已有的程序名称，如 O0010，再按输入面板中的下箭头，这样就打开了一个名称为 "O0010" 的新程序，如图 7-42 所示。

用钥匙将驱动锁锁住，选择 MEM（自动运行）模式，按下空运行准备进行快速走刀，按下开始按钮，运行程序，此时程序运行刀架不动，但可以换刀。

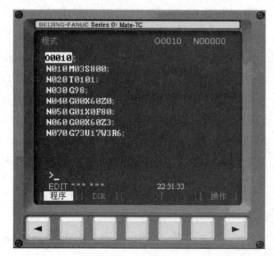

图 7-42 程序页面

③ 选择输入面板上的，设置相应的参数，如图 7-43 所示。

按下软键 [图形]，在图形区域内，观察图形检验的零件加工形状，如图 7-44。

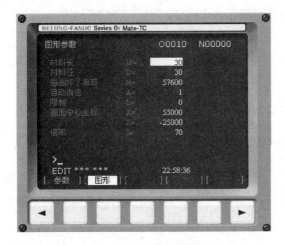

图 7-43 图形参数页面

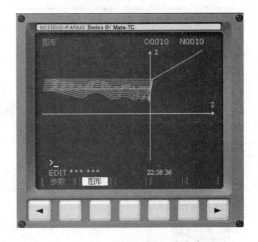

图 7-44 图形页面

此时，观察图形模拟是否与工件要求一致，待确认程序正确时进入下一步操作。

（4）加工零件

输入面板中，选择程序 ，返回到程序中，用钥匙将驱动锁打开 ，保持 MEM（自动运行）模式 ，取消空运行 ，准备按实际进给速度加工，按下开始按钮 ，运行程序，注意观察零件加工的情况。

第三节　FANUC 18iT 系列标准数控系统操作

一、操作界面简介

1. 机床操作面板

机床操作面板如图 7-45 所示，位于窗口的右侧，主要用于控制机床运行状态，由模式选择按钮、运行控制开关等多个部分组成，具体如下：

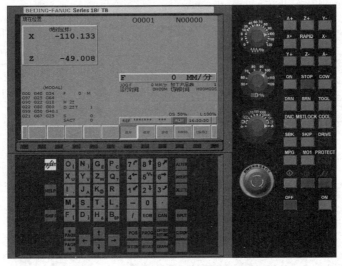

图 7-45　FANUC 18iT 系统机床操作面板

基本操作

	(急停按钮图)	急停
	PROTECT	程序编辑锁定开关,置于"╲"位置,可编辑或修改程序
	DRIVE	机床锁定开关,按下此键,机床各轴被锁住,只能程序运行
	MSTLOCK	MST 锁住,程序运行中,此按钮处于有效状态时,程序中的 M、S、T 代码不被执行
	(进给倍率旋钮图)	调节程序运行中的进给速度,调节范围从 0~120%
	(主轴倍率旋钮图)	主轴转速倍率调节旋钮,调节主轴转速,调节范围从 0~120%

机床运行控制

	MPG	使用手轮按钮
	SBK	单步执行开关每按一次程序启动执行一条程序指令

模式切换

(模式旋钮图)	⊕	EDIT 编辑状态
	(MDI图标)	MDI 手动数据输入
	∿	JOG 手动连续进给
	1..100	INC 增量(手轮)进给
	→	MEM 自动运行
	⊕	REF 回参考点

主轴手动控制开关

	ON	手动主轴正转
	STOP	手动主轴反转
	COW	手动停止
	SKIP	程序段跳读:自动方式按下此键,跳过程序段开头带有"/"程序

M01	程序选择停：自动方式下，遇有 M01 程序停止	
DRN	机床空运行：按下此键，各轴以固定的速度运动	
COOL	冷却液开关：按下此键，冷却液开；再按一下，冷却液关	
TOOL	在刀库中选刀：按下此键，刀库中选刀	
■	程序运行停止：在程序运行中，按下此按钮停止程序运行	
◆	程序运行开始：模式选择旋钮在"AUTO"和"MDI"位置时按下有效，其余时间按下无效	
■	此键可使 CNC 复位，用以返回程序头、消除报警等	

工作台移动

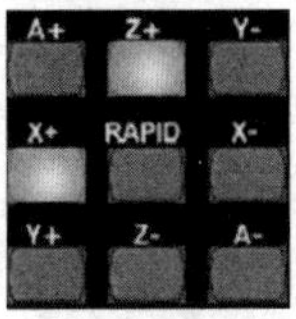

手动移动机床台面。
RAPID 是快速移动

2. 设定（输入）面板

数字/字母键

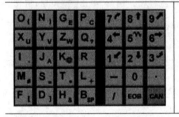

用于输入数据到输入区域（如下图所示），组合键中的大小写字母键通过 SHIFT 键切换输入，如：X-U，Y-V

编辑键

ALTER	替换键：用输入的数据替换光标所在的数据
DELETE	删除键：删除光标所在的数据，或者一个程序，或者删除全部程序
CAN	取消键：消除输入区内的数据
EOB	回车换行键：结束一行程序的输入并且换行
SHIFT	上挡键
INPUT	输入键：把输入区内的数据输入参数页面

页面切换键

PROG	程序显示与编辑页面
POS	位置显示页面。位置显示有三种方式（绝对/相对/综合）

[OFFSET SETTING]	参数输入页面
[SYSTEM]	系统参数页面
[MESSAGE]	信息页面,如"报警"
[GRAPH]	图形参数设置页面
[HELP]	系统帮助页面
[RESET]	复位键
移动键	
[PAGE↑]	向上翻页
[PAGE↓]	向下翻页
[方向键]	光标移动

二、FANUC 18iT 标准系统的操作

在这里列举了 FANUC 18iT 标准系统的数控车床 17 种需要掌握的操作。

序号		操作内容及步骤
1	回参考点	(1)置模式旋钮在 ⊕ 位置。 (2)选择各轴 [X+] [Y+] [Z+],按住按钮,即回参考点。
2	移动轴	方法一:快速移动 [RAPID],这种方法用于较长距离的工作台移动。 (1)置模式旋钮在"JOG"位置。 (2)点击各轴正负方向按钮,机床各轴移动,松开后停止移动。例如,单击 [X+] 按钮,机床向 X 轴正方向移动;单击 [X-] 按钮,机床向 X 轴负方向移动。 (3)按 [RAPID] 键,各轴快速移动。 方法二:增量移动,这种方法用于微量调整,如用在对基准操作中。 (1)置模式在"增量 1~100"位置:选择 1、10、100、1000、10000 步进量。 (2)选择各轴,每按一次,机床各轴移动一步。 方法三:操纵"手轮"[MPG],这种方法用于微量调整。在实际生产中,使用手轮可以让操作者容易控制和观察机床移动。
3	开、关主轴	(1)置模式旋钮在"JOG"位置。 (2)按 [ON CCW] 机床主轴正反转,按 [STOP] 主轴停转。
4	启动程序 加工零件	(1)置模式旋钮在"AUTO"位置。 (2)选择一个程序。 (3)按程序启动按钮 [●]。
5	试运行程序	试运行程序时,机床和刀具不切削零件,仅运行程序。 (1)置在 [DRIVE] 模式。 (2)选择一个程序如 O0001 后按 [↓] 调出程序。 (3)按程序启动按钮。
6	单步运行	(1)置单步开关 [SBK] 于"ON"位置。 (2)程序运行过程中,每按一次 [●] 执行一条指令。

续表

序号	操作内容及步骤	
7	选择一个程序	方法一：按程序号搜索。 (1)置模式旋钮在"EDIT"位置。 (2)按 PROG 键，再按 DIR 输入字母"O"。 (3)按 3 键，输入数字"3"，输入搜索的号码"03"。 (4)按 CURSOR ↓ 开始搜索；找到后，"O3"显示在屏幕右上角程序号位置，"O3"NC 程序显示在屏幕上。 方法二：置模式旋钮在"AUTO"位置。 (1)按 PROG 键入字母"O"。 (2)按 3 键入数字"3"，键入搜索的号码"03"。 (3)按 DIR → INSERT "O3"显示在屏幕上。 (4)可输入程序段号"N30"，搜索程序段。
8	删除一个程序	(1)置模式旋钮在"EDIT"位置。 (2)按 PROG 键输入字母"O"。 (3)按 3 键输入数字"3"，输入要删除的程序的号码"03"。 (4)按 DELETE "03"NC 程序被删除。
9	删除全部程序	(1)置模式旋钮在"EDIT"位置。 (2)按 PROG 键输入字母"O"。 (3)输入"-9999"。 (4)按 DELETE 全部程序被删除。
10	搜索一个指定的代码	一个指定的代码可以是：一个字母或一个完整的代码。例如："N0010""M""F""G03"等。搜索应在当前程序内进行。操作步骤如下： (1)置模式旋钮在"AUTO"或"EDIT"位置。 (2)按 PROG 键。 (3)选择一个 NC 程序。 (4)输入需要搜索的字母或代码，如："M""F""G03"按 [ ] 中的"检索"，开始在当前程序中搜索。
11	编辑 NC 程序 （删除、插入、 替换操作）	(1)置模式旋钮在"EDIT"位置。 (2)按 PROG 键。 (3)输入被编辑的 NC 程序名如"0 2"，即可编辑。 (4)移动光标： ①PAGE ↓ 或 PAGE ↑ 翻页，按 CURSOR ↓ 或 ↑ 移动光标。 ②用搜索一个指定的代码的方法移动光标。 (5)输入数据：用鼠标点击数字/字母键，数据被输入到输入域。 CAN 键用于删除输入域内的数据。 (6)自动生成程序段号输入：按 OFFSET SETTING → SETING，在参数页面顺序号中输入"1"，所编程序自动生成程序段号。（如：N10 … N20 … ） (7)按 DELETE 键，删除光标所在的代码。 (8)按 INSERT 键，把输入区的内容插入到光标所在代码后面。 (9)按 ALTER 键，把输入区的内容替代光标所在的代码。

续表

序号		操作内容及步骤
12	通过操作面板手工输入NC程序	(1)置模式旋钮在"EDIT"位置。 (2)按 PROG 键,再按 DIR 进入程序页面。 (3)按 3 输入"O 3"程序名(输入的程序名不可以与已有程序名重复)。 (4)按 EOB → INSERT 键,开始程序输入。 (5)输入完一程序段后,按 EOB → INSERT 键换行后再继续输入。
13	从计算机输入一个程序	NC程序可在计算机上建文本文件编写,文本文件(＊.txt)后缀名必须改为 ＊.nc 或 ＊.cnc。 (1)置模式旋钮在"EDIT"位置,按 PROG 键切换到程序页面(2)。 (2)新建程序名"Oxxxx",按 INSERT 键进入编程页面。
14	输入刀具补偿参数	(1)按 OFFSET SETTING 键进入参数设定页面,按"补正"。 (2)用 PAGE↓ 和 PAGE↑ 键选择长度补偿,半径补偿。 (3)用 CURSOR↓ 和 ↑ 键选择补偿参数编号。 (4)输入补偿值到长度补偿 H 或半径补偿 D。 (5)按 INPUT 键,把输入的补偿值输入到所指定的位置。
15	输入零件原点参数	(1)按 OFFSET SETTING 键进入参数设定页面,按"坐标系",如图 7-46 所示。 (2)用 PAGE↓ PAGE↑ 或 ↓ ↑ 选择坐标系。 (3)输入地址字(X/Z)和数值到输入域。方法参考"输入数据"操作。 (4)按 INPUT 键,把输入域中间的内容输入到所指定的位置。 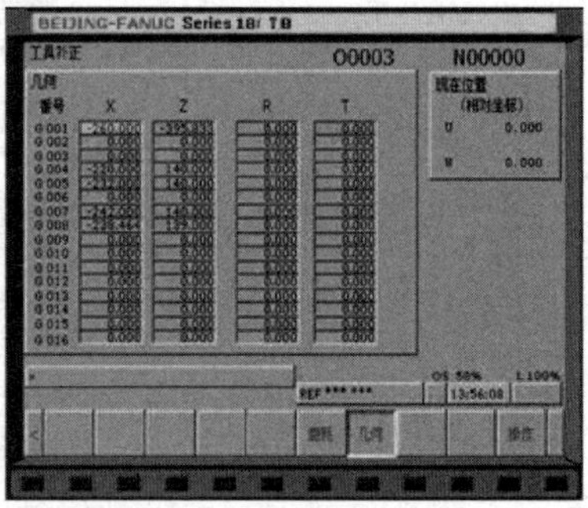 图 7-46　FANUC 18iT (车床)刀具补正页面
16	MDI 手动数据输入	(1)置模式旋钮在"MDI"位置。 (2)按 PROG 键,再按 MDI → EOB 分程序段号"N10",输入程序如:G0X50。 (3)按 INSERT 键,"N10 G0 X50"程序被输入。 (4)按 程序启动按钮。
17	零件坐标系(绝对坐标系)位置	图 7-47 为机床坐标系显示页面。 (1)绝对坐标系:显示机床在当前坐标系中的位置。 (2)相对坐标系:显示机床坐标相对于前一位置的坐标。 (3)综合显示:同时显示机床在以下坐标系中的位置。 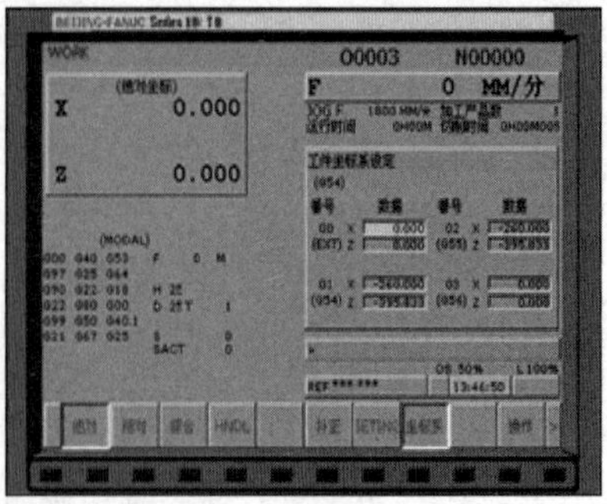 图 7-47　FANUC 18iT (车床)工件坐标系页面

第四节 广数 GSK980T 数控机床

一、操作界面简介

1. 机床操作面板操作

机床操作面板如图 7-48 所示,位于窗口的下侧。主要用于控制机床的运动和选择机床运行状态,由模式选择旋钮、数控程序运行控制开关等多个部分组成,每一部分的详细说明如下:

图 7-48 GSK980T 数控机床操作面板

方式选择		
		EDIT:用于直接通过操作面板输入数控程序和编辑程序
		AUTO:进入自动加工模式
		MDI:手动数据输入
		REF:回参考点
		HNDL:手摇脉冲方式
		JOG:手动方式,手动连续移动台面或者刀具
		程序回零
数控程序运行控制开关		
		单程序段
		机床锁住
		辅助功能锁定
		空运行
手轮操作		
		手轮 X 轴选择
		手轮 Z 轴选择

续表

	手轮			手轮进给量控制按钮,选择手动台面时每一步的距离:0.001mm、0.01mm、0.1mm、1mm。置光标于旋钮上,点击鼠标左键选择
机床主轴手动控制开关		辅助功能按钮		
	手动开机床主轴正转		冷却液	
	手动关机床主轴		润滑液	
	手动开机床主轴反转		换刀具	
手动移动机床台面按钮		升降速按钮		
	选择移动轴,正方向移动按钮,负方向移动按钮。 快速进给		主轴升降速/快速进给升降速/进给升降速	
程序运行控制开关		系统控制开关		
	循环停止		NC 启动	
	循环启动		NC 停止	
	MST 选择停止		紧急停止按钮	

2. 设定（输入）面板

数字/字母键

（键盘图）	数字/字母键,用于输入数据到输入区域

基础功能操作

复位	复位键,解除报警,CNC 复位
输入 IN	输入键,用于输入参数,补偿量等数据。从 RS232 接口输入文件的启动。MDI 方式下程序段指令的输入
输出 OUT	输出键,从 RS232 接口输出文件启动

编辑键

转换 CHG	位参数,位诊断含义显示方式的切换
取消 CAN	消除输入到键输入缓冲寄存器中的字符或符号。键缓寄存器的内容由 CRT 显示。例:键输入缓冲寄存器的显示为 N001 时,按(CAN)键,则 N001 被取消
删除 DEL	用于程序删除的编辑操作
修改 ALT	用于程序修改的编辑操作
插入 INS	用于程序插入的编辑操作

参数页面选择

位置 POS	页面切换键,按下其键,显示现在位置,共有四页,[相对]、[绝对]、[总和]、[位置/程序],通过翻页键转换
程序 PRG	程序的显示、编辑等,共有三页,[MDI/模]、[程序]、[目录/存储量]
刀补 OFT	显示,设定补偿量和宏变量,共有两项,[偏置]、[宏变量]

续表

	ALM	显示报警信息
	SET	设置各种设置参数、参数开关及程序开关
	PAR	设定参数
	DGN	显示各种诊断数据
移动和翻页		
	⬆页	翻页按钮,使 LCD 画面的页逆方向更换
	⬇页	翻页按钮,LCD 画面的页顺方向更换
	↑	光标移动,使光标向上移动一个区分单位
	↓	光标移动,使光标向下移动一个区分单位

二、GSK980T 标准系统的操作

在这里列举了 GSK980T 的数控车床 25 种需要掌握的操作。

序号	操作内容及步骤	
1	手动回参考点	(1) 按参考点方式键 ⊕,选择回参考点操作方式,这时液晶屏幕右下角显示[机械回零]。 (2) 按下手动轴向运动开关 +Z、+X,可回参考点。 (3) 返回参考点后,返回参考点指示灯亮。 注:1. 返回参考点结束时,返回参考点结束指示灯亮。 2. 返回参考点结束指示灯亮时,在下列情况下灭灯: (1) 从参考点移出时; (2) 按下急停开关。 3. 参考点方向,主要参照机床厂家的说明书。
2	手动返回程序起点	(1) 按下返回程序起点键 ⊕,选择返回程序起点方式,这时液晶屏幕右下角显示[程序回零]。 (2) 选择移动轴 [-X][-Z][~][+Z][+X],机床沿着程序起点方向移动。回到程序起点时,坐标轴停止移动,有位置显示的地址[X]、[Z]、[U]、[W]闪烁。返回程序起点指示灯亮。程序回零后,自动消除刀偏。
3	手动连续进给	(1) 按下手动方式键 ✋,选择手动操作方式,这时液晶屏幕右下角显示[手动方式]。 (2) 选择移动轴 [-X][-Z][~][+Z][+X],机床沿着选择轴方向移动。 注:手动期间只能一个轴运动,如果同时选择两轴的开关,也只能是先选择的那个轴运动。如果选择 2 轴机能,可手动 2 轴开关同时移动。 (3) 调节 JOG 进给速度。 (4) 快速进给。按下快速进给键时,同带自锁的按钮,进行"开→关→开…"切换,当为开时,位于面板上部指示灯亮,关时,指示灯灭。选择为开时,手动以快速速度进给。 注:1. 快速进给时的速度,时间常数,加减速方式与用程序指令的快速进给(G00 定位)时相同。 2. 在接通电源或解除急停后,如没有返回参考点,当快速进给开关为 ON(开)时,手动进给速度为 JOG 进给速度或快速进给,由参数(No012 LSO)选择。 3. 在编辑/手轮方式下,按键无效。指示灯灭。其他方式下可选择快速进给,转换方式时取消快速进给。

序号	操作内容及步骤	
4	手轮进给	转动手摇脉冲发生器,可以使机床微量进给。 (1)按下手轮方式键 ⊙ ,选择手轮操作方式,这时液晶屏幕右下角显示[手轮方式]。 (2)选择手轮运动轴:在手轮方式下,按下相应的键 X● 、 Z● 。 注:在手轮方式下,按键有效。所选手轮轴的地址[U]或[W]闪烁。 (3)转动手轮 (4)选择移动量:按下增量选择移动增量,相应在屏幕左下角显示移动增量。 (5)移动量选择开关 ⊓ 、 ⊓ 、 ⊓ | | 每一刻度的移动量 | | | |---|---|---|---| | 输入单位制 | 0.001 | 0.01 | 0.1 | | 公制输入/mm | 0.001 | 0.01 | 0.1 | 注:1. 表中数值根据机械不同而不同。 2. 手摇脉冲发生器的速度要低于 5r/s。如果超过此速度,即使手摇脉冲发生器回转结束了,但不能立即停止,会导致刻度和移动量不符。 3. 在手轮方式下,按键有效。

5	手动辅助机能操作	(1)手动换刀 ⊙ ,手动/手轮方式下按下此键,刀架旋转换下一把刀(参照机床厂家的说明书)。
		(2)冷却液开关 ⊙ ,手动/手轮方式下,按下此键,同带自锁的按钮,进行"开→关→开…"切换。
		(3)润滑开关 ⊙ ,手动/手轮方式下,按下此键,同带自锁的按钮,进行"开→关→开…"切换。
		(4)主轴正转 ⊙ ,手动/手轮方式下,按下此键,主轴正向转动启动。
		(5)主轴反转 ⊙ ,手动/手轮方式下,按下此键,主轴反向转动启动。
		(6)主轴停止 ⊙ ,手动/手轮方式下,按下此键,主轴停止转动。
		(7)主轴倍率增加、减少(选择主轴模拟机能时)
		增加:按一次增加键,主轴倍率从当前倍率以下面的顺序增加一挡
		    50%→60%→70%→80%→90%→100%→110%→120%…
		减少:按一次减少键,主轴倍率从当前倍率以下面的顺序递减一挡
		    120%→110%→100%→90%→80%→70%→60%→50%…
		注:相应倍率变化在屏幕左下角显示。
		(8)面板指示灯。
		⊙ 回零完成灯,返回参考点后,已返回参考点轴的指示灯亮,移出零点后灯灭。
		⊙ 分别为快速灯、单段灯、机床锁、辅助锁、空运行。
		当没有冷却或润滑输出时,按下冷却或润滑键,输出相应的点。当有冷却或润滑输出时,按下冷却或润滑键,关闭相应的点。主轴正转/反转时,按下反转/正转键,主轴也停止。但显示会出现报警 06:M03,M04 码指定错。在换刀过程中,换刀键无效,按复位(RESET)或急停可关闭刀架正/反转输出,并停止换刀过程。
		在手动方式启动后,改变方式时,输出保持不变。但可通过自动方式执行相应的 M 代码关闭对应的输出。
		同样,在自动方式执行相应的 M 代码输出后,也可在手动方式下按相应的键关闭相应的输出。
		在主轴正转/反转时,未执行 M05 而直接执行 M04/M03,M04/M03 无效,继续主轴正转/反转,但显示会出现报警 06:M03,M04 码指定错。
		复位时,对 M08、M32、M03、M04 输出点是否有影响取决于参数(P009 RSJG)。
		急停时,关闭主轴,冷却,润滑,换刀输出。

续表

序号	操作内容及步骤	
6	运转方式	(1)存储器运转。 ①首先把程序存入存储器中。 ②选择要运行的程序。 ③把方式置于自动方式的位置。 ④按循环启动按钮。  ▯：自动循环启动按钮。  ▯：自动循环停止按钮。 按循环启动按钮后,开始执行程序。 (2)MDI运转。 从LCD/MDI面板上输入一个程序段的指令,并可以执行该程序段。 例：X10.5 Z200.5； ①把方式选择于MDI  ▯ 的位置(录入方式)。 ②按[程序]键。 ③按[翻页]按钮后,选择在左上方显示有"程序段值"的画面。如图7-49所示。 ④键入X10.5。 ⑤按IN键。X10.5输入被显示出来。按IN键以前,发现输入错误,可按CAN键,然后再次输入X和正确的数值。如果按IN键后发现错误,再次输入正确的数值。 ⑥输入Z200.5。 ⑦按IN,Z200.5被输入并显示出来。 ⑧按循环启动按钮。 按循环启动按钮前,取消部分操作内容。 为了要取消Z200.5,其方法如下: 依次按Z、CAN键； 按循环启动按钮。 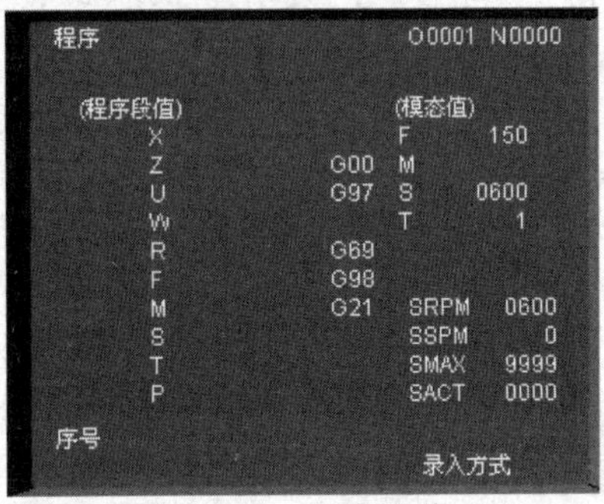 图7-49 程序段值
7	自动运转的启动	存储器运转： ①选择自动方式； ②选择程序； ③按操作面板上的循环启动按钮。
8	自动运转的停止	使自动运转停止的方法有两种:一是用程序事先在要停止的地方输入停止命令;二是按操作面板上按钮使它停止。 (1)程序停(M00)。 含有M00的程序段执行后,停止自动运转,与单程序段停止相同,模态信息全部被保存起来。用CNC启动,能再次开始自动运转。 (2)程序结束(M30)。 ①表示主程序结束。 ②停止自动运转,变成复位状态。 ③返回到程序的起点。 (3)进给保持。 在自动运转中,按操作板上的进给保持键可以使自动运转暂时停止。  ▯：进给保持键。  ▯：循环停止键。 按进给保持按钮后,机床呈下列状态。 ①机床在移动时,进给减速停止。 ②在执行暂停中,休止暂停。 ③执行M、S、T的动作后,停止。 按自动循环启动按钮后,程序继续执行。 (4)复位。 用LCD/MDI上的复位键  ▯ ,使自动运转结束,变成复位状态。在运动中如果进行复位,则机械减速停止。
9	全轴机床锁住	机床锁住开关  ▯ 为ON时,机床不移动,但位置坐标的显示和机床运动时一样,并且M、S、T都能执行。此功能用于程序校验。 按一次此键,同带自锁的按钮,进行"开→关→开…"切换,当为开时,指示灯亮,关时,指示灯灭。 机床锁住灯  ▯ 。

续表

序号	操作内容及步骤	
10	辅助功能锁住	如果机床操作面板上的辅助功能锁住开关 置于 ON 位置,M、S、T 代码指令不执行,与机床锁住功能一起用于程序校验。 注:M00,M30,M98,M99 按常规执行。
11	进给速度倍率	用进给速度倍率开关,可以对程序指定的进给速度倍率。 进给速度倍率按键 。具有 0～150% 的倍率。 注:进给速度倍率开关与手动连续进给速度开关通用。
12	快速进给倍率	快速进给倍率选择键 。快速倍率有 F0、25%、50%、100% 四挡。 可对下面的快速进给速度进行 100%、50%、25% 的倍率或者为 F0 的值上。 (1) G00 快速进给; (2) 固定循环中的快速进给; (3) G28 时的快速进给; (4) 手动快速进给; (5) 手动返回参考点的快速进给。 当快速进给速度为 6m/min 时,如果倍率为 50%,则速度为 3m/min。
13	空运转	当空运转开关 为 ON 时,不管程序中如何指定进给速度,而以下面表中的速度运动。 | 手动快速进给按钮 | 程序指令 | | | --- | --- | --- | | | 快速进给 | 切削进给 | | ON(开) | 快速进给 | JOG 进给最高速度 | | OFF(关) | JOG 进给速度或快速进给 | JOG 进给速度 | 注:用参数设定(RDRN,№004)也可以快速进给。
14	进给保持后或者停止后的再启动	在进给保持开关为 ON 状态时(自动方式或者录入方式),按循环启动按钮,自动循环开始继续运转。
15	单程序段	当单程序段开关 置于 ON 时,单程序段灯亮,执行程序的一个程序段后,停止。如果再按循环启动按钮,则执行完下个程序段后,停止。 注:1. 在 G28 中,即使是中间点,也进行单程序段停止。 2. 在单程序段为 ON 时,执行固定循环 G90,G92,G94,G70～G75 时,如下述情况: (……→快速进给,_____→切削进给) 3. M98 P__;M99;及 G65 的程序段不能单程序段停止。但 M98、M99 程序段中,除 N、O、P 以外还有其他地址时,能让单程序段停止。
16	急停 (EMERGENCY STOP)	按下急停按钮 ,使机床移动立即停止,并且所有的输出如主轴的转动、冷却液等也全部关闭。急停按钮解除后,所有的输出都需重新启动。 一按按钮,机床就能锁住,解除的方法是旋转后解除。 注:1. 急停时,电机的电源被切断。 2. 在解除急停以前,要消除机床异常的因素。
17	超程	如果刀具进入了由参数规定的禁止区域(存储行程极限),则显示超程报警,刀具减速后停止。此时用手动,把刀具向安全方向移动,按复位按钮,解除报警。
18	程序存储、编辑操作前的准备	在介绍程序的存储、编辑操作之前,有必要介绍一下操作前的准备。 (1) 把程序保护开关置于 ON 上。 (2) 操作方式设定为编辑方式 。 (3) 按[程序]键后,显示程序。
19	选择一个数控程序	按 键,显示程序画面。 按 键;键入要检索的程序号如 。 按 键,找到后,O7 显示在屏幕右上角,NC 程序显示在屏幕上。

续表

序号		操作内容及步骤
20	删除一个 数控程序	选择编辑方式。 按 [程序PRG] 键，显示程序画面。 按 [O] 键；用键输入程序号如：[7]。 按 [删除DEL] 键，则对应键入程序号的存储器中程序被删除。
21	删除全部程序	选择编辑方式。 按 [程序PRG] 键，显示程序画面。 按键 [O]；输入－9999并按 [删除DEL] 键。
22	顺序号检索	顺序号检索通常是检索程序内的某一顺序号，一般用于从这个顺序号开始执行或者编辑。 由于检索而被跳过的程序段对CNC的状态无影响。也就是说，被跳过的程序段中的坐标值、M、S、T代码、G代码等对CNC的坐标值、模态值不产生影响。因此，进行顺序号检索指令，开始或者再次开始执行的程序段，要设定必要的M、S、T代码及坐标系等。进行顺序号检索的程序段一般是在工序的相接处。 如果必须检索工序中某一程序段并以其开始执行时，需要查清此时的机床状态、CNC状态需要与其对应的M、S、T代码和坐标系的设定等，可用录入方式输入进去，进行设定。 检索存储器中存入程序号的步骤： (1)把方式选择置于自动或编辑上； (2)按 [程序PRG] 键，显示程序画面； (3)选择要检索顺序号的所在程序； (4)按地址键N； (5)用键输入要检索的顺序号； (6)按 [↓] 光标键； (7)检索结束时，在LCD画面的右上部，显示出已检索的顺序号。 注：在顺序号检索中，不执行M98＋＋＋（调用的子程序），因此，在自动方式检索时，如果要检索现在选出程序中所调用的子程序内的某个顺序号，就会出现报警P/S（№060）。
23	字的插入、 修改、删除	存入存储器中程序的内容，可以改变。 (1)把方式选择为编辑方式。 (2)按[程序]键，显示程序画面。 (3)选择要编辑的程序。 (4)检索要编辑的字，有以下两种方法： ①用扫描(SACN)的方法； ②用检索字的方法。 (5)进行字的修改、插入、删除等编辑操作。 注：1. 字的概念和编辑单位。所谓字是由地址和跟在它后面的数据组成。对于用户宏程序，字的要领完全没有了，通称为"编辑单位"。在一次扫描中，光标显示在"编辑单位"的开头。插入的内容在"编辑单位"之后。 编辑单位的定义： (1)从当前地址到下个地址之前的内容。如"G65 H01 P♯103 Q♯105;"中有4个编辑单位。 (2)所谓地址是指字母，(EOB)为单独一个字。 根据这个定义，字也是一个编辑单位。在下面关于编辑的说明中，所谓字，正确地应该说"编辑单位"。 2. 光标总是在某一编辑单位的下端，而编辑的操作也是在光标所指的编辑单位上进行的，在自动方式下程序的执行也是从光标所指的编辑单位开始执行程序的。将光标移动至要编辑的位置或要执行的位置称之为检索。 (1)字的检索。 ①用扫描的方法。 一个字一个字地扫描。 a. 按光标 [↓] 时，如图7-50所示。此时，在画面上，光标一个字一个字地顺方向移动。也就是说，在被选择和地址下面，显示出光标。

序号	操作内容及步骤	
23	字的插入、修改、删除	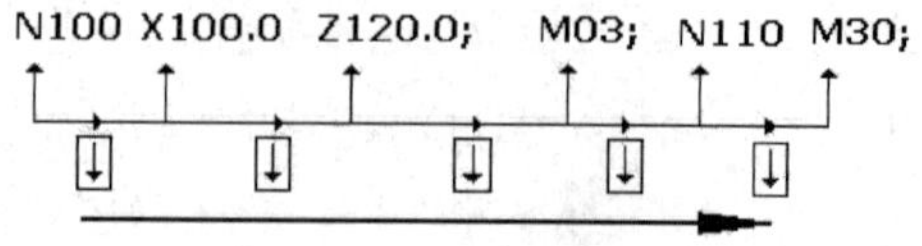 N100 X100.0 Z120.0;　　M03;　N110 M30; 图7-50　扫描检索(一) b. 按  ⇧ 光标键时,如图7-51所示,此时,在画面上,光标一个字一个字地反方向移动。也就是说,在被选择字的地址下面,显示出光标。 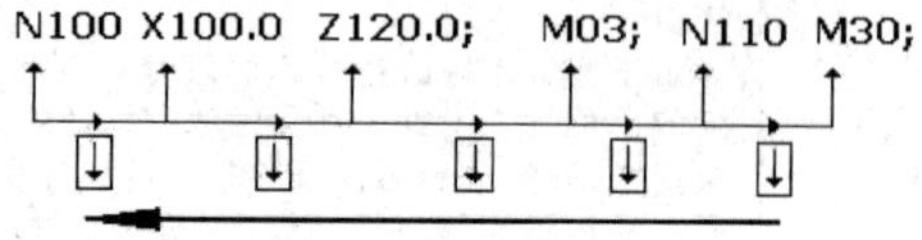 N100 X100.0 Z120.0;　　M03;　N110 M30; 图7-51　扫描检索(二) c. 如果持续按  ⇩ 光标或者  ⇧ 光标,则会连续自动快速移动光标。 d. 按下翻页键 ▤ ,画面翻页,光标移至下页开头的字。 e. 按上翻页键  ▤ ,画面翻到前一页,光标移至开头的字。 f. 持续按下翻页或上翻页,则自动快速连续翻页。 ②检索字的方法。 从光标现在位置开始,顺方向或反方向检索指定的字,如图7-52所示。 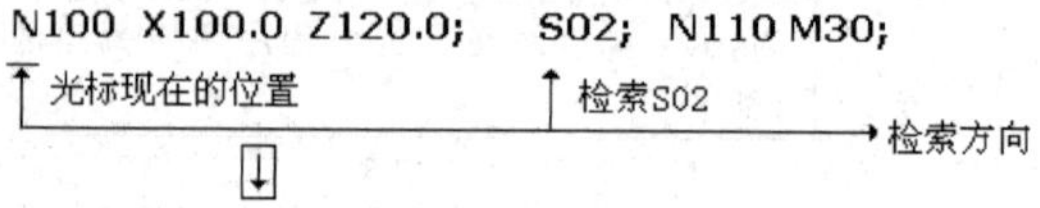 N100 X100.0 Z120.0;　　S02;　N110 M30; ↑光标现在的位置　　　　　↑检索S02　→检索方向 ⇩ 图7-52　检索字的方法 a. 用键输入地址 S。 b. 用键输入 0,2。 注:1. 如果只用键输入 S1,就不能检索 S02。 2. 检索 S01 时,如果只是 S1 就不能检索,此时必须输入 S01。 c. 按 ⇩ 光标键,开始检索。 如果检索完成了,光标显示在 S02 的下面。如果不是按光标↓键,而是按光标↑键,则向反方向检索。 ③用地址检索的方法。 从现在位置开始,顺方向检索指定的地址。 a. 按地址键 M; b. 按  ⇩ 光标键。 检索完成后,光标显示在 M 的下面。如果不是按光标↓键,而是按光标↑键,则反方向检索。 ④返回到程序开头的方法,如图7-53所示。 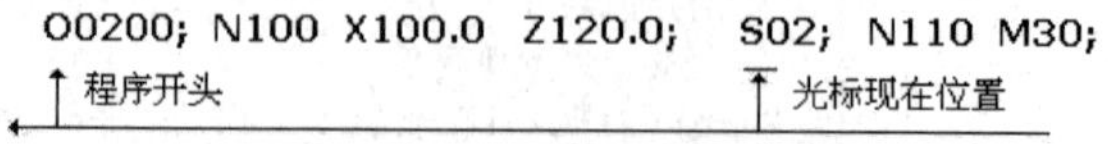 O0200; N100 X100.0 Z120.0;　　S02;　N110 M30; ↑程序开头　　　　　　　　　　　　　　　↑光标现在位置 图7-53　返回到程序开头的方法

续表

序号		操作内容及步骤
23	字的插入、修改、删除	a. 方法 1。按复位键 ![//] （编辑方式，选择了程序画面），当返回到开头后，在 LCD 画面上，从头开始显示程序的内容。 b. 方法 2。检索程序号。 c. 方法 3。 (a)置于自动方式或编辑方式； (b)按 ![程序PRG] 键，显示程序画面； (c)按地址 O； (d)按 ![↑] 光标键。 (2)字的插入。 ①检索或扫描到要插入的前一个字。 ②用键输入要插入的地址。本例中要插入 T。 ③用键输入 15。 ④按 ![插入INS] 键。 (3)字的变更。 ①检索或扫描到要变更的字。 ②输入要变更的地址，本例中输入 M。 ③用键输入数据。 ④按 ![修改ALT]，则新键入的字代替了当前光标所指的字。 如输入 M03，按 ALT 键时，如图 7-54、图 7-55 所示。 　　　　　N100　X100.0　Z120.0　T15；S02；N110　M30； 　　　　　　　　　　　　　　　　↑ 　　　　　　　　　　　　　　光标现在位置 　　　　　　　　　　　　　　要变更为M03时 　　　　　　　　图 7-54　字的变更（一） 　　　　　N100　X100.0　Z120.0　M03；S02；N110　M30； 　　　　　　　　　　　　　　　　↑ 　　　　　　　　　　　　　　光标现在位置 　　　　　　　　　　　　　　变更后的内容 　　　　　　　　图 7-55　字的变更（二） (4)字的删除。 ①检索或扫描到要删除的字。 ②按 ![删除DEL] 键，则当前光标所指的字被删除（图 7-56、图 7-57）。 　　　　　N100　X100.0　Z120.0　M03；S02；N110　M30； 　　　　　　　　　　　　↑ 　　　　　　　　　光标现在位置 　　　　　　　　　要删除Z120.0 　　　　　　　　图 7-56　字的删除（一） 　　　　　N100　X100.0　M03；S02；N110　M30； 　　　　　　　　　　　↑ 　　　　　　　　光标现在位置 　　　　　　　　删除后 　　　　　　　　图 7-57　字的删除（二） (5)多个程序段的删除。 从现在显示的字开始，删除到指定顺序号的程序段，如图 7-58 所示。 　　　　　N100　X100.0　M03；S02；……N2233　S02；N2300　M30； 　　　　　　　　　　　↑　　　　　　　　　　　　　↑ 　　　　　　　　光标现在位置 　　　　　　　　要把此区域删除 　　　　　　　　图 7-58　多个程序段的删除

续表

序号		操作内容及步骤
23	字的插入、修改、删除	①按地址键 N； ②用键输入顺序号 2233； ③按 [删除 DEL] 键,至 N2233 的程序段被删除。光标移到下个字的地址下面。
24	刀具补偿量	(1)刀具补偿量的设定和显示([刀补 OFT] 键)。 刀具补偿量的设定方法可分为绝对值输入和增量值输入两种。 ①对值输入时： a. 按 [刀补 OFT] 键。 b. 因为显示分为多页,按翻页按钮,可以选择需要的页,如图 7-59 所示。 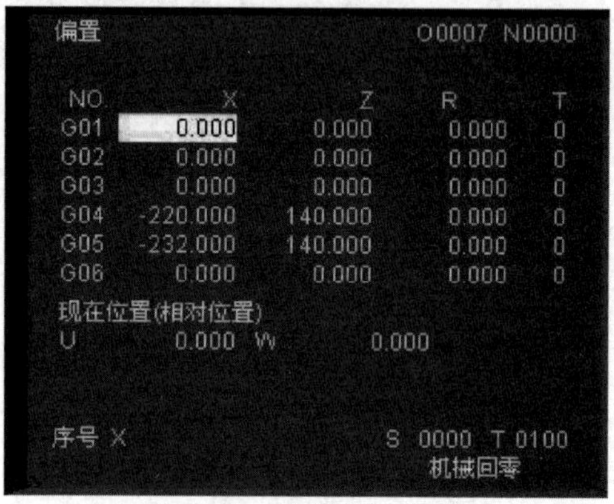 图 7-59　选择需要的页 c. 把光标移到要输入的补偿号的位置。 扫描法：按上、下光标键盘顺次移动光标。 检索法：用下述按键顺序直接移动光标至键入的位置。 d. 地址 X 或 Z 后,用数据键,输入补偿量(可以输入小数点)。 e. 按 [输入 IN] 键后,把补偿量输入,并在 LCD 上显示出来。 ②增量值输入： a. 把光标移到要变更的补偿号的位置(与 a～c 的操作相同)。 b. 如要改变 X 轴的值,键入 U,对于 Z 轴,键入 W。 c. 用数据键键入增量值。 d. 按 [输入 IN] 键,把现在的补偿量与键入的增量值相加,其结果作为新的补偿量显示出来。 例：已设定的补偿量 5.678 键盘输入的增量 1.5 新设定的补偿量 7.178(＝5.678＋1.5) 注：在自动运转中,变更补偿量时,新的补偿量不能立即生效,必须在指定其补偿号的 T 代码被执行后,才开始效。
25	设置参数的设定	(1)设置参数设定和显示([设置 SET] 键)。 ①选择录入方式(MDI)。 ②按 [设置 SET] 键,显示设置参数。 ③按翻页键,显示出设置参数开关及程序开关页,如图 7-60 所示。

序号	操作内容及步骤	
25	设置参数的设定	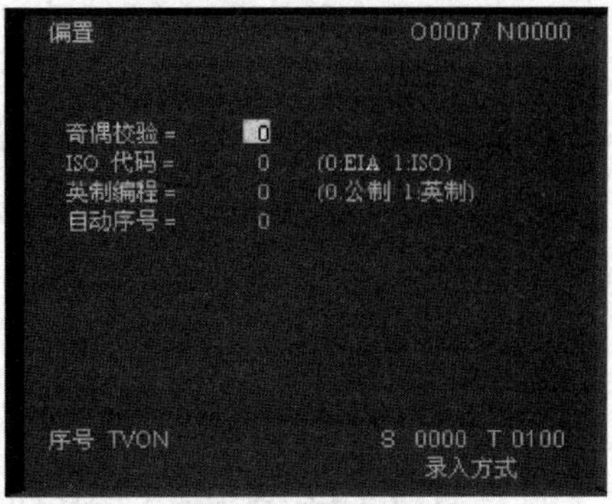 图 7-60 设置参数 ④按上下光标键,使它移到要变更的项目上。 ⑤按以下说明,输入 1 或 0。 a. 奇偶校验(TVON)未用。 b. ISO 代码(ISO),当把存储器中的数据输入输出时,选用的代码。 1:ISO 码 0:EIA 码 注:用 980T 通用编程器时,设定为 ISO 码。 c. 英制编程。设定程序的输入单位是英寸还是毫米。 1:英寸 0:毫米 d. 自动序号 0:在编辑方式下用键盘输入程序时,顺序号不能自动插入。 1:在编辑方式下用键盘输入程序时,顺序号自动插入。各程序段间顺序号的增量值,可事先用参数 P042 设置。 ⑥按 IN 键,各设置参数被设定并显示出来。 (2)参数开关及程序开关状态设置。 ①按 [设置 SET] 键。 ②按翻页键,显示参数开关及程序开关状态画面,如图 7-61 所示。 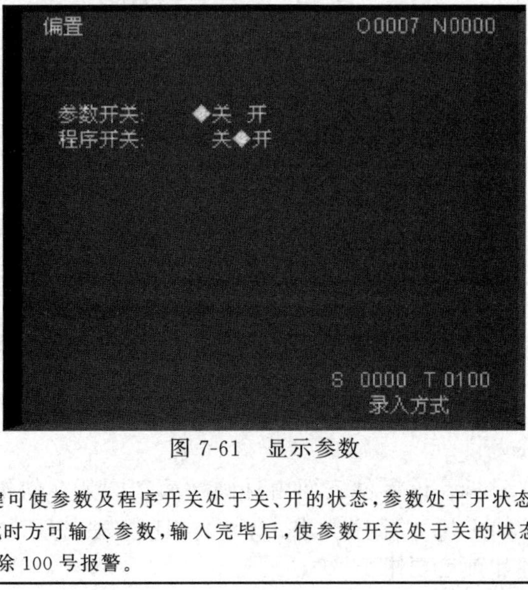 图 7-61 显示参数 按 W,D/L 键可使参数及程序开关处于关、开的状态,参数处于开状态时,CNC 显 P/S100 号报警,此时方可输入参数,输入完毕后,使参数开关处于关的状态,复位键(RESET)按后可清除 100 号报警。

第八章 数控车床加工实训

实训任务一 短轴零件加工

1. 任务目标

（1）掌握加工工件时所用各种刀具的刃磨技术。
（2）熟练掌握外圆等部位的加工技术。
（3）熟练掌握棒状毛坯装夹方法。
（4）熟练掌握复合轮廓粗车循环 G73 编程的方法。
（5）能迅速构建编程所使用的模型。

2. 任务要求

加工如图 8-1 所示工件，写出完整的加工工序和程序，毛坯为 $\phi 25\text{mm} \times 50\text{mm}$ 棒材，材料为铝棒。

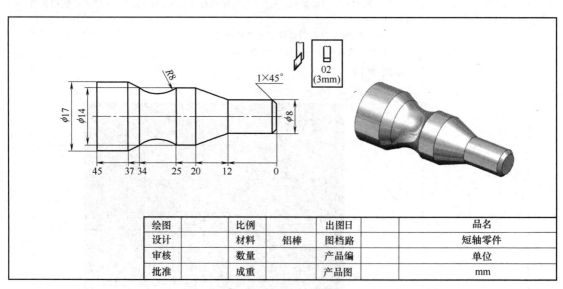

图 8-1 锥面圆弧标准轴

3. 任务分析

（1）工艺分析 该零件表面由外圆柱面、圆弧、斜锥面等表面组成，零件图尺寸标注完整，符合数控加工尺寸标注要求；轮廓描述清楚完整；零件材料为铝棒，切削加工性能较好，无热处理和硬度要求。

(2)加工路线设计 一次性装夹,轮廓部分采用 G73 的循环编程,其加工路径的模型设计如图 8-2 所示。

(3)数学计算 工件尺寸和坐标值明确,可直接进行编程。

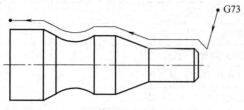

图 8-2 几何模型和编程路径示意

4. 任务准备

序号	准备项目	任务准备详细材料
1	材料	铝棒,ϕ25mm×100mm 毛坯一根
2	设备	数控车床
3	刀具、刃具	45°车刀(或 35°车刀)、切槽刀
4	量具	钢直尺(0~200mm)、游标卡尺(0.02mm,0~200mm)
5	工具、辅具	钢直尺(0~200mm)、扳手、扳手套筒、毛刷、其他常用工具

5. 数控程序单
编写零件加工程序。

6. 检验评议
(1)评分标准及配分表

序号	项目	检验内容	配分	扣分标准	得分
1	外圆	ϕ8 一处	10	尺寸不合格不得分	
2		ϕ14 两处	20	尺寸不合格不得分	
3		ϕ17 一处	10	尺寸不合格不得分	
4		锥面一处	10	尺寸不合格不得分	
5		R8 一处	10	尺寸不合格不得分	
6	表面粗糙度	表面光洁平整	10	表面粗糙、划痕不得分	
7	倒角	C1	5	尺寸不合格不得分	
8	切断处理	断口磨平	5	不平整不得分	
9	其他	安全文明生产	20	违反操作规程酌情扣 1~20 分	
		工时		到加工时间交工件,不得延时	
	合计		100		

姓名		操作时间	时 分始 时 分止	日期		考评教师	

（2）指导教师对学生的综合评价

序号	评价内容		评价结果	备注
	项目	内　容		
1	学习能力	技能训练的完成	好□　一般□　差□	
2		相关知识的应用	好□　一般□　差□	
3		分析问题、解决问题的能力	好□　一般□　差□	
4	学习态度	学习懒散，不能完成任务	是□　否□	
5		能完成任务，但不够主动	是□　否□	
6		主动完成训练任务，充分发挥主观能动性	是□　否□	
7	对任务的掌握	掌握任务的基本要求	好□　一般□　差□	
8		重点难点的掌握	好□　一般□　差□	
9		综合技能完成情况	好□　一般□　差□	
10	其他	遵守劳动纪律	好□　一般□　差□	
11		遵守操作规程	好□　一般□　差□	
综合评价结果	优秀□　良好□　一般□　差□		实习指导教师签名　　　　年　月　日	

实训任务二　螺纹轴零件加工

1. 任务目标

（1）掌握加工工件时所用各种刀具的刃磨技术。

（2）熟练掌握外圆、螺纹等部位的加工技术。

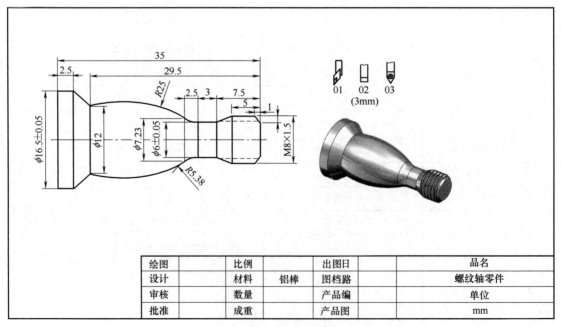

图 8-3　锥面圆弧标准轴

（3）熟练掌握棒状毛坯装夹方法。
（4）熟练掌握复合轮廓粗车循环 G73 编程的方法。
（5）能迅速构建编程所使用的模型。

2. 任务要求

加工如图 8-3 所示工件，写出完整的加工工序和程序，毛坯为 $\phi 20mm \times 50mm$ 棒材，X 方向精加工余量为 0.1mm，Z 方向精加工余量为 0.1mm。

3. 任务分析

（1）工艺分析　该零件表面由外圆柱面、顺圆弧、逆圆弧、斜锥面、螺纹等表面组成，零件图尺寸标注完整，符合数控加工尺寸标注要求；轮廓描述清楚完整；零件材料为铝棒，切削加工性能较好，无热处理和硬度要求。

（2）加工路线设计　一次性装夹，轮廓部分采用 G73 的循环编程，其加工路径的模型设计如图 8-4 所示。

（3）数学计算　需要计算圆弧的坐标值和锥面关键点的坐标值，可采用三角函数、勾股定理等几何知识计算，也可使用计算机制图软件（如 AutoCAD、NX、Mastercam、Solidworks 等）的标注方法来计算。

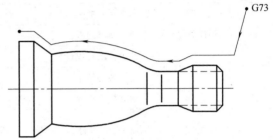

图 8-4　几何模型和编程路径示意

4. 任务准备

序号	准备项目	任务准备详细材料
1	材料	铝棒，$\phi 20mm \times 100mm$ 毛坯一根
2	设备	数控车床
3	刀具、刃具	45°车刀（或 35°车刀）、切槽刀、三角形螺纹车刀
4	量具	钢直尺（0～200mm）、游标卡尺（0.02mm，0～200mm）、螺纹样板或套规
5	工具、辅具	钢直尺（0～200mm）、扳手、扳手套筒、毛刷、其他常用工具

5. 数控程序单

编写零件加工程序。

6. 检验评议

（1）评分标准及配分表

序号	项目	检验内容	配分	扣分标准	得分
1	外圆	$\phi 6$ 一处	10	尺寸不合格不得分	
2		$\phi 16.5$ 一处	10	尺寸不合格不得分	
3		锥面两处	20	尺寸不合格不得分	
4		$R25$ 一处	10	尺寸不合格不得分	
5	螺纹	$M8 \times 1.5$ 一处	10	尺寸不合格不得分	
6	表面粗糙度	表面光洁平整	10	表面粗糙、划痕不得分	
7	倒角	C1	5	尺寸不合格不得分	
8	切断处理	断口磨平	5	不平整不得分	
9	其他	安全文明生产	20	违反操作规程酌情扣 1～20 分	
		工时		到加工时间交工件，不得延时	
	合计		100		
姓名		操作时间	时 分始 时 分止	日期	考评教师

(2) 指导教师对学生的综合评价

序号	评价内容		评价结果	备注
	项目	内　容		
1	学习能力	技能训练的完成	好□　一般□　差□	
2		相关知识的应用	好□　一般□　差□	
3		分析问题、解决问题的能力	好□　一般□　差□	
4	学习态度	学习懒散,不能完成任务	是□　否□	
5		能完成任务,但不够主动	是□　否□	
6		主动完成训练任务,充分发挥主观能动性	是□　否□	
7	对任务的掌握	掌握任务的基本要求	好□　一般□　差□	
8		重点难点的掌握	好□　一般□　差□	
9		综合技能完成情况	好□　一般□　差□	
10	其他	遵守劳动纪律	好□　一般□　差□	
11		遵守操作规程	好□　一般□　差□	
综合评价结果	优秀□　良好□　一般□　差□		实习指导教师签名　　　　　年　　月　　日	

实训任务三　螺纹轴球头零件加工

1. 任务目标
(1) 掌握加工工件时所用各种刀具的刃磨技术。
(2) 熟练掌握外圆、螺纹等部位的加工技术。
(3) 熟练掌握棒状毛坯装夹方法。
(4) 思考编程加工的顺序。
(5) 熟练掌握球头工件如何编程。
(6) 熟练掌握外复合轮廓粗车循环 G73 联合编程的方法。
(7) 掌握螺纹退刀槽如何编程。
(8) 掌握螺纹的编程方法。
(9) 能迅速构建编程所使用的模型。

2. 任务要求
加工如图 8-5 所示零件,写出完整的加工工序和程序,毛坯为 $\phi25mm$ 的铝棒,X 方向精加工余量为 0.1mm,Z 方向精加工余量为 0.1mm,最后切断。

3. 任务分析
(1) 工艺分析　该零件表面由外圆柱面、圆弧、斜锥面、槽、螺纹等表面组成,零件图尺寸标注完整,符合数控加工尺寸标注要求;轮廓描述清楚完整;零件材料为铝棒,切削加工性能较好,无热处理和硬度要求。

(2) 加工路线设计　一次性装夹,轮廓部分采用 G73 的循环编程,其加工路径的模型设计如图 8-6 所示。

(3) 数学计算　工件尺寸和坐标值明确,可直接进行编程。

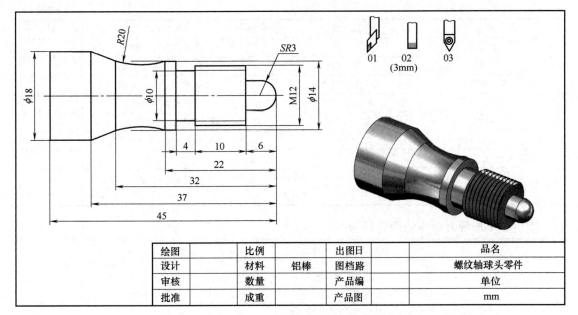

图 8-5 锥面圆弧标准轴

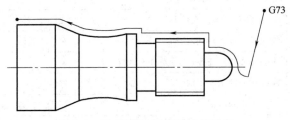

图 8-6 几何模型和编程路径示意

4. 任务准备

序号	准备项目	任务准备详细材料
1	材料	铝棒,φ25mm×100mm 毛坯一根
2	设备	数控车床
3	刀具、刃具	45°车刀(或 35°车刀)、切槽刀、三角形螺纹车刀
4	量具	钢直尺(0～200mm)、游标卡尺(0.02mm,0～200mm)、螺纹样板或套规
5	工具、辅具	钢直尺(0～200mm)、扳手、扳手套筒、毛刷、其他常用工具

5. 数控程序单
编写零件加工程序。

6. 检验评议
(1) 评分标准及配分表

序号	项目	检验内容	配分	扣分标准	得分
1		SR3 一处	5	尺寸不合格不得分	
2		φ6 一处	5	尺寸不合格不得分	
3	外圆	φ14 一处	10	尺寸不合格不得分	
4		锥面一处	10	尺寸不合格不得分	
5		R20 一处	10	尺寸不合格不得分	
6		φ18 一处	10	尺寸不合格不得分	

续表

序号	项目	检验内容	配分	扣分标准	得分
7	退刀槽	$\phi 10$ 一处	5	尺寸不合格不得分	
8	螺纹	M12 一处	10	尺寸不合格不得分	
9	表面粗糙度	表面光洁平整	10	表面粗糙、划痕不得分	
10	切断处理	断口磨平	5	不平整不得分	
11	其他	安全文明生产	20	违反操作规程酌情扣 1~20 分	
		工时		到加工时间交工件,不得延时	
	合计		100		
姓名		操作时间	时 分始 时 分止	日期	考评教师

(2) 指导教师对学生的综合评价

序号	评价内容		评价结果	备注
	项目	内容		
1	学习能力	技能训练的完成	好□ 一般□ 差□	
2		相关知识的应用	好□ 一般□ 差□	
3		分析问题、解决问题的能力	好□ 一般□ 差□	
4	学习态度	学习懒散,不能完成任务	是□ 否□	
5		能完成任务,但不够主动	是□ 否□	
6		主动完成训练任务,充分发挥主观能动性	是□ 否□	
7	对任务的掌握	掌握任务的基本要求	好□ 一般□ 差□	
8		重点难点的掌握	好□ 一般□ 差□	
9		综合技能完成情况	好□ 一般□ 差□	
10	其他	遵守劳动纪律	好□ 一般□ 差□	
11		遵守操作规程	好□ 一般□ 差□	
综合评价结果		优秀□ 良好□ 一般□ 差□	实习指导教师签名 年 月 日	

实训任务四 球座零件加工

1. 任务目标
(1) 掌握加工工件时所用各种刀具的刃磨技术。
(2) 熟练掌握外圆等部位的加工技术。
(3) 熟练掌握棒状毛坯装夹方法。
(4) 思考编程加工的顺序。
(5) 熟练掌握球头工件如何编程。
(6) 熟练掌握外复合轮廓粗车循环 G73 联合编程的方法。
(7) 能迅速构建编程所使用的模型。

2. 任务要求
加工如图 8-7 所示零件,写出完整的加工工序和程序,毛坯为 $\phi 35$mm 的铝棒,X 方向

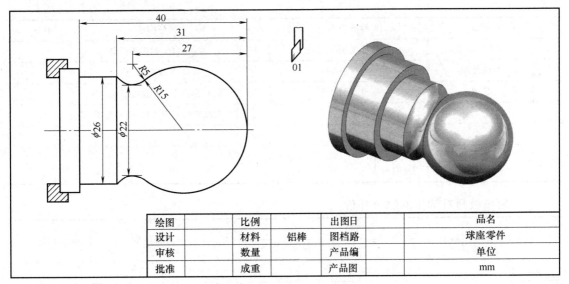

图 8-7 锥面圆弧标准轴

精加工余量为 0.1mm，Z 方向精加工余量为 0.1mm。

3. 任务分析

（1）工艺分析　该零件表面由外圆柱面、圆弧等表面组成，零件图尺寸标注完整，符合数控加工尺寸标注要求；轮廓描述清楚完整；零件材料为铝棒，切削加工性能较好，无热处理和硬度要求。

（2）加工路线设计　一次性装夹，轮廓部分采用 G73 的循环编程，其加工路径的模型设计如图 8-8 所示。

（3）数学计算　需要计算圆弧的坐标值和关键点的坐标值，可采用三角函数、勾股定理等几何知识计算，也可使用计算机制图软件（如 AutoCAD、NX、Mastercam、Solidworks 等）的标注方法来计算。

图 8-8 几何模型和编程路径示意

4. 任务准备

序号	准备项目	任务准备详细材料
1	材料	铝棒，ϕ35mm×100mm 毛坯一根
2	设备	数控车床
3	刀具、刃具	45°车刀（或 35°车刀）、切槽刀
4	量具	钢直尺(0～200mm)、游标卡尺(0.02mm,0～200mm)、螺纹样板或套规
5	工具、辅具	钢直尺(0～200mm)、扳手、扳手套筒、毛刷，其他常用工具

5. 数控程序单

编写零件加工程序。

6. 检验评议

（1）评分标准及配分表

序号	项目	检验内容	配分	扣分标准	得分
1	外圆	R15 一处	20	尺寸不合格不得分	
2		R5 一处	20	尺寸不合格不得分	
3		ϕ26 一处	20	尺寸不合格不得分	

续表

序号	项目	检验内容	配分	扣分标准	得分
4	表面粗糙度	表面光洁平整	15	表面粗糙、划痕不得分	
5	切断处理	断口磨平	5	不平整不得分	
6	其他	安全文明生产	20	违反操作规程酌情扣1~20分	
		工时		到加工时间交工件,不得延时	
	合计		100		
姓名		操作时间	时 分 始 时 分 止	日期	考评教师

(2) 指导教师对学生的综合评价

序号	评价内容		评价结果	备注
	项目	内容		
1	学习能力	技能训练的完成	好□ 一般□ 差□	
2		相关知识的应用	好□ 一般□ 差□	
3		分析问题、解决问题的能力	好□ 一般□ 差□	
4	学习态度	学习懒散,不能完成任务	是□ 否□	
5		能完成任务,但不够主动	是□ 否□	
6		主动完成训练任务,充分发挥主观能动性	是□ 否□	
7	对任务的掌握	掌握任务的基本要求	好□ 一般□ 差□	
8		重点难点的掌握	好□ 一般□ 差□	
9		综合技能完成情况	好□ 一般□ 差□	
10	其他	遵守劳动纪律	好□ 一般□ 差□	
11		遵守操作规程	好□ 一般□ 差□	
综合评价结果		优秀□ 良好□ 一般□ 差□	实习指导教师签名 年 月 日	

实训任务五　斜锥外圆轴零件加工

1. 任务目标

(1) 掌握加工工件时所用各种刀具的刃磨技术。
(2) 熟练掌握外圆等部位的加工技术。
(3) 熟练掌握棒状毛坯装夹方法。
(4) 思考编程加工的顺序。
(5) 熟练掌握外径粗车循环 G71 编程的方法。
(6) 能迅速构建编程所使用的模型。

2. 任务要求

加工如图 8-9 所示零件,写出完整的加工程序,用 G71 外径粗车循环编写程序,毛坯为 $\phi55$mm 的铝棒,X 方向精加工余量为 0.2mm,Z 方向精加工余量为 0.1mm,最后切断。

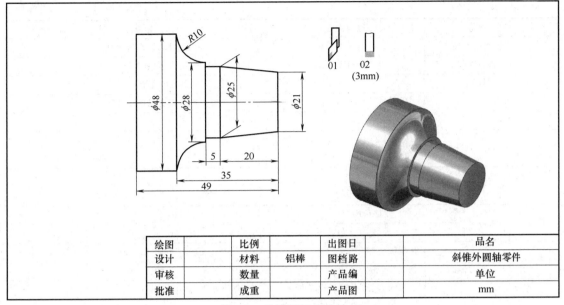

图 8-9 锥面圆弧标准轴

3. 任务分析

(1) 工艺分析 该零件表面由外圆柱面、斜锥面等表面组成，零件图尺寸标注完整，符合数控加工尺寸标注要求；轮廓描述清楚完整；零件材料为铝棒，切削加工性能较好，无热处理和硬度要求。

(2) 加工路线设计 一次性装夹，轮廓部分采用 G71 循环编程，其加工路径的模型设计如图 8-10 所示。

(3) 数学计算 工件尺寸和坐标值明确，可直接进行编程。

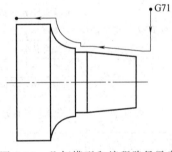

图 8-10 几何模型和编程路径示意

4. 任务准备

序号	准备项目	任务准备详细材料
1	材料	铝棒，ϕ55mm×100mm 毛坯一根
2	设备	数控车床
3	刀具、刃具	45°车刀(或 35°车刀)、切槽刀
4	量具	钢直尺(0~200mm)、游标卡尺(0.02mm，0~200mm)、螺纹样板或套规
5	工具、辅具	钢直尺(0~200mm)、扳手、扳手套筒、毛刷、其他常用工具

5. 数控程序单
编写零件加工程序。

6. 检验评议
(1) 评分标准及配分表

序号	项目	检验内容	配分	扣分标准	得分
1	外圆	锥面一处	5	尺寸不合格不得分	
2		ϕ25 一处	5	尺寸不合格不得分	
3		ϕ48 一处	10	尺寸不合格不得分	
4		R10 一处	10	尺寸不合格不得分	

续表

序号	项目	检验内容	配分	扣分标准	得分
5	表面粗糙度	表面光洁平整	10	表面粗糙、划痕不得分	
6	切断处理	断口磨平	5	不平整不得分	
7	其他	安全文明生产	20	违反操作规程酌情扣1～20分	
		工时		到加工时间交工件,不得延时	
	合计		100		
姓名		操作时间	时 分 始 时 分 止	日期	考评教师

（2）指导教师对学生的综合评价

序号	评价内容		评价结果	备注
	项目	内容		
1		技能训练的完成	好□ 一般□ 差□	
2	学习能力	相关知识的应用	好□ 一般□ 差□	
3		分析问题、解决问题的能力	好□ 一般□ 差□	
4		学习懒散,不能完成任务	是□ 否□	
5	学习态度	能完成任务,但不够主动	是□ 否□	
6		主动完成训练任务,充分发挥主观能动性	是□ 否□	
7		掌握任务的基本要求	好□ 一般□ 差□	
8	对任务的掌握	重点难点的掌握	好□ 一般□ 差□	
9		综合技能完成情况	好□ 一般□ 差□	
10	其他	遵守劳动纪律	好□ 一般□ 差□	
11		遵守操作规程	好□ 一般□ 差□	
综合评价结果		优秀□ 良好□ 一般□ 差□	实习指导教师签名　　　　年　月　日	

实训任务六　圆弧短轴零件加工

1. 任务目标

（1）掌握加工工件时所用各种刀具的刃磨技术。
（2）熟练掌握外圆等部位的加工技术。
（3）熟练掌握棒状毛坯装夹方法。
（4）思考编程加工的顺序。
（5）熟练掌握端面粗车循环 G72 编程的方法。
（6）能迅速构建编程所使用的模型。

2. 任务要求

加工如图 8-11 所示零件,写出完整的加工工序和程序,毛坯为 $\phi50mm$ 的铝棒,X 方向精加工余量为 0.4mm,Z 方向精加工余量为 0.1mm,最后切断。

3. 任务分析

（1）工艺分析　该零件表面由外圆柱面、圆弧等表面组成,零件图尺寸标注完整,符合数控加工尺寸标注要求;轮廓描述清楚完整;零件材料为铝棒,切削加工性能较好,无热处

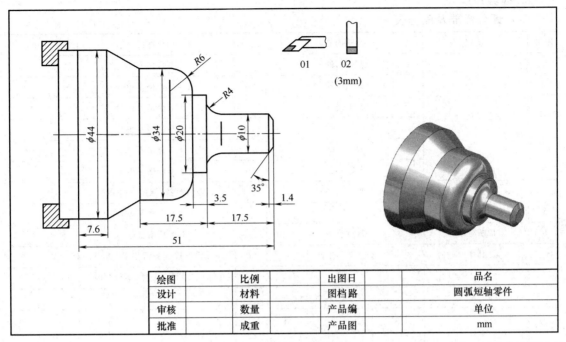

图 8-11 锥面圆弧标准轴

理和硬度要求。

（2）加工路线设计　一次性装夹，轮廓部分采用 G72 循环编程，其加工路径的模型设计如图 8-12 所示。

（3）数学计算　工件尺寸和坐标值明确，可直接进行编程。

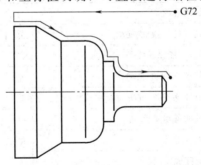

图 8-12 几何模型和编程路径示意

4. 任务准备

序号	准备项目	任务准备详细材料
1	材料	铝棒，ϕ50mm×100mm 毛坯一根
2	设备	数控车床
3	刀具、刃具	45°车刀（或 35°车刀）、切槽刀
4	量具	钢直尺（0～200mm）、游标卡尺（0.02mm,0～200mm）、螺纹样板或套规
5	工具、辅具	钢直尺（0～200mm）、扳手、扳手套筒、毛刷、其他常用工具

5. 数控程序单

编写零件加工程序。

6. 检验评议

(1) 评分标准及配分表

序号	项目	检验内容	配分	扣分标准	得分
1	外圆	φ10 一处	10	尺寸不合格不得分	
2		φ20 一处	10	尺寸不合格不得分	
3		φ34 一处	10	尺寸不合格不得分	
4		φ44 一处	10	尺寸不合格不得分	
5		R4 一处	10	尺寸不合格不得分	
6		R6 一处	10	尺寸不合格不得分	
7	表面粗糙度	表面光洁平整	10	表面粗糙、划痕不得分	
8	倒角	35°	5	尺寸不合格不得分	
9	切断处理	断口磨平	5	不平整不得分	
10	其他	安全文明生产	20	违反操作规程酌情扣 1~20 分	
		工时		到加工时间交工件,不得延时	
合计			100		
姓名		操作时间	时 分始 时 分止	日期	考评教师

(2) 指导教师对学生的综合评价

序号	评价内容		评价结果	备注
	项目	内容		
1	学习能力	技能训练的完成	好□ 一般□ 差□	
2		相关知识的应用	好□ 一般□ 差□	
3		分析问题、解决问题的能力	好□ 一般□ 差□	
4	学习态度	学习懒散,不能完成任务	是□ 否□	
5		能完成任务,但不够主动	是□ 否□	
6		主动完成训练任务,充分发挥主观能动性	是□ 否□	
7	对任务的掌握	掌握任务的基本要求	好□ 一般□ 差□	
8		重点难点的掌握	好□ 一般□ 差□	
9		综合技能完成情况	好□ 一般□ 差□	
10	其他	遵守劳动纪律	好□ 一般□ 差□	
11		遵守操作规程	好□ 一般□ 差□	
综合评价结果		优秀□ 良好□ 一般□ 差□	实习指导教师签名 年 月 日	

实训任务七 双槽球头外圆零件加工

1. 任务目标

(1) 掌握加工工件时所用各种刀具的刃磨技术。

(2) 熟练掌握外圆等部位的加工技术。
(3) 熟练掌握棒状毛坯装夹方法。
(4) 思考编程加工的顺序。
(5) 熟练掌握球头工件如何编程。
(6) 熟练掌握外径粗车循环 G71 编程的方法。
(7) 掌握宽槽的编程方法。
(8) 能迅速构建编程所使用的模型。

2. 任务要求

加工如图 8-13 所示零件，写出加工程序，毛坯为铝棒，X 方向精加工余量为 0.2mm，Z 方向精加工余量为 0.2mm，最后割断。

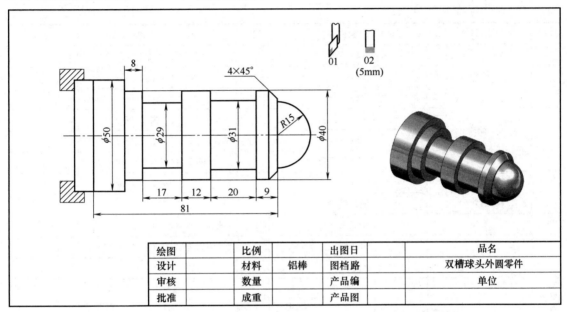

图 8-13 锥面圆弧标准轴

3. 任务分析

(1) 工艺分析　该零件表面由外圆柱面、斜锥面、圆弧、多组槽等表面组成，零件图尺寸标注完整，符合数控加工尺寸标注要求；轮廓描述清楚完整；零件材料为铝棒，切削加工性能较好，无热处理和硬度要求。

(2) 加工路线设计　一次性装夹，轮廓部分采用 G71 循环编程，其加工路径的模型设计如图 8-14 所示。

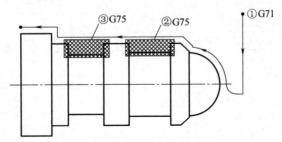

图 8-14 几何模型和编程路径示意

(3) 数学计算　工件尺寸和坐标值明确，可直接进行编程。

4. 任务准备

序号	准备项目	任务准备详细材料
1	材料	铝棒，φ60mm×150mm 毛坯一根
2	设备	数控车床
3	刀具、刃具	45°车刀（或35°车刀）、切槽刀
4	量具	钢直尺(0～200mm)、游标卡尺(0.02mm,0～200mm)、螺纹样板或套规
5	工具、辅具	钢直尺(0～200mm)、扳手、扳手套筒、毛刷、其他常用工具

5. 数控程序单

编写零件加工程序。

6. 检验评议

(1) 评分标准及配分表

序号	项目	检验内容	配分	扣分标准	得分
1		φ40 三处	20	尺寸不合格不得分	
2	外圆	φ50 一处	10	尺寸不合格不得分	
3		R15 一处	10	尺寸不合格不得分	
4	宽槽	φ31 一处	10	尺寸不合格不得分	
5		φ29 一处	10	尺寸不合格不得分	
6	表面粗糙度	表面光洁平整	10	表面粗糙、划痕不得分	
7	倒角	C4	5	尺寸不合格不得分	
8	切断处理	断口磨平	5	不平整不得分	
9	其他	安全文明生产	20	违反操作规程酌情扣1～20分	
		工时		到加工时间交工件,不得延时	
	合计		100		
姓名		操作时间	时 分 始 时 分 止	日期	考评教师

(2) 指导教师对学生的综合评价

序号	评价内容		评价结果	备注
	项目	内容		
1		技能训练的完成	好□ 一般□ 差□	
2	学习能力	相关知识的应用	好□ 一般□ 差□	
3		分析问题、解决问题的能力	好□ 一般□ 差□	
4		学习懒散,不能完成任务	是□ 否□	
5	学习态度	能完成任务,但不够主动	是□ 否□	
6		主动完成训练任务,充分发挥主观能动性	是□ 否□	
7		掌握任务的基本要求	好□ 一般□ 差□	
8	对任务的掌握	重点难点的掌握	好□ 一般□ 差□	
9		综合技能完成情况	好□ 一般□ 差□	
10	其他	遵守劳动纪律	好□ 一般□ 差□	
11		遵守操作规程	好□ 一般□ 差□	
综合评价结果		优秀□ 良好□ 一般□ 差□	实习指导教师签名　　　年　月　日	

实训任务八 复合锥螺纹轴零件加工

1. 任务目标
（1）掌握加工工件时所用各种刀具的刃磨技术。
（2）熟练掌握外圆、螺纹等部位的加工技术。
（3）熟练掌握棒状毛坯装夹方法。
（4）思考编程加工的顺序。
（5）熟练掌握球头工件如何编程。
（6）熟练掌握外径粗车循环 G71 和复合轮廓粗车循环 G73 联合编程的方法。
（7）掌握锥度螺纹的编程方法。
（8）能迅速构建编程所使用的模型。

2. 任务要求
加工如图 8-15 所示零件，写出完整的加工工序和程序，毛坯为 ϕ25mm 的铝棒，X 方向精加工余量为 0.4mm，Z 方向精加工余量为 0.1mm，最后切断。

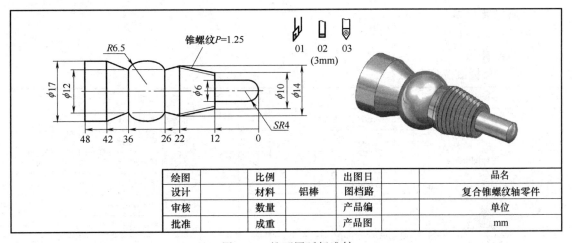

图 8-15 锥面圆弧标准轴

3. 任务分析
（1）工艺分析 该零件表面由外圆柱面、斜锥面、圆弧、螺纹等表面组成，零件图尺寸标注完整，符合数控加工尺寸标注要求；轮廓描述清楚完整；零件材料为铝棒，切削加工性能较好，无热处理和硬度要求。

（2）加工路线设计 一次性装夹，轮廓部分采用 G71 和 G73 的循环联合编程，其加工路径的模型设计如图 8-16 所示。

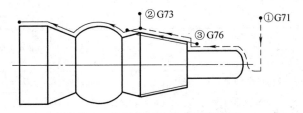

图 8-16 几何模型和编程路径示意

（3）数学计算　工件尺寸和坐标值明确，锥度的延伸值部分可按照图 8-17 所示计算，可直接进行编程。

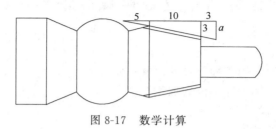

图 8-17　数学计算

4. 任务准备

序号	准备项目	任务准备详细材料
1	材料	铝棒，φ25mm×100mm 毛坯一根
2	设备	数控车床
3	刀具、刃具	45°车刀（或 35°车刀）、切槽刀、三角形螺纹车刀
4	量具	钢直尺（0～200mm）、游标卡尺（0.02mm，0～200mm）、螺纹样板或套规
5	工具、辅具	钢直尺（0～200mm）、扳手、扳手套筒、毛刷、其他常用工具

5. 数控程序单
编写零件加工程序。

6. 检验评议
（1）评分标准及配分表

序号	项目	检验内容	配分	扣分标准	得分
1		SR4 一处	5	尺寸不合格不得分	
2		φ6 一处	5	尺寸不合格不得分	
3	外圆	锥面两处	20	尺寸不合格不得分	
4		R6.5 一处	10	尺寸不合格不得分	
5		φ17 一处	10	尺寸不合格不得分	
6	锥螺纹	P1.25 一处	15	尺寸不合格不得分	
7	表面粗糙度	表面光洁平整	10	表面粗糙、划痕不得分	
8	切断处理	断口磨平	5	不平整不得分	
9	其他	安全文明生产	20	违反操作规程酌情扣 1～20 分	
		工时		到加工时间交工件，不得延时	
	合计		100		
姓名		操作时间	时　分 始 时　分 止	日期	考评教师

（2）指导教师对学生的综合评价

序号	评价内容		评价结果	备注
	项目	内容		
1	学习能力	技能训练的完成	好□　一般□　差□	
2		相关知识的应用	好□　一般□　差□	
3		分析问题、解决问题的能力	好□　一般□　差□	

续表

序号	评价内容		评价结果	备注
	项目	内　容		
4	学习态度	学习懒散,不能完成任务	是□　否□	
5		能完成任务,但不够主动	是□　否□	
6		主动完成训练任务,充分发挥主观能动性	是□　否□	
7	对任务的掌握	掌握任务的基本要求	好□　一般□　差□	
8		重点难点的掌握	好□　一般□　差□	
9		综合技能完成情况	好□　一般□　差□	
10	其他	遵守劳动纪律	好□　一般□　差□	
11		遵守操作规程	好□　一般□　差□	
综合评价结果	优秀□　良好□　一般□　差□		实习指导教师签名	年　　月　　日

实训任务九　椭圆轴零件加工

1. 任务目标
（1）掌握加工工件时所用各种刀具的刃磨技术。
（2）熟练掌握外圆、宏程序段等部位的加工技术。
（3）熟练掌握棒状毛坯装夹方法。
（4）思考编程加工的顺序。
（5）熟练掌握通过三角函数计算角度的位置。
（6）熟练掌握通过外径粗车循环 G71 和 G01 联合编程的方法。
（7）掌握螺纹椭圆和如何编程。
（8）掌握宽槽的编程方法。
（9）能迅速构建编程所使用的模型。

2. 任务要求
加工如图 8-18 所示零件，写出完整的加工工序和程序，毛坯为 $\phi 60mm$ 的铝棒，X 方向精加工余量为 $0.4mm$，Z 方向精加工余量为 $0.1mm$，最后切断。

3. 任务分析
（1）工艺分析　该零件表面由外圆柱面、斜锥面、圆弧、椭圆等表面组成，零件图尺寸标注完整，符合数控加工尺寸标注要求；轮廓描述清楚完整；零件材料为铝棒，切削加工性能较好，无热处理和硬度要求。

（2）加工路线设计　一次性装夹，轮廓部分采用 G71 和 G01 的循环联合编程，其加工路径的模型设计如图 8-19 所示。

（3）数学计算　需要计算圆弧的坐标值和关键点的坐标值，可采用三角函数、勾股定理等几何知识计算，也可使用计算机制图软件（如 AutoCAD、NX、Mastercam、Solidworks 等）的标注方法来计算。

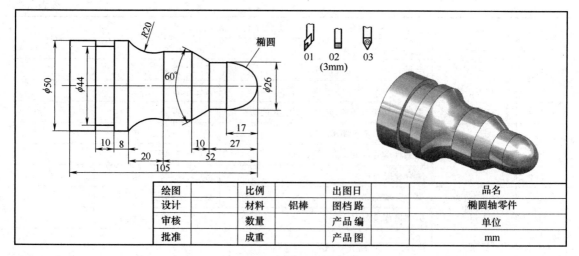

图 8-18 锥面圆弧标准轴

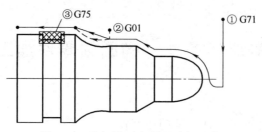

图 8-19 几何模型和编程路径示意

4. 任务准备

序号	准备项目	任务准备详细材料
1	材料	铝棒,$\phi 60\text{mm} \times 150\text{mm}$ 毛坯一根
2	设备	数控车床
3	刀具、刃具	45°车刀(或 35°车刀)、切槽刀
4	量具	钢直尺(0~200mm)、游标卡尺(0.02mm,0~200mm)、螺纹样板或套规
5	工具、辅具	钢直尺(0~200mm)、扳手、扳手套筒、毛刷、其他常用工具

5. 数控程序单

编写零件加工程序。

6. 检验评议

(1) 评分标准及配分表

序号	项目	检验内容	配分	扣分标准	得分
1	外圆	椭圆弧一处	15	尺寸不合格不得分	
2		$\phi 50$ 两处	20	尺寸不合格不得分	
3		锥面一处	10	尺寸不合格不得分	
4		$R20$ 一处	10	尺寸不合格不得分	
5	宽槽	$\phi 44$ 一处	10	尺寸不合格不得分	
6	表面粗糙度	表面光洁平整	10	表面粗糙、划痕不得分	

续表

序号	项目	检验内容	配分	扣分标准	得分
7	切断处理	断口磨平	5	不平整不得分	
8	其他	安全文明生产	20	违反操作规程酌情扣1~20分	
		工时		到加工时间交工件,不得延时	
	合计		100		
姓名		操作时间	时 分始 时 分止	日期	考评教师

(2) 指导教师对学生的综合评价

序号	评价内容		评价结果	备注
	项目	内容		
1	学习能力	技能训练的完成	好□ 一般□ 差□	
2		相关知识的应用	好□ 一般□ 差□	
3		分析问题、解决问题的能力	好□ 一般□ 差□	
4	学习态度	学习懒散,不能完成任务	是□ 否□	
5		能完成任务,但不够主动	是□ 否□	
6		主动完成训练任务,充分发挥主观能动性	是□ 否□	
7	对任务的掌握	掌握任务的基本要求	好□ 一般□ 差□	
8		重点难点的掌握	好□ 一般□ 差□	
9		综合技能完成情况	好□ 一般□ 差□	
10	其他	遵守劳动纪律	好□ 一般□ 差□	
11		遵守操作规程	好□ 一般□ 差□	
综合评价结果		优秀□ 良好□ 一般□ 差□	实习指导教师签名 年 月 日	

实训任务十 复合圆弧螺纹轴零件加工

1. 任务目标
(1) 掌握加工工件时所用各种刀具的刃磨技术。
(2) 熟练掌握外圆、螺纹等部位的加工技术。
(3) 熟练掌握棒状毛坯装夹方法。
(4) 思考编程加工的顺序。
(5) 熟练掌握G01、外径粗车循环G71和复合轮廓粗车循环G73联合编程的方法。
(6) 掌握螺纹退刀和宽槽如何编程。
(7) 掌握螺纹的编程方法。
(8) 能迅速构建编程所使用的模型。

2. 任务要求
加工如图8-20所示零件,写出完整的加工工序和程序,毛坯为$\phi 60mm$的铝棒,X方向精加工余量为0.4mm,Z方向精加工余量为0.1mm,最后切断。

3. 任务分析

（1）工艺分析　该零件表面由外圆柱面、斜锥面、圆弧槽、螺纹等表面组成，零件图尺寸标注完整，符合数控加工尺寸标注要求；轮廓描述清楚完整；零件材料为铝棒，切削加工性能较好，无热处理和硬度要求。

（2）加工路线设计　一次性装夹，轮廓部分采用 G71 和 G73 的循环联合编程，其加工路径的模型设计如图 8-21 所示。

（3）数学计算　需要计算圆弧的坐标值和关键点的坐标值，可采用三角函数、勾股定理等几何知识计算，也可使用计算机制图软件（如 AutoCAD、NX、Mastercam、Solidworks 等）的标注方法来计算。

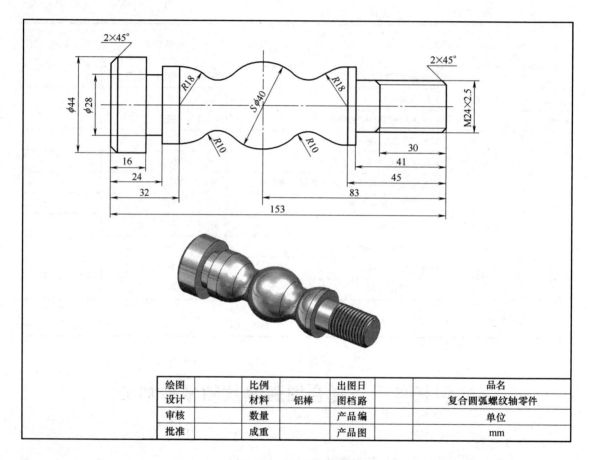

图 8-20　锥面圆弧标准轴

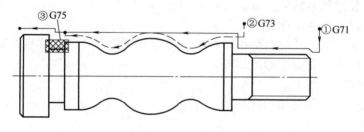

图 8-21　几何模型和编程路径示意

4. 任务准备

序号	准备项目	任务准备详细材料
1	材料	铝棒,ϕ60mm×250mm 毛坯一根
2	设备	数控车床
3	刀具、刃具	45°车刀(或 35°车刀)、正车刀、车槽刀、三角形螺纹车刀
4	量具	钢直尺(0~200mm)、游标卡尺(0.02mm,0~200mm)、螺纹样板或套规
5	工具、辅具	钢直尺(0~200mm)、扳手、扳手套筒、毛刷、其他常用工具

5. 数控程序单

编写零件加工程序。

6. 检验评议

(1) 评分标准及配分表

序号	项目	检验内容	配分	扣分标准	得分
1	外圆	ϕ24 一处	5	尺寸不合格不得分	
2		ϕ36 两处	10	尺寸不合格不得分	
3		ϕ44 一处	10	尺寸不合格不得分	
4		R18 两处	10	尺寸不合格不得分	
5		Sϕ40 一处	10	尺寸不合格不得分	
6	宽槽	ϕ28 一处	5	尺寸不合格不得分	
7	螺纹	M24×2.5 一处	10	尺寸不合格不得分	
8	倒角	C2 两处	5	尺寸不合格不得分	
9	表面粗糙度	表面光洁平整	10	表面粗糙、划痕不得分	
10	切断处理	断口磨平	5	不平整不得分	
11	其他	安全文明生产	20	违反操作规程酌情扣 1~20 分	
		工时		到加工时间交工件,不得延时	
	合计		100		
姓名		操作时间	时 分始 时 分止	日期	考评教师

(2) 指导教师对学生的综合评价

序号	评价内容		评价结果	备注
	项目	内 容		
1	学习能力	技能训练的完成	好□ 一般□ 差□	
2		相关知识的应用	好□ 一般□ 差□	
3		分析问题、解决问题的能力	好□ 一般□ 差□	
4	学习态度	学习懒散,不能完成任务	是□ 否□	
5		能完成任务,但不够主动	是□ 否□	
6		主动完成训练任务,充分发挥主观能动性	是□ 否□	
7	对任务的掌握	掌握任务的基本要求	好□ 一般□ 差□	
8		重点难点的掌握	好□ 一般□ 差□	
9		综合技能完成情况	好□ 一般□ 差□	
10	其他	遵守劳动纪律	好□ 一般□ 差□	
11		遵守操作规程	好□ 一般□ 差□	
综合评价结果		优秀□ 良好□ 一般□ 差□	实习指导教师签名　　　　年　月　日	

参 考 文 献

[1] 张思弟,贺暑新. 数控编程加工技术 [M]. 2版. 北京:化学工业出版社,2011.
[2] 任国兴. 数控车床加工工艺与编程操作 [M]. 北京:机械工业出版社,2006.
[3] 龚中华. 数控技术 [M]. 北京:机械工业出版社,2004.
[4] 张超英. 数控车床 [M]. 北京:化学工业出版社,2003.
[5] 全国数控培训网络天津分中心. 数控机床 [M]. 2版. 北京:机械工业出版社,2006.
[6] 陈宏敏. 实用机械加工手册 [M]. 北京:机械工业出版社,2003.
[7] 北京第一通用机床厂. 机械工人切削手册 [M]. 北京:机械工业出版社,1998.
[8] 张恩生. 车工实用技术手册 [M]. 南京:江苏科学技术出版社,2000.
[9] 耿国卿. 数控车削编程与加工项目教程 [M]. 北京:化学工业出版社,2016.